Rainer Dohlus
Lichtquellen
De Gruyter Studium

Weitere empfehlenswerte Titel

Lasertechnik
Rainer Dohlus, 2015
De Gruyter Studium
ISBN: 978-3-11-035088-3

Technische Optik
Rainer Dohlus, 2015
De Gruyter Studium
ISBN: 978-3-11-035130-9

Optik
Lichtstrahlen – Wellen – Photonen
Wolfgang Zinth, Ursula Zinth, 2013
ISBN: 978-3-486-72136-2

Optik
Eugene Hecht, 6. Aufl. 2014
De Gruyter Studium
ISBN: 978-3-11-034796-8

Physik für Ingenieure Band 2
Ulrich Hahn, 2014
De Gruyter Studium
ISBN: 978-3-11-037722-4

Rainer Dohlus

Lichtquellen

DE GRUYTER

Autor
Prof. Dr. Rainer Dohlus
Hochschule Coburg
Fakultät Angewandte Naturwissenschaften
Friedrich-Streib-Str. 2
96450 Coburg
E-Mail: rainer.dohlus@hs-coburg.de

ISBN 978-3-11-035131-6
e-ISBN (PDF) 978-3-11-035142-2
e-ISBN (ePUB) 978-3-11-039651-5

Library of Congress Cataloging-in-Publication Data
A CIP catalog record for this book has been applied for at the Library of Congress.

Bibliografische Information der Deutschen Nationalbibliothek
Die Deutsche Nationalbibliothek verzeichnet diese Publikation in der Deutschen
Nationalbibliografie; detaillierte bibliografische Daten sind im Internet über
http://dnb.dnb.de abrufbar.

© 2015 Walter de Gruyter GmbH, Berlin/München/Boston
Einbandabbildung: kellymarken/iStock/Thinkstock
Druck und Bindung: CPI books GmbH, Leck
♾ Gedruckt auf säurefreiem Papier
Printed in Germany

www.degruyter.com

Für Brigitte

Vorwort

Dieses Buch wendet sich vor allem an Studierende der Ingenieurwissenschaften, aber auch an bereits im Beruf stehende Ingenieure mit Interesse an einschlägigen lichttechnischen Inhalten. Es vermittelt fundierte Kenntnisse über Lichtquellen, angefangen bei den physikalischen Grundlagen der Lichterzeugung über den Aufbau bis hin zu den technischen Ausführungsformen der derzeit am Markt befindlichen Lichtquellen sowie über deren Leistungsgrenzen. Dabei werden die für die Lichterzeugung wichtigen Grundlagen der Strahlungsphysik ebenso behandelt wie die der Plasmaphysik sowie der Halbleiterphysik. Die mathematischen Voraussetzungen beschränken sich hierbei auf Grundkenntnisse, wie sie in Ingenieurstudiengängen an anwendungsbezogenen Hochschulen gewöhnlich in den ersten drei bis vier Studiensemestern vermittelt werden.

Behandelt werden alle relevanten technischen Lichtquellen einschließlich der Glühlampen. Diese sind zwar großenteils bereits vom Markt verschwunden, jedoch sind die zugrundeliegenden Techniken und Materialien auch bei anderen Lichtquellen von Bedeutung. Auch ist eine fundierte Einführung in die Physik des schwarzen Körpers unabdingbar. Sie spielt in der Lichttechnik eine entscheidende Rolle, insbesondere in der Farbmetrik bzw. bei der Beurteilung von Farbwiedergabeeigenschaften. Diese Themen sind bei der Beurteilung der lichttechnischen Eigenschaften von Lichtquellen wichtig, daher wird der Fotometrie und der Farbmetrik im Buch ausreichend Raum gegeben.

Natürlich wird auch die Technik der Halbleiterlichtquellen ausführlich behandelt. Hier spielen die OLEDs künftig eine wichtige Rolle und werden in ihrer Theorie eingehend behandelt, auch wenn der Markt hierfür derzeit noch sehr klein ist.

Ein Buch über Lichtquellen ohne Abbildungen von Lampen ist undenkbar. An dieser Stelle danke ich den Firmen Del-Ko, Hella, Heraeus Noblelight, IMT Deutschland, Neon-Formlicht, Osram und Philips sowie dem Verlag Wolters Kluwer und Herrn Dr. habil. Roland Heinz für die Bereitstellung von Bildern und die Gewährung der Abdruckrechte.

Mein Dank gilt auch meiner Lektorin Frau Berber-Nerlinger, die dieses Buchkonzept unterstützt hat sowie Frau Nicole Karbe aus dem Projektmanagement und Herrn Jäger aus der Herstellung für die gute Zusammenarbeit.

Schottenstein, Sommer 2014   Rainer Dohlus

Inhaltsverzeichnis

1 Grundlagen der Lichterzeugung

1.1 Was ist Licht?

1.1.1 Licht als elektromagnetische Welle

Einstein hat in den Fünfzigerjahren in einem Brief geschrieben: „All die 50 Jahre bewusster Grübelei haben mich der Antwort auf die Frage ‚Was sind Lichtquanten?' nicht näher gebracht. Heutzutage denken Krethi und Plethi sie wüssten es, aber sie täuschen sich." Tatsächlich ist die Jahrhunderte alte Frage, ob Licht Teilchen- oder Wellencharakter hat, bis heute nicht beantwortet … und zwar deshalb nicht, weil man sie gar nicht beantworten kann. Licht tritt je nach Experiment als Welle oder als Teilchen in Erscheinung. Erst die Quantentheorie hat dieses Phänomen befriedigend beschrieben. So wird auch in diesem Buch die Betrachtungsweise wechseln: zunächst wird zur begrifflichen Einteilung der Strahlung sowie zur Einführung einiger grundlegender Eigenschaften das Wellenbild herangezogen, dann aber auch ins Quantenbild gewechselt.

Es soll zunächst der Begriff Licht genauer definiert werden. Dies geschieht u.a. durch die DIN-Norm 5031, Blatt 7 [DIN 5031-7]. Sie spezifiziert elektromagnetische Wellen im Wellenlängenbereich von 100 nm bis 1 mm als **optische Strahlung** (Abb. 1.1). Unter Licht im eigentlichen Sinne versteht man Strahlung im Wellenlängenbereich von 380 nm bis 780 nm (sichtbare Strahlung, VIS). Seine Erzeugung ist Kernthema dieses Buches, wenngleich dabei auch häufig UV- bzw. IR-Strahlung auftritt.

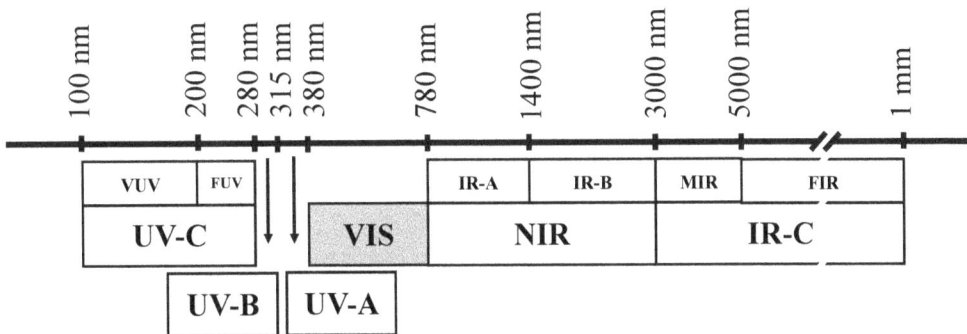

Abb. 1.1: Der Wellenlängenbereich der optischen Strahlung erstreckt sich von 100 nm bis 1 mm. Die Wellenlängenskala ist logarithmisch skaliert.

Licht ist, ähnlich den bekannten Radiowellen, eine **transversale elektromagnetische Welle**, die aus zwei Feldern, dem elektrischen und magnetischen Feld, besteht. In Abb. 1.2 sind die Verhältnisse bei einer **ebenen Welle** skizziert, die sich in y-Richtung ausbreitet. In diesem Fall stehen $\vec{E}$- und $\vec{H}$-Vektor senkrecht aufeinander und sind ihrerseits senkrecht zur Ausbreitungsrichtung. Diejenige Ebene, die durch die Schwingungsrichtung der elektrischen Feldstärke und durch die Ausbreitungsrichtung festgelegt ist, wird **Schwingungsebene** genannt. Durch die Schwingungsrichtung der magnetischen Feldstärke und durch die Ausbreitungsrichtung wird die **Polarisationsebene** festgelegt. Licht, das sich wie in Abb. 1.2 ausbreitet, wird **linear polarisiert** genannt, weil der Vektor der elektrischen Feldstärke in eine feste Richtung, hier die z-Richtung, zeigt. Eine andere Möglichkeit wäre, dass $\vec{E}$ in x-Richtung zeigt und $\vec{H}$ in negative z-Richtung. Alle weiteren Richtungen des $\vec{E}$-Feldes bei Ausbreitung in y-Richtung lassen sich durch Komponenten E_x und E_z gemäß

$$\vec{E} = \begin{pmatrix} E_x \\ 0 \\ E_z \end{pmatrix} \tag{1.1}$$

ausdrücken.

Das Licht thermischer Lichtquellen stammt von einer Vielzahl von Sendern, die alle unabhängig voneinander strahlen. Jede so abgestrahlte Lichtwelle hat für sich eine eigene Schwingungsrichtung. Die einzelnen Richtungen der elektrischen Feldstärke sind also statistisch verteilt, so dass das Licht im Ganzen unpolarisiert erscheint.

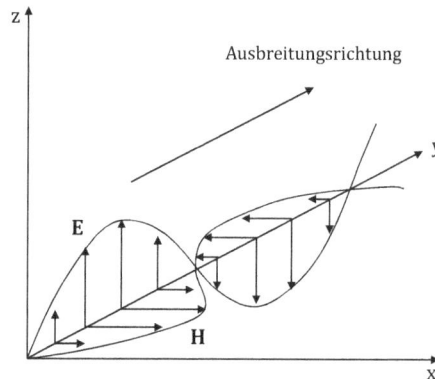

Abb. 1.2: Ausbreitung einer elektromagnetischen Welle. Bei der ebenen Welle stehen $\vec{E}$- und $\vec{H}$-Vektor senkrecht aufeinander.

1.1.2   Lichtquanten

Die Vorstellung von Licht als einer Art Radiowelle mit extrem hoher Frequenz ist nicht mehr haltbar, wenn man die Entstehung von Licht genauer analysiert. Betrachtet man etwa die Spektren, die entstehen, wenn man eine Gasentladung in Wasserstoffatmosphäre brennt, dann stellt man fest, dass nur ganz bestimmte Frequenzen auftreten. Das rührt daher, dass die Emission von Licht in Form von Energiepaketen, so genannten **Lichtquanten** oder **Photonen** erfolgt. Ihre Energie ist $E = hf$, wobei f die Frequenz der Lichtwelle darstellt. h ist die **Plancksche Konstante**, ihr Wert ist $6{,}6261 \cdot 10^{-34}$ Js.

Fasst man das Elektron als **Materiewelle** auf und überträgt diese Vorstellung auf **Bohrs** um den Kern kreisendes Elektron, dann erhält man nur dann stabile „Bahnen", wenn der Umfang der Kreisbahn mit Radius r_n ein ganzzahliges Vielfaches n der Wellenlänge λ_e ist:

$$2\pi r_n = n\lambda_e \tag{1.2}$$

Bei allen anderen Bahnradien löscht sich die Welle durch Interferenz aus. Die Wellenlänge λ_e der Materiewelle ist mit dem Impuls p des Elektrons nach **de Broglie** über

$$h = p\lambda_e \tag{1.3}$$

verknüpft, so dass für den Drehimpuls des Elektrons die Quantisierung

$$L_e = pr_n = \frac{nh}{2\pi} \tag{1.4}$$

folgt. n ist die **Hauptquantenzahl**. Sie ist der Schlüssel für die im Spektrum auftretenden diskreten Linien. Das Elektron besitzt je nach Hauptquantenzahl eine bestimmte Energie. Wechselt das Elektron die Hauptquantenzahl, was im Bohrschen Modell einem Wechsel des Bahnradius entspricht, dann wird die Energiedifferenz in Form eines Lichtquantes emittiert oder absorbiert. Hohe Hauptquantenzahlen entsprechen großen Radien r_n und hohen Energien, eine niedrige Hauptquantenzahl entspricht einem kernnahen Radius und geringer Energie. Durch Absorption eines Photons kann ein Elektron auf eine äußere Bahn gehoben werden und damit einen höherenergetischen Zustand annehmen. Die Energiedifferenz muss dabei der Energie $E = hf$ des Photons entsprechen. Umgekehrt kann ein Elektron von einem höherenergetischen Zustand in einen niederenergetischen übergehen und die Energiedifferenz in Form eines Photons der Energie $E = hf$ abgeben. Da aufgrund der Quantisierung nur ganz bestimmte Energiedifferenzen auftreten können, erscheinen im Spektrum nur ganz bestimmte Frequenzen.

Diese stark vereinfachte Betrachtungsweise **elektronischer Übergänge** beschreibt nur die Spektren einiger weniger Atome richtig. Es sind dies außer Wasserstoff noch die Alkaliatome. Die Quantentheorie behebt diesen Mangel durch Einführung weiterer Quantenzahlen. Die Energie der Zustände wird weiterhin ausschließlich von der Hauptquantenzahl n bestimmt. Eine weitere Quantenzahl, die **Drehimpulsquantenzahl** l, steht im Zusammenhang mit dem Drehimpuls des Teilchens. Sie ist nicht unabhängig von n, sondern es gilt vielmehr:

$$l = 0, 1, 2, 3, ..., n-1 \tag{1.5}$$

Im Falle $n = 0$ ist stets $l = 0$. Das bedeutet, dass der Drehimpuls im Grundzustand verschwindet. Wird das Atom in ein Magnetfeld gebracht, tritt eine weitere Quantenzahl in Erscheinung, die aus diesem Grund **magnetische Quantenzahl** m genannt wird. Für sie gilt:

$$m = 0, \pm 1, \pm 2, ..., \pm l \tag{1.6}$$

Eine weitere Quantenzahl, die mit der Vorstellung einer Eigendrehung des Elektrons in Verbindung gebracht werden kann, ist die **Spinquantenzahl** s. Sie kann nur die Werte $+1/2$ und $-1/2$ annehmen.

Neben diesen elektronischen Übergängen kann Strahlung auch durch Schwingungs- oder Rotationsübergänge emittiert oder absorbiert werden. Hat ein Molekül, dessen Atome gegeneinander schwingen, ein permanentes Dipolmoment, kann die Schwingungsenergie in Form von Strahlung abgegeben werden. Auch für diese Energie gibt es eine Quantisierungsbedingung, so dass auch hier nur bestimmte Spektrallinien auftreten. Auch eine Rotation von Molekülen kann einen Beitrag zur Emission von Strahlung leisten, wenn auch die damit verbundenen Energien gering sind. Die tatsächlichen Emissionsspektren von Atomen und Molekülen sind also sehr komplex.

Die Frequenzen all dieser Übergänge sollten eigentlich exakt angegeben werden können. Dies ist jedoch nicht der Fall. Da der Emissionsvorgang von endlicher Dauer ist, liefert der endliche zeitliche Verlauf der abgestrahlten elektrischen Feldstärke nach Fouriertransformation im Frequenzbild keinen exakten Frequenzwert, sondern es wird eine spektrale Verteilung mit einer gewissen Linienbreite beobachtet, die man **natürliche Linienbreite** nennt. Diese ist allerdings so gering, dass sie experimentell nicht direkt beobachtet werden kann. Außerdem wird sie meist von anderen Verbreiterungsmechanismen überdeckt. So führen Stöße in der Regel zu einer kurzen Störung des Emissionsvorgangs, so dass eine Phasenverschiebung zwischen der Welle vor und nach dem Stoß entsteht. Im Spektrum ist dann eine Verbreiterung der Linie zu beobachten, die man **Stoß-** oder **Druckverbreiterung** nennt. Da sich die emittierenden Atome besonders in Gasen aber auch in Festkörpern aufgrund ihrer thermischen Energie bewegen, kommt es auch durch den Dopplereffekt zu einer Linienverbreiterung. Da sich Teilchen während des Emissionsvorgangs rein statistisch bewegen, also mit der gleichen Wahrscheinlichkeit auf den Detektor zu wie von ihm weg, treten neben der eigentlichen Emissionsfrequenz auch Strahlungsanteile mit höherer oder niedrigerer Frequenz auf. Die resultierende Linienverbreiterung wird **Dopplerverbreiterung** genannt.

1.2 Lichterzeugung mittels Plasmen

1.2.1 Das Plasma und seine Erzeugung

Wie im letzten Abschnitt ausgeführt, muss für die Emission von Strahlung zunächst Energie zugeführt werden. Die einfachste, für den Bau einer Lichtquelle allerdings ziemlich sinnlose Möglichkeit wäre, Licht der passenden Frequenz einzustrahlen, so dass ein angeregter Zustand besetzt wird. Mit einer bestimmten Relaxationszeit gibt das System die Energie dann wieder in Form von Strahlung der gleichen Wellenlänge ab. Da es aber bei der Lichterzeugung darum geht, Licht durch Umwandlung aus einer anderen Energieform zu gewinnen, muss die Anregung der Teilchen auf andere Weise erfolgen. Die im Bereich der Gasentladungslampen benutzte Möglichkeit ist die Zufuhr von Energie durch elektrischen Strom. Das setzt einen leitfähigen Zustand der Materie voraus, den man **Plasma** nennt.

Häufig wird dieser Zustand als vierter Aggregatzustand bezeichnet. Das ist jedenfalls insofern richtig, als dass der spezifische Energieinhalt der Materie in der Reihenfolge Festkör-

per, Flüssigkeit, Gas und Plasma kontinuierlich ansteigt. Ein Plasma ist trotz seiner Leitfähigkeit elektrisch neutral, man spricht auch von **Quasineutralität**. Das Plasma besteht aus
ionisierten Atomen oder Molekülen, deren gebundene Elektronen sich auch im angeregten
Zustand befinden können, aus freien Elektronen, aus neutralen Atomen oder Molekülen
sowie aus neutralen, aber angeregten Teilchen. Die angeregten Teilchen sind es, die durch
ihre Relaxation schließlich Strahlung abgeben. Quasineutralität bedeutet, dass sich die Ladungen der positiven Ionen und der negativen Elektronen in einem bestimmten Raumgebiet
kompensieren.

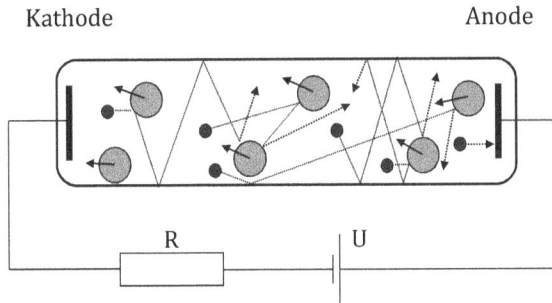

Abb. 1.3: Beispiel einer Niederdruckgasentladung. Die leichten Elektronen erreichen hohe Geschwindigkeiten,
während sich die ungleich schwereren Ionen nur langsam in Feldrichtung bewegen. Sie stoßen häufig mit Ionen und
Wänden, driften dabei aber zur Anode.

Bei niedrigen Drücken kann eine Gasentladung in einfacher Weise erzeugt werden, indem
man ein Gas in einen Glaskolben einschmilzt. Wird, wie in Abb. 1.3 dargestellt, an zwei
eingeschmolzene Elektroden eine Spannung U gelegt, so kommt es zu dem in Abb. 1.4
gezeigten Verlauf von $U(I)$. Im Bereich AB wird die elektrische Leitfähigkeit durch Hö-
henstrahlung oder durch die γ-Strahlung der natürlichen Radioaktivität ausgelöst. Es kommt
zur Ionisierung einzelner Atome oder Moleküle. Durch Einstrahlung von UV-Licht ist das
Ablösen von Elektronen von der Kathode durch den Photoeffekt möglich. Hier wird die
Photonenenergie genutzt, um die stoffspezifische Ablösearbeit des Elektrons bereitzustellen.
Es ist also eine bestimmte Mindestenergie des Photons und damit eine bestimmte Mindest-
frequenz des Photons erforderlich. Da die Entladung in diesem Gebiet von außen verursacht
wird, wird sie als **unselbstständig** bezeichnet. Unterbindet man die Bestrahlung von außen,
fließt auch kein Strom mehr. Der elektrische Strom wird im Wesentlichen durch die Elektronen getragen. Ein Anstieg der Spannung bewirkt auch einen Anstieg des Stroms.

Ist das elektrische Feld zwischen den Elektroden stark genug, werden durch die beschleunig-
ten Elektronen soviele neue Ladungsträger durch Stöße erzeugt, dass eine Ionisierung von
außen durch Strahlung nicht mehr nötig ist. Die Zahl der Ionisierungsvorgänge gleicht die
Zahl der Rekombinationen aus oder übersteigt sie gar. Deshalb bezeichnet man diese Entladung auch als **selbständige Entladung** (Bereich BC). Andere Bezeichnungen sind
Townsend-Entladung oder **Dunkelentladung**. Wird der Strom weiter erhöht, steigt auch
die Ionisierung an. Die Elektronen sind beweglicher und werden verstärkt von der Anode
abgesaugt. Es kommt zur Ausbildung einer positiven Raumladung.

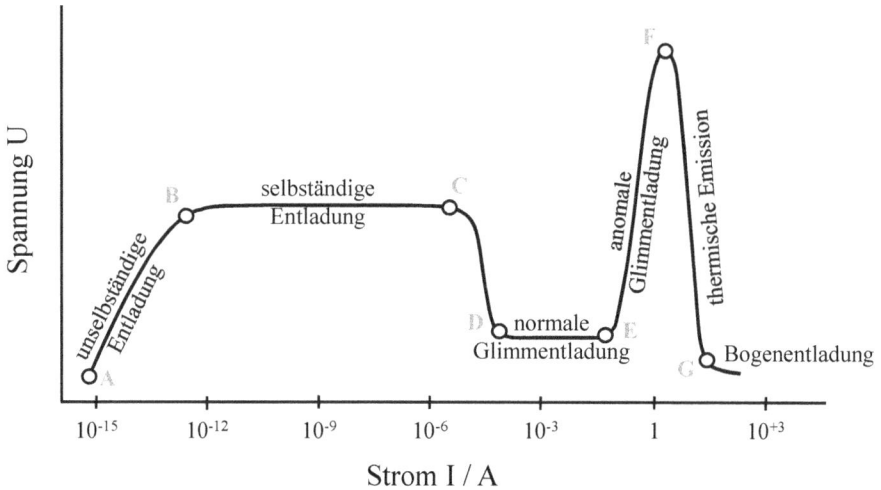

Abb. 1.4: Typische Strom-Spannungs-Charakteristik einer Entladung in einem Edelgas.

Dadurch beginnen viele elektrische Feldlinien auf den positiven Ionen, so dass die Feldlinidichte zur Kathode hin ansteigt (Abb. 1.5). Ein hohes elektrisches Feld bewirkt einen hohen Spannungsabfall in der Nähe der Kathode; er wird **Kathodenfall** genannt. In diesem Kathodenfall können Ionen stark beschleunigt werden und auf die Kathode prallen. Dort setzt damit ein Mechanismus ein, der γ-Effekt genannt wird. Der Aufprall der Ionen löst Elektronen aus.

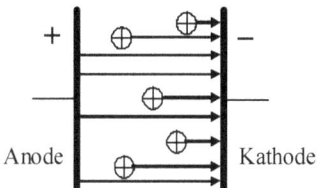

Abb. 1.5: Ausbildung des Kathodenfalls. Durch die positiven Raumladungen beginnen viele Feldlinien auf Ionen, so dass sich unmittelbar vor der Kathode das höchste Feld ausbildet.

Wie viele Elektronen im Mittel pro Stoß ausgelöst werden, hängt von der Art des Ions, von seiner Geschwindigkeit sowie von der Oberflächenbeschaffenheit der Elektrode ab. Als Folge dieser Freisetzung von Elektronen werden Ionisierungen wahrscheinlicher, die Spannung über die Entladung sinkt im Bereich CD. Die Ladung beginnt, sich auf der Kathode einzuschnüren, wobei die Stromdichte ansteigt. Im Gebiet DE beginnt sich die Entladung bei steigendem Entladestrom, aber konstant bleibender Stromdichte wieder über die gesamte Kathode auszubreiten. Der Spannungsabfall in der Nähe der Kathode, also der Kathodenfall, bleibt dabei erhalten; die Spannung bleibt somit in diesem als **normale Glimmentladung** bezeichneten Bereich etwa konstant.

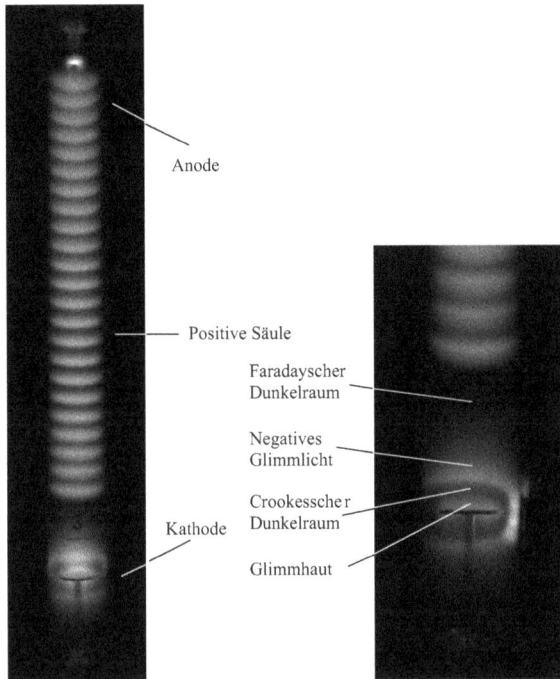

Abb. 1.6: Niederdruckgasentladung in Luft bei einem Druck von 80 Pa. Die Schichtungen in der positiven Säule sind nur in Ausnahmefällen erkennbar. Rechts ist der Bereich der kathodischen Leuchterscheinungen noch einmal vergrößert dargestellt. Gut zu erkennen ist die klare Grenze zwischen dem Crookesschen oder Hittorfschen Dunkelraum und dem negativen Glimmlicht. Dagegen geht das negative Glimmlicht kontinuierlich in den Faradayschen Dunkelraum über.

Ist die gesamte Kathode mit Glimmlicht belegt, muss die Stromdichte erhöht werden, wenn der Gesamtstrom weiter steigen soll. Dies kann nur über eine höhere Feldstärke bzw. eine höhere Spannung erreicht werden. Dieses Gebiet EF wird **anomale Glimmentladung** genannt. Der Scheitel der Spannung wird erreicht, wenn **thermische Emission** an der Kathode einsetzt. Die damit beginnende Entladungsform (Gebiet FG) zeichnet sich durch eine sinkende Spannung bei steigendem Strom aus. Der Kathodenfall ist hier nur noch einige 10V groß. Sie wird **Bogenentladung** genannt und spielt in der Beleuchtungstechnik eine wichtige Rolle.

Die optischen Erscheinungen bei einer Glimmentladung in Luft bei 80 Pa zeigt Abb. 1.6. Die hierbei auftretenden Leuchterscheinungen sind – zumindest qualitativ – typisch für die Niederdruckgasentladungen. Die Kathode (unten) ist mit einer Glimmhaut belegt, die ihre Ursache im Aufprall und in der Rekombination positiver Ionen hat. Die Elektronen, die die Kathode verlassen, werden im Feld beschleunigt und können erst nach einer gewissen Beschleunigungsstrecke durch Stöße ionisieren. Das erklärt zum einen den **Kathodendunkelraum (Crookesscher oder Hittorfscher Dunkelraum)**, zum anderen das zur Kathode hin räumlich scharf begrenzte negative Glimmlicht. Dort werden permanent weitere Ionen und Elektronen erzeugt, wobei letztere aufgrund ihrer geringeren Masse die Zone schneller verlassen können. Es kommt damit zu einer Anhäufung positiver Ionen bzw. zu einer positiven Raumladung. Ein starkes elektrisches Feld zwischen diesem Bereich und der Kathode bildet sich und damit ein hoher Spannungsabfall, der **Kathodenfall**. In ihm werden Elektronen von der Kathode weg und Ionen zur Kathode hin beschleunigt. Von der Zone des **nega-tiven Glimmlichtes** weg in Richtung Anode ist die Feldstärke aufgrund der o.g. positiven Raumladungen gering. Die Elektronen werden daher nach der Stoßionisation nur langsam wieder beschleunigt und können erst nach einer gewissen Wegstrecke, dem **Faradayschen Dunkelraum**, wieder ionisieren.

In der **positiven Säule** – dem räumlich am weitesten ausgedehnten Bereich der Entladung – kommt es in gleichem Maß zur Ionisierung wie zur Rekombination. Abgesehen von zahlreichen Strößen bewegen sich die Ionen in Richtung Kathode und die Elektronen in Richtung Anode. In der positiven Säule herrscht Quasineutralität. Sie ist der für die Lichterzeugung in Leuchtstofflampen wesentlichste Teil der Entladung. Allerdings können die leicht beweglichen Elektronen leichter zur Wand hin diffundieren als die Ionen. Sie haften an der Wand, ziehen positive Ionen an und neutralisieren diese. Ein Mangel an Ladungsträgern ist die Folge, sie können erst durch Beschleunigung von Elektronen wieder zurückgewonnen werden. Das hat unter Umständen eine Dunkelzone zur Folge, die sich in der positiven Säule periodisch wiederholt. In Abb. 1.6 ist sie deutlich sichtbar.

1.2.2   Gleichgewichts- und Nichtgleichgewichtsplasmen

Ist der Druck nicht allzu hoch, womit ein Druck von einigen hundert Pa gemeint ist, so kommt es nur zu einer geringen Anzahl von elastischen Stößen zwischen Elektronen und Atomen, Ionen oder Molekülen. Wie in Abb. 1.3 angedeutet, legen die Elektronen folglich einen relativ langen Weg bis zum nächstfolgenden Stoß zurück. Gleichzeitig driften sie im elektrischen Feld zur Anode. Sie werden dabei im elektrischen Feld stark beschleunigt. Wegen der extremen Massenverhältnisse kommt es beim Stoß nur zu einem geringen Energie-übertrag. Die Elektronen haben hohe Geschwindigkeiten, die Ionen bewegen sich dagegen nur langsam im Feld. Plasmen, bei denen dies gilt, nennt man „kalte" Plasmen.

Der Begriff „kaltes Plasma" kommt daher, dass die gemessene Temperatur des Gases in der Regel bei der hier beschriebenen Niederdruckentladung bei etwa 40–60° C liegt, in extremen Fällen bis 250° C. Im Vergleich zu den Temperaturen einer Hochdruckentladung ist das kalt. Die nach außen hin gemessene Temperatur setzt sich natürlich zusammen aus der Bewegungsenergie der Atome oder Moleküle, der Ionen und der Elektronen. Die Ionen haben zwar eine höhere Masse als die Elektronen, haben aber sehr geringe Geschwindigkeiten. Bei den Elektronen ist es umgekehrt: sie haben eine deutlich kleinere Masse, besitzen aber wesentlich höhere Geschwindigkeiten. Mit $E_{kin} = \dfrac{m}{2}v^2$ geht die Geschwindigkeit quadratisch in die kinetische Energie ein, so dass die Elektronenenergien deutlich höher sind als die Energien der Ionen. Es herrscht diesbezüglich also kein Gleichgewicht, weswegen man die kalten Plasmen auch als **Nichtgleichgewichtsplasmen** bezeichnet.

Die Geschwindigkeiten der Elektronen sind natürlich im Plasma nicht alle gleich groß, sondern es herrscht eine breite Geschwindigkeitsverteilung. Für die kinetischen Energien gilt das **Boltzmannsche Verteilungsgesetz**:

$$n_i = \left(\frac{ng_i}{S}\right)e^{-E_i/(kT)} \qquad \text{mit} \qquad S = \sum_i g_i e^{-E_i/(kT)} \tag{1.7}$$

n ist die Teilchenzahldichte, also die Zahl der Teilchen pro Volumen. Die g_i sind Gewichtsfaktoren. Das Gesetz besagt, dass niedrige Energien wahrscheinlicher angenommen werden als höhere Energien. Das klassische Beispiel hierfür ist die barometrische Höhenformel. Die Energie im Exponenten ist hier die potentielle Energie von Gasmolekülen. Befindet sich das Teilchen in großer Höhe, hat es eine hohe potentielle Energie. Die Teilchenzahldichte und damit der Druck in dieser Höhe ist also sehr gering. Gl. (1.7) gilt für Teilchen in einem beliebigen konservativen Kraftfeld.

Betrachten wir Teilchen eines idealen Gases, dann entspricht E_i der kinetischen Energie der Teilchen. Die Wahrscheinlichkeit, ein Teilchen bei einer Temperatur T mit einer im Intervall v bis $v+dv$ liegenden Geschwindigkeit anzutreffen, ist

$$f(v)dv = C \cdot 4\pi v^2 \cdot e^{-mv^2/(2kT)}dv \tag{1.8}$$

Der Faktor $4\pi v^2$ trägt dem statistischen Gewicht der einzelnen v-Intervalle Rechnung. Man kann sich $4\pi v^2 dv$ als Kugelschale vorstellen, in der alle Vektoren der Länge v enden. Je größer v ist, desto größer wird bei konstantem dv das Volumen der Kugelschale. Diese wiederum ist ein Maß für die Anzahl der möglichen v-Vektoren. Mit anderen Worten: bei höheren Geschwindigkeiten gibt es mehr v-Vektoren und daher erhalten sie ein höheres statistisches Gewicht. Die Konstante C lässt sich über die Normierung bestimmen:

$$\int\limits_0^\infty f(v)dv = \int\limits_0^\infty C \cdot 4\pi v^2 \cdot e^{-mv^2/(2kT)}dv \tag{1.9}$$

Führt man eine Größe $a = m/(2kT)$ ein, so gilt für das Integral:

$$\int\limits_0^\infty C \cdot 4\pi v^2 \cdot e^{-av^2}dv = -C \cdot 4\pi \cdot \frac{\partial}{\partial a} \int\limits_0^\infty e^{-av^2}dv = 1 \tag{1.10}$$

Das verbliebene uneigentliche Integral lässt sich in unbestimmter Form nicht in elementaren Funktionen angeben, allerdings findet sich sein Wert in mathematischen Formelsammlungen, so dass man erhält:

$$-C \cdot 4\pi \cdot \frac{\partial}{\partial a}\left(\frac{1}{2}\sqrt{\frac{\pi}{a}}\right) = C \cdot \left(\frac{\pi}{a}\right)^{3/2} = 1 \tag{1.11}$$

Man erhält also:

$$C = \left(\frac{m}{2\pi kT}\right)^{3/2} \tag{1.12}$$

Aus Gl. (1.8) folgt die **Maxwellsche Geschwindigkeitsverteilung**, der die Geschwindigkeitsverteilung im Plasma in den meisten Fällen entspricht:

$$f(v)dv = 4\pi v^2 \left(\frac{m}{2\pi kT}\right)^{3/2} e^{-\frac{mv^2}{2kT}} dv \qquad (1.13)$$

$f(v)dv$ ist die Wahrscheinlichkeit, ein Teilchen im Geschwindigkeitsintervall $[v; v+dv]$ anzutreffen. Um die **mittlere kinetische Energie**

$$\overline{E}_{kin} = \frac{m}{2}\overline{v^2} \qquad (1.14)$$

eines Teilchens zu berechnen, benötigt man das mittlere Geschwindigkeitsquadrat $\overline{v^2}$. Es kann durch Integration gewonnen werden:

$$\overline{v^2} = \int_0^\infty v^2 f(v)dv = \int_0^\infty 4\pi v^4 \left(\frac{m}{2\pi kT}\right)^{3/2} e^{-\frac{mv^2}{2kT}} dv \qquad (1.15)$$

Führt man wieder die Größe $a = m/(2kT)$ ein, so gilt für das Integral:

$$\overline{v^2} = 4\pi \left(\frac{a}{\pi}\right)^{3/2} \int_0^\infty v^4 e^{-av^2} dv = -4\pi \left(\frac{a}{\pi}\right)^{3/2} \frac{\partial}{\partial a} \int_0^\infty v^2 e^{-av^2} dv \qquad (1.16)$$

Abermalige Anwendung des gleichen Tricks liefert:

$$\overline{v^2} = 4\pi \left(\frac{a}{\pi}\right)^{3/2} \frac{\partial^2}{\partial a^2} \int_0^\infty e^{av^2} dv = 4\pi \left(\frac{a}{\pi}\right)^{3/2} \frac{\partial^2}{\partial a^2} \left(\frac{1}{2}\sqrt{\frac{\pi}{a}}\right) \qquad (1.17)$$

Damit ist der Wert des mittleren Geschwindigkeitsquadrats:

$$\overline{v^2} = 4\pi \left(\frac{a}{\pi}\right)^{3/2} \frac{1}{2}\sqrt{\pi} \frac{\partial}{\partial a}\left(-\frac{1}{2}a^{-3/2}\right) = \frac{3}{2a} \quad \text{bzw.} \quad \boxed{\overline{v^2} = \frac{3kT}{m}} \qquad (1.18)$$

Die mittlere kinetische Energie ist also nach Gl. (1.14):

$$\overline{E}_{kin} = \frac{m}{2}\overline{v^2} = \frac{m}{2}\frac{3kT}{m} \quad \text{bzw.} \quad \boxed{\overline{E}_{kin} = \frac{3}{2}kT} \qquad (1.19)$$

Die mittlere kinetische Energie eines Teilchens hängt also im Falle einer Maxwellschen Geschwindigkeitsverteilung ausschließlich von der Temperatur ab. Da sich ein Teilchen im 3-dimensionalen Raum in drei Richtungen bewegen kann, also drei Freiheitsgrade besitzt, ist die **mittlere kinetische Energie pro Freiheitsgrad** $kT/2$. In einer Gasentladung kann man jeder Spezies, also Ionen, Atomen, Molekülen und Elektronen, eine eigene Temperatur zuordnen. Im Falle eines Elektrons spricht man von einer Elektronentemperatur. Im Nichtgleichgewichtsplasma einer Leuchtstofflampe etwa beträgt diese typisch 11.000 K, was einer Energie von etwa 1,4 eV entspricht. Dagegen beträgt die Gesamttemperatur des Gases nur etwa 40–60° C. Sie wird hauptsächlich durch die niedrige Energie der Ionen und neutralen Atome bestimmt. Die Temperaturen sind konstant über das gesamte Entladevolumen.

Wird der Druck in einer Niederdruckgasentladung erhöht, steigt die Anzahl der elastischen Stöße der Elektronen mit den Ionen und neutralen Atomen. Trotz des ungleichen Massenverhältnisses steigt damit der Energieübertrag. Das führt zu einem Ausgleich der Temperaturen. Bei einem Druck von etwa 1 bar liegt die Temperatur der Atome nur noch wenig unter der der Elektronen, die im Gegenzug gefallen ist: sie beträgt etwa 4000–6000 K. Wegen dieses Temperaturausgleichs spricht man von einem **Gleichgewichtsplasma**. Eine exakte Gleichheit der Temperaturen kann bei einer elektrisch betriebenen Hochdruckentladung nicht auftreten, denn die leichteren Elektronen werden im elektrischen Feld auf höhere Geschwindigkeiten beschleunigt als die schwereren Ionen. Sie haben damit die höhere Temperatur bzw. Energie und geben die aufgenommene Energie erst durch Stöße an die schwereren Teilchen weiter. Insofern wird stets eine kleine Temperaturdifferenz bestehen.

Völliges thermisches Gleichgewicht würde weiterhin bedeuten, dass die aus der Maxwellschen Verteilung gewonnene Temperatur mit der Temperatur übereinstimmt, die sich aus der beobachteten Besetzungsverteilung angeregter Zustände gemäß der Boltzmann-Verteilung errechnet. Ist nämlich die Energiedifferenz $E_1 - E_0$ und das Besetzungsverhältnis n_1 / n_0 zweier Energieniveaus bekannt, ist nach Gl. (1.7) eindeutig eine Temperatur festgelegt.

Zwei weitere Temperaturen lassen sich definieren: im Falle von chemischen Reaktionen im Plasma kann temperaturabhängig ein bestimmtes Verhältnis von Ausgangsstoffen zu Reaktionsprodukten angegeben werden. Umgekehrt kann daraus auch eine Temperatur definiert werden, die im Falle des Gleichgewichtsplasmas mit den bisher angegebenen Temperaturen übereinstimmen muss. Schließlich kann man aus der Frequenzverteilung der vom Plasma emittierten Strahlung auf eine Temperatur schließen. Hierbei nimmt man an, dass das Plasma ein schwarzer Strahler (Kap. 1.3.1) ist. Die sich hieraus ergebende Temperatur stimmt beim Gleichgewichtsplasma mit den übrigen Temperaturen überein.

Dies alles zeigt, dass ein wahres thermisches Gleichgewicht bei Entladungslampen eine Illusion ist, zumal es stets Temperaturgradienten zum Lampenkolben gibt. Diese stehen einem Gleichgewicht entgegen. Außerdem entspricht das Spektrum der Entladung nicht dem des schwarzen Strahlers.

Trotzdem befindet sich das Plasma bei einer Hochdruckentladung wenigstens in einem infinitesimal kleinen Volumen in einem Gleichgewichtszustand, dem **lokalen thermischen Gleichgewicht** (LTG). Die Elektronendichte n_e, die Ionendichte n_i und die Atomdichte n_0 sind in diesem Fall durch die **Saha-Gleichung** [Saha 1920; 1921] verknüpft:

$$\frac{n_e n_i}{n_0} = \frac{2 g_i}{g_0} \frac{(2\pi m_e kT)^{3/2}}{h^3} e^{-\frac{E_i}{kT}} \tag{1.20}$$

m_e ist die Elektronenmasse, g_i und g_0 sind Gewichtsfaktoren für die Ionen und Atome. E_i ist die Ionisierungsenergie des Gases bzw. Dampfes. In Abb. 1.7 sind die Ionisierungsenergien für einfache und zweifache Ionisierung für die Edelgase, die Halogene sowie die Alkali- und Erdalkalimetalle als Funktion der Ordnungszahl dargestellt. Man erkennt deutlich die abnehmende Ionisierungsenergie mit wachsender Ordnungszahl. Wegen des größeren Kernabstandes lassen sich die Elektronen mit weniger Energie aus der Bindung lösen.

Berücksichtigt man die Quasineutralität des Plasmas, die ja mit Ausnahme elektrodennaher Bereiche näherungsweise gegeben ist, so gilt $n_e = n_i$. Mit der Zustandsgleichung des idealen Gases $p = n_0 kT$, die für kleine Ionisierungsgrade (<1%) Gültigkeit hat, lässt sich die Saha-Gleichung wie folgt schreiben:

$$n_e n_i = n_i^2 = \frac{2g_i}{g_0}\frac{p}{kT}\frac{(2\pi m_e kT)^{3/2}}{h^3} e^{-\frac{E_i}{kT}} \tag{1.21}$$

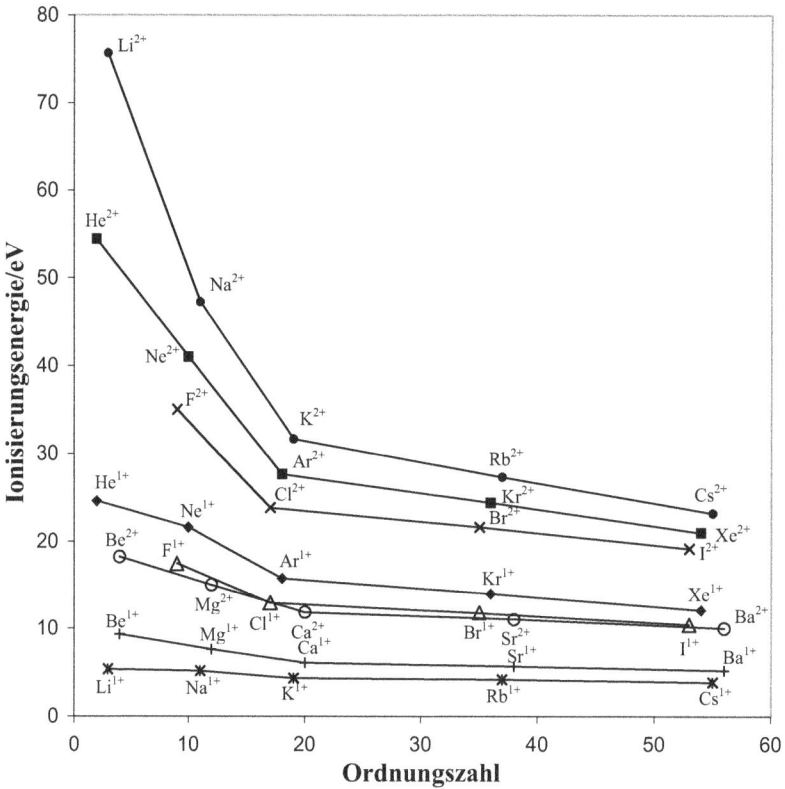

Abb. 1.7: Ionisierungsenergie der Edelgase, der Halogene sowie der Alkali- und Erdalkalimetalle als Funktion der Ordnungszahl. Zahlenwerte aus: [CRC 2006].

Damit ist die Ionendichte:

$$n_i = \sqrt{\frac{2g_i}{g_0}}\sqrt{p}\,\frac{(2\pi m_e)^{3/4}}{h^{3/2}}(kT)^{1/4} e^{-\frac{E_i}{2kT}} \tag{1.22}$$

Der Ionisierungsgrad n_i / n_0 ist dann mit $n_0 = p / kT$:

$$\boxed{\frac{n_i}{n_0} = \sqrt{\frac{2g_i}{g_0}} \frac{1}{\sqrt{p}} \frac{(2\pi m_e)^{3/4}}{h^{3/2}} (kT)^{5/4} e^{-\frac{E_i}{2kT}}}$$ (1.23)

Wichtig ist, dass diese Gleichung **nur für den Fall geringer Ionisierung** gilt.

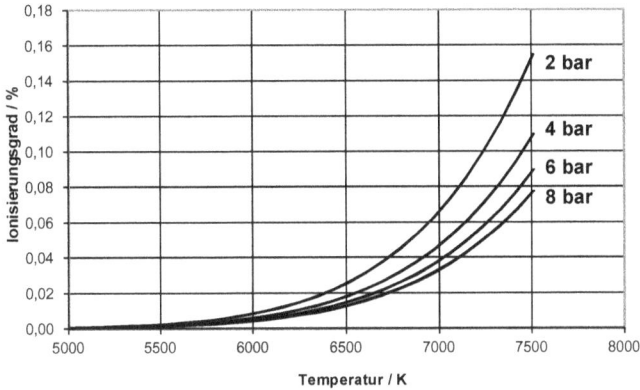

Abb. 1.8: Ionisierungsgrad als Funktion der Temperatur, gerechnet für die Ionisierungsenergie des Wasserstoffs. Dargestellt sind die Drücke 2 bar, 4 bar, 6 bar sowie 8 bar. Selbst bei Temperaturen von 7.500 K wird unter diesen Bedingungen nur ein Ionisierungsgrad von etwas über 1 Promille erreicht.

Der Ionisierungsgrad ist für Wasserstoff in Abb. 1.8 als Funktion der Temperatur für vier verschiedene Drücke dargestellt. Die Ionisierungsenergie ist 13,61 eV; die vieler anderer Elemente liegt in der gleichen Größenordnung. Es wurde ferner $g_i / g_0 = 2$ angenommen, was für die meisten Ionen erfüllt ist. Abb. 1.8 zeigt, dass bei den in Lampenplasmen realisierbaren Temperaturen und bei Drücken zwischen 2 bis 8 bar lediglich Ionisierungsgrade von ca. $10^{-4} - 10^{-3}$ vorliegen.

1.2.3 Spektrale Eigenschaften von Nieder- und Hochdruckentladungen

Wegen der in Plasmen auftretenden Ionisierungen und der durch Stöße erfolgten Anregung von Atomen kommt es stark zur Besetzung höherer Energieniveaus. Durch Relaxation kann die Energie u.a. in Form von Strahlung wieder abgegeben werden. Die durch die Atom- oder Molekülart festgelegten Energieniveaus führen damit zu einem für diesen Typ spezifischen Spektrum. Dies sollte zunächst ein Linienspektrum sein, wobei die einzelnen Spektrallinien möglicherweise druck- oder dopplerverbreitert sind.

Besonders bei Hochdruckgasentladungen treten neben der Linienstrahlung noch zwei weitere Mechanismen der Lichterzeugung in Erscheinung. Die eine ist die sogenannte **Bremsstrahlung**, die im Extremfall als Röntgenstrahlung bekannt ist. Sie entsteht immer dann, wenn Ladungsträger extrem stark abgebremst werden. Eine nichtperiodische Beschleunigung führt nach Fourier stets zu einem **kontinuierlichen Spektrum**, das bei klassischer Betrachtung zu unbegrenzt hohen Frequenzen führt. Das Spektrum verschiebt sich zu kürzeren Wellenlängen und wird intensiver, wenn die gebremsten Elektronen energiereicher waren.

Der zweite Mechanismus der Lichterzeugung ist die **Rekombinationsstrahlung**. Bei der Rekombination der Elektronen mit den positiven Ionen, den Kationen, können die Elektronen nach Rekombination in jedem der möglichen energetischen Niveaus des wieder neutral gewordenen Atoms enden. Bezüglich des atomaren Grundzustands besitzt das Elektron eine Energie, die der Ionisierungsenergie des Atoms zuzüglich seiner kinetischen Energie entspricht. Da die Elektronen in der Entladung beliebige kinetische Energien annehmen können, werden auch die bei der Rekombination frei werdenden Energien kontinuierlich verteilt sein. Damit werden auch bei der Emission von Strahlung alle möglichen Frequenzen auftreten, zum langwelligen hin begrenzt von der der Ionisierungsenergie entsprechenden Wellenlänge. Eine Untergrenze für die Wellenlänge führt die Quantentheorie ein. Die Rekombinationsstrahlung liefert also über weite Bereiche ein kontinuierliches Spektrum.

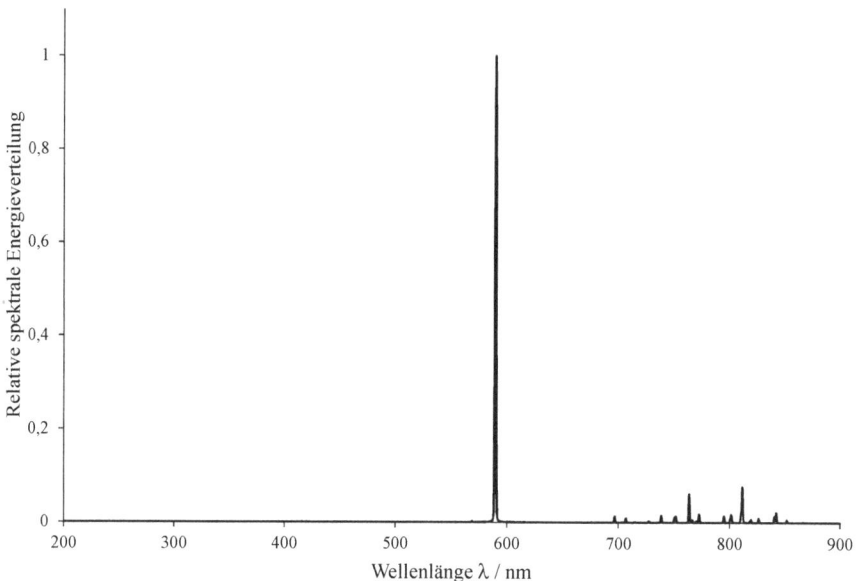

Abb. 1.9: Spektrum einer Natrium-Niederdruck-Entladung am Beispiel einer Na-Spektrallampe. Auffallend im sichtbaren Spektralbereich ist die intensive Natrium-D-Linie. Die schwächeren Linien stammen vom Hilfsgas in der Lampe. (Auflösung 1,4 nm).

In Abb. 1.9 und 1.10 sind die Spektren des Natriumdampfes dargestellt. Beim Natrium dominiert in dem dargestellten Spektralbereich die bekannte Natrium-D-Linie. Bei der Niederdruckentladung (Abb. 1.9) ist sie als nadelfeine Linie ohne Untergrund vorhanden. Eigentlich handelt es sich um zwei benachbarte Linien, sie sind in Abb. 9 nicht aufgelöst. Bei der Hochdruckentladung (Abb. 1.10) fällt auf, dass merklich Untergrundstrahlung vorhanden ist. Die Linie zeigt eine starke Verbreiterung, die durch die natürliche Linienbreite oder durch Dopplerverbreiterung allein nicht erklärbar ist. Vielmehr zeigt Natrium eine ausgesprochen starke Resonanzverbreiterung der Linien. Dies ist eine Form der Stoßverbreiterung, bei der die Wechselwirkung der Teilchen zu einer Verschiebung der Energieniveaus führt. Diese ist besonders groß, wenn die Teilchen identischer Natur sind. Für die **Resonanzverbreiterung** gilt nach [Groot 1986] näherungsweise:

$$\Delta f_{res} \approx \frac{1}{4\pi\varepsilon_0} \frac{e^2}{2\pi m_e f_0} fn_0 \qquad\qquad (1.24)$$

Die Linienbreite wächst also linear mit der Besetzung n_0 des Grundzustandes und dadurch mit der Teilchendichte bzw. dem Druck allgemein und linear mit der sogenannten **Oszillatorenstärke** f des Übergangs an. m_e ist die Elektronenmasse, f_0 die Frequenz des Übergangs. Ein Teilchen kann von einem energetischen Zustand E_i ausgehend Licht absorbieren. Ein Elektron kann dabei in eine ganze Reihe höherer Energiezustände wechseln. Von der Gesamtabsorption entfällt also nur ein Bruchteil f_{ij} auf einen speziellen Übergang von E_i nach E_j. Dieser Bruchteil wird Oszillatorenstärke genannt. Es gilt

$$\sum_j f_{ij} = 1 \qquad\qquad (1.25)$$

Die Resonanzverbreiterung führt als Form der Druckverbreiterung zu einem **Lorentz-Profil**.

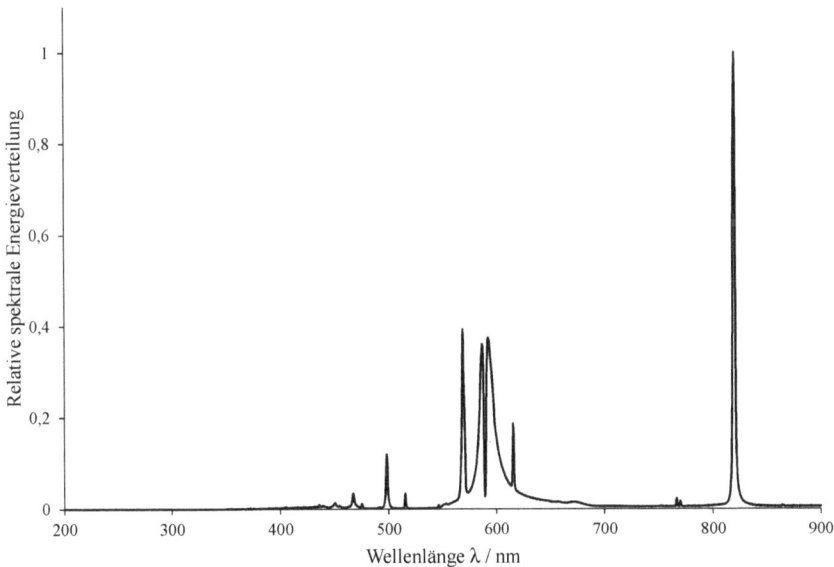

Abb. 1.10: Spektrum einer Natrium-Hochdruck-Entladung. Deutlich zu erkennen ist hier die beim Natrium besonders ausgeprägte Selbstabsorption bei der Natrium-D-Linie. Sehr auffallend ist weiterhin die dreifache Linie im IR-A bei 818,3256 nm, 819,4790 nm und 819,4824 nm. Weitere Linien treten bei 498 nm, 569 nm und 616 nm in Erscheinung (Auflösung 1,4 nm).

Wie in Abb. 1.10 deutlich erkennbar, zeigt die **Natrium-D-Linie** (Doppellinie bei 589,0 nm und 589,6 nm) im Zentrum einen deutlichen Einbruch, der fast bis zur Nullinie reicht. Er wird **Selbstabsorption** genannt. Das ist ein Phänomen, das auch bei anderen Atomen beobachtet wird, das aber beim Natrium besonders stark ausgeprägt ist. Es kommt dadurch zustande, dass bei der Hochdruckentladung das Zentrum der Entladung heißer ist als wandnahe Bereiche. Man beachte, dass sich die meisten Atome im Grundzustand befinden. Die im Zentrum der Entladung entstandenen Photonen mit der Mittenfrequenz der Linie werden in den äußeren, kälteren Zonen der Entladung mit höherer Wahrscheinlichkeit absorbiert als die Photonen, die eine in der Linienflanke liegende Frequenz haben (Abb. 1.11).

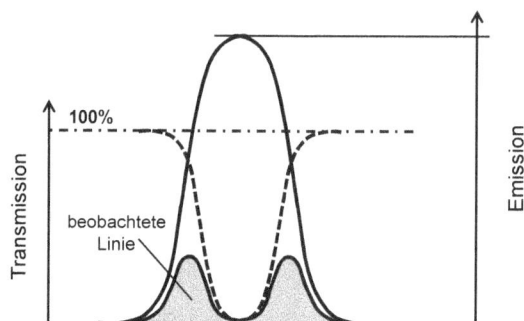

Abb. 1.11: Eine im Zentrum einer Hochdruckentladung emittierte Linie wird in den kälteren Randzonen der Entladung teilweise absorbiert. Frequenzen, die im Randbereich der Spektrallinie emittiert werden, werden weniger geschwächt und können die Entladung verlassen. Das Zentrum der Linie kann bei der Selbstabsorption tatsächlich „schwarz" sein, meist wird jedoch auch in den Randbereichen einer Entladung etwas Strahlung der zentralen Wellenlänge emittiert.

Absorbierte Strahlung wird zwar wieder emittiert und die Photonen werden so nach außen „durchgereicht", aber wegen der hohen Dichte sind Stöße der beteiligten Atome wahrscheinlich und damit eine Verschiebung der Energieniveaus. Die dann emittierten Photonen haben eine von der ursprünglichen abweichende Frequenz. Da mehr Photonen mit der Zentralfrequenz vorhanden waren als solche mit „Randfrequenzen", ist eine Schwächung der Linienmitte die Folge.

1.3   Lichterzeugung durch Temperaturstrahler

Die bisher betrachtete Lichterzeugung mittels Plasmen zeichnet sich durch das Vorhandensein von mehr oder weniger vielen Spektrallinien mit einem hierzu vergleichsweise geringen kontinuierlichen Strahlungsanteil aus. Eine solche Lichtquelle ist bezügliche ihrer Farbwiedergabeeigenschaften nicht ideal. Besser wäre ein Strahler, der über einen weiten Spektralbereich gleichmäßig Strahlung abgibt. Ein solcher wäre, wenn er über das gesamte sichtbare Spektrum von ca. 380 nm bis ca. 780 nm strahlen würde, eine ideale Lichtquelle. Leider lässt sich so einfach keine Lichtquelle bauen, die diese Forderung erfüllt. Die entsprechende Substanz dürfte keine diskreten Energieniveaus haben, sondern es müssten ganze Energiebanden zur Verfügung stehen. Sie würde folglich auch über diesen ganzen Spektralbereich absorbieren. Temperaturstrahler erfüllen diese Forderungen nicht ganz, aber doch auf befriedigende Weise. Ausgangspunkt der Betrachtungen soll der leuchtende, oder besser der glühende Festkörper sein.

1.3.1   Plancksches Strahlungsgesetz

Eine idealisierte Substanz, die über den gesamten Frequenzbereich der elektromagnetischen Strahlung vollständig absorbiert, wird **schwarzer Körper** genannt. Er lässt sich im Labor nur angenähert in Form eines Hohlraumes realisieren, in dem sich ein kleines Loch befindet. Licht, dass von außen durch dieses Loch in den Hohlraum tritt, kann an den Wänden durchaus teilweise reflektiert werden. Sind die Raumabmessungen im Vergleich zum Loch groß, wird die Strahlung kaum wieder den Weg nach außen finden, sondern nach mehreren Reflexionen schließlich absorbiert.

Die Innenwände des Strahlers absorbieren natürlich nicht nur Strahlung, sie geben sie auch wieder ab. Um die Abstrahlung eines solchen Hohlraums – er sei quaderförmig und habe die Kantenlänge L – zu berechnen, soll angenommen werden, er sei im thermischen Gleichgewicht. Das bedeutet, dass **ein zeitlich konstantes Strahlungsfeld** im Innern des Körpers besteht und dass sich Absorption und Emission an den Wänden die Waage halten. In einem so gearteten Hohlraum können sich nun Eigenschwingungen aufbauen. Um das zu verstehen, sei zunächst der in Abb. 1.12 gezeichnete „eindimensionale" Hohlraum betrachtet.

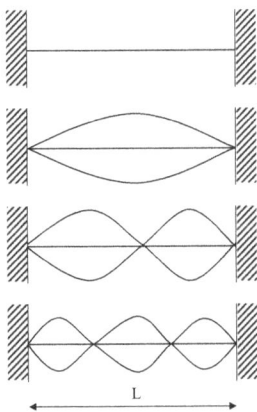

Abb. 1.12: Eigenschwingungen in einem eindimensionalen „Hohlraum".

Zu vergleichen ist er mit einem zwischen zwei Mauern eingespannten Seil. In diesem eindimensionalen Hohlraum muss für die Eigenschwingungen folgender Zusammenhang gelten:

$$L = i \frac{\lambda}{2} \tag{1.26}$$

Die Länge L des Hohlraumes muss ein ganzzahliges Vielfaches i der halben Wellenlänge λ der stehenden Welle sein. Dabei werden an den Wänden Knotenstellen angenommen. Dies wäre bei spiegelnden Wänden sehr anschaulich erfüllt, denn bei metallischen Spiegeln sind die Elektronen im Metall frei beweglich. Würde an der Oberfläche eine endliche elektrische Feldstärke entstehen, würden die Elektronen sofort in Feldrichtung beschleunigt und würden das Feld wieder kompensieren.

Führt man den **Wellenvektor** $\vec{k}$, der stets in Ausbreitungsrichtung zeigt, mit

$$\left|\vec{k}\right| = k = \frac{2\pi}{\lambda} = \frac{2\pi f}{c} \tag{1.27}$$

ein, so gilt:

$$L = \frac{i\pi}{k} \quad \text{oder} \quad k = \frac{i\pi}{L} \tag{1.28}$$

Das bedeutet, dass der Wellenvektor in dem eindimensionalen Hohlraum nur diskrete Werte annehmen kann. In einem auf zwei Dimensionen erweiterten Hohlraum bleibt die **Diskretisierungsbedingung** Gl. (1.28) für die zwei Komponenten k_x und k_y des Wellenvektors bestehen und muss einzeln erfüllt werden. Dadurch erhält man einen zweiten Modenindex i_y.

Es gilt also:

$$k_x = \frac{i_x \pi}{L} \quad \text{und} \quad k_y = \frac{i_y \pi}{L} \tag{1.29}$$

Der $\vec{k}$-Vektor würde dem Betrage nach somit lauten:

$$k = \sqrt{\left(\frac{i_x \pi}{L}\right)^2 + \left(\frac{i_y \pi}{L}\right)^2} \tag{1.30}$$

Oder, wenn man den dreidimensionalen Fall eines Hohlraumes betrachtet:

$$k = \sqrt{\left(\frac{i_x \pi}{L}\right)^2 + \left(\frac{i_y \pi}{L}\right)^2 + \left(\frac{i_z \pi}{L}\right)^2} = \frac{\pi}{L}\sqrt{i_x^2 + i_y^2 + i_z^2} \tag{1.31}$$

Um die Energiedichte im Innern des Hohlraumes zu berechnen, muss man bei Kenntnis der Energie einer **Eigenschwingung** ihre Anzahl kennen. Diese lässt sich durch Überlegung wie folgt bestimmen: für die Eigenfrequenzen aller Moden, die unterhalb einer Frequenz f liegen, gilt unter Benutzung von Gl. (1.27):

$$c^2 \left|\vec{k}\right|^2 \leq 4\pi^2 f^2 \tag{1.32}$$

Setzt man das Ergebnis aus 1.31 ein, erhält man:

$$c^2 \frac{\pi^2}{L^2} \left(i_x^2 + i_y^2 + i_z^2\right) \leq 4\pi^2 f^2 \tag{1.33}$$

oder

$$i_x^2 + i_y^2 + i_z^2 \leq \frac{4L^2 f^2}{c^2} \tag{1.34}$$

Betrachtet man nur das Gleichheitszeichen, stellt dies eine Kugelgleichung mit den ganzzahligen Variablen i_x, i_y und i_z und dem Radius $r = 2Lf/c$ dar. Für sehr große Radien entspricht die Anzahl N der möglichen Zahlentripel $(i_x; i_y; i_z)$ dem Kugelvolumen. Da oben nur positive Werte von i zugelassen wurden, beschränkt sich das Volumen allerdings auf einen Oktanten, d.h. das ermittelte Volumen ist durch acht zu teilen. Andererseits gibt es für die Feldstärke $\vec{E}$, wie in Kap. 1.1.1 ausgeführt, für eine gegebene Ausbreitungsrichtung stets zwei Polarisationen. Somit multipliziert sich die Zahl der Möglichkeiten polarisationsbedingt mit zwei:

$$N = \frac{2}{8} \cdot \frac{4}{3} \pi r^3 = \frac{2}{8} \cdot \frac{4}{3} \pi \cdot \left(\frac{2Lf}{c}\right)^3 = \frac{8\pi L^3 f^3}{3c^3} \tag{1.35}$$

Die Zahl dN der Moden in einem Frequenzintervall df bekommt man, indem man diese Gleichung differenziert:

$$\frac{dN}{df} = \frac{8\pi L^3 f^2}{c^3} \quad \text{oder} \quad dN = \frac{8\pi L^3 f^2}{c^3} df \tag{1.36}$$

Die Anzahldichte, also die Anzahl der Eigenfrequenzen pro Volumeneinheit, wird erhalten, wenn man dN durch das Volumen L^3 teilt:

$$\frac{dN}{L^3} = \frac{8\pi f^2}{c^3} df \tag{1.37}$$

Aus Gl. (1.19) im Abschnitt 1.2.2 ist nun bekannt, dass die mittlere kinetische Energie pro Freiheitsgrad $kT/2$ ist. Das gilt auch für die der Welle zugrunde liegenden Oszillationen. Da bei einem Oszillator die mittlere kinetische gleich der mittleren potentiellen Energie ist, ist die Energie pro Schwingung kT. Man erhält somit für die auf die Frequenzbreite df entfallende spektrale Energiedichte ρ das **Gesetz von Rayleigh und Jeans**:

$$\rho(f) = \frac{dN \cdot kT}{L^3 df} = \frac{8\pi f^2}{c^3} kT \tag{1.38}$$

Es soll nun ein Zusammenhang dieser Energiedichte mit der **Strahldichte** der Oberfläche hergestellt werden. Die Strahldichte L_e ist die Strahlleistung, die pro Einheit der aus der Strahlrichtung gesehenen Fläche und pro Raumwinkeleinheit abgegeben wird. Genauere Ausführungen hierzu werden in Kapitel 2.1.2 gegeben. Die Strahldichte hat die Einheit W/(m²sr). Betrachtet man die Strahlleistung, die von einer Fläche A unter einem Winkel α zur Flächennormale abgegeben wird, so erscheint die Fläche auf den Betrag von $A\cos\alpha$, also auf die **effektive Senderfläche**, reduziert (Abb. 1.13). Grundsätzlich geht man davon aus, dass die Abstrahlung ansonsten nicht vom Winkel α abhängt. Damit ist die Leistung, die unter einem Winkel α zur Flächennormale von A in den kleinen Raumwinkel $d\Omega$ abgestrahlt wird, gleich $L_e A\cos(\alpha)d\Omega$. Ist c die Lichtgeschwindigkeit, legt die emittierte Strahlung in der Zeit dt den Weg cdt zurück. Die von der Fläche A in dt ausgesandte Strahlungsenergie befindet sich also gemäß Abb. 1.13 in einem Zylinder mit dem Volumen $cdtA\cos\alpha$.

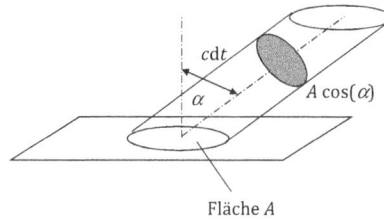

Abb. 1.13: Die Fläche A erscheint unter einem Winkel α zur Flächennormale um den Faktor $\cos(\alpha)$ verkleinert.

Für die Energiedichte du_a der Abstrahlung im Zylinder, also die Energie pro Volumenein-heit, folgt:

$$du_a = \frac{L_e A \cos(\alpha) dt d\Omega}{c dt A \cos(\alpha)} = \frac{L_e}{c} d\Omega \tag{1.39}$$

Die Energiedichte im gesamten Raum erhält man durch Integration über den über der Fläche liegenden Halbraum:

$$u_a = \int \frac{L_e}{c} d\Omega \tag{1.40}$$

Das Integral ist – da L_e nicht vom Winkel α abhängt – einfach ausführbar und liefert:

$$u_a = \frac{2\pi L_e}{c} \tag{1.41}$$

Da innerhalb des Hohlraumes thermisches Gleichgewicht angenommen wurde, kann die Wand nicht nur abstrahlen, denn sie würde sonst auskühlen. Sie muss also genauso viel Strahlung von der Umgebung aufnehmen. Die Energiedichte im Raum verdoppelt sich also:

$$u = \frac{4\pi L_e}{c} \tag{1.42}$$

Betrachtet man die auf ein kleines Frequenzintervall df entfallende Strahldichte dL_e, kann zur spektralen Energiedichte von Gl. (1.38) der folgende Zusammenhang hergestellt werden:

$$\rho df = \frac{4\pi \cdot dL_e}{c} \quad \text{bzw.} \quad \frac{8\pi f^2 kT}{c^3} df = \frac{4\pi \cdot dL_e}{c} \tag{1.43}$$

Es folgt für die Strahldichte:

$$dL_e = \frac{2f^2}{c^2} kT df \tag{1.44}$$

Wegen

$$f = \frac{c}{\lambda} \quad \text{bzw.} \quad \frac{df}{d\lambda} = -\frac{c}{\lambda^2} \quad \text{bzw.} \quad df = -\frac{c}{\lambda^2} d\lambda \tag{1.45}$$

folgt aus Gl. (1.44) eine weitere Form des **Gesetzes von Rayleigh-Jeans**:

$$dL_e = -\frac{2f^2}{\lambda^2 f^2}kT\frac{c}{\lambda^2}d\lambda \quad \text{bzw.} \quad \boxed{dL_e = -\frac{2c}{\lambda^4}kTd\lambda} \qquad (1.46)$$

Das Minuszeichen kommt dadurch zustande, dass ein positives df wegen der Reziprozität $\lambda \propto 1/f$ ein **negatives** $d\lambda$ zur Folge hat. Dieses Gesetz würde – über den ganzen Wellenlängenbereich gemessen – eine unendlich hohe Strahlung liefern, wie eine Integration über λ von 0 bis unendlich zeigt:

$$L_e = -2ckT\int_{\infty}^{0}\frac{d\lambda}{\lambda^4} = 2ckT\frac{1}{3\lambda^3}\bigg|_{\infty}^{0} \to \infty \qquad (1.47)$$

Das Experiment zeigt, dass das Gesetz das Verhalten eines schwarzen Körpers bei niedrigen Frequenzen, also langen Wellenlängen richtig beschreibt. Für geringe Wellenlängen ist es unbrauchbar. Der Grund liegt in der in Gl. (1.38) gemachten Annahme für die mittlere Energie kT eines Oszillators. Die Ableitung des Gesetzes von Rayleigh-Jeans (Gl. (1.46)) hat sich nämlich bisher nur der klassischen Physik bedient und angenommen, die Oszillatoren können jeden Energiewert annehmen. Die Quantenmechanik lehrt aber, dass für die Oszillatoren eine Quantisierungsbedingung gilt: sie können jeweils nur die Energiewerte hf oder ganzzahlige Vielfache davon annehmen. Die Schwingungsenergieniveaus haben also die Energien 0, hf, $2hf$, $3hf$ … Die Wahrscheinlichkeit, mit der diese Energien angenommen werden, folgen der Boltzmannverteilung Gl. (1.7). Die Teilchendichten, also die Zahl der Teilchen pro Volumen, sind dann für die Energiezustände $E_1 = hf$, $E_2 = 2hf$, $E_3 = 3hf$ … gegeben durch:

$$n_1 = \left(\frac{n}{S}\right)e^{-hf/(kT)} \quad n_2 = \left(\frac{n}{S}\right)e^{-2hf/(kT)} \quad n_3 = \left(\frac{n}{S}\right)e^{-3hf/(kT)} \qquad (1.48)$$
$$\dots$$

Dabei ist n die gesamte Teilchenzahldichte und für S gilt $S = \sum e^{-E_i/(kT)}$. Die Gewichtsfaktoren g_i sind in diesem Fall gleich Eins. Damit erhält man eine grundsätzlich andere mittlere Energie als im Falle der klassischen Betrachtungsweise. Man bekommt sie, indem man die mit der Besetzungsdichte multiplizierten Energien der Zustände aufsummiert und durch die gesamte Besetzungsdichte dividiert:

$$E = \frac{\left(\frac{n}{S}\right)\cdot 0 \cdot e^{-0/(kT)} + \left(\frac{n}{S}\right)\cdot hf \cdot e^{-hf/(kT)} + \left(\frac{n}{S}\right)\cdot 2hf \cdot e^{-2hf/(kT)} + \dots}{n} \qquad (1.49)$$

Es folgt:

$$E = hf \cdot \frac{e^{-hf/(kT)} + 2e^{-2hf/(kT)} + 3e^{-3hf/(kT)} + \dots}{e^{-0/kT} + e^{-hf/(kT)} + e^{-2hf/(kT)} + e^{-3hf/(kT)} + \dots} \qquad (1.50)$$

Mit der Abkürzung $x = -hf/(kT)$ folgt:

$$E = hf \cdot \frac{e^x + 2e^{2x} + 3e^{3x} + \ldots}{1 + e^x + e^{2x} + e^{3x} + \ldots} = hf \cdot \frac{\frac{d}{dx}\left(e^x + e^{2x} + e^{3x} + \ldots\right)}{1 + e^x + e^{2x} + e^{3x} + \ldots} \tag{1.51}$$

Wegen

$$\frac{d}{dx}\left[\ln\left(1 + e^x + e^{2x} + e^{3x} + \ldots\right)\right] = \frac{\frac{d}{dx}\left(e^x + e^{2x} + e^{3x} + \ldots\right)}{1 + e^x + e^{2x} + e^{3x} + \ldots} \tag{1.52}$$

folgt aus Gl. (1.51):

$$E = hf \cdot \frac{d}{dx}\left[\ln\left(1 + e^x + e^{2x} + e^{3x} + \ldots\right)\right] \tag{1.53}$$

Der Ausdruck in der Klammer ist eine unendliche geometrische Reihe, deren Summe Z ermittelt werden kann, in dem man die Reihe zunächst als endlich mit m Summanden auffasst. Man subtrahiert die beiden folgenden Ausdrücke:

$$Z = 1 + e^x + e^{2x} + e^{3x} + \ldots + e^{mx} \tag{1.54}$$

$$Z \cdot e^{-x} = e^{-x} + 1 + e^x + e^{2x} + e^{3x} + \ldots + e^{(m-1)x} \tag{1.55}$$

Für die Summe erhält man also durch Subtraktion der beiden Gleichungen:

$$Z = \frac{e^{-x} - e^{mx}}{e^{-x} - 1} \tag{1.56}$$

Wegen $x < 0$ gilt $e^{mx} \to 0$ für $m \to \infty$ so dass für die mittlere Energie des Oszillators nach Gl. (1.53) folgt:

$$E = hf \cdot \frac{d}{dx}\left[\ln\frac{e^{-x}}{e^{-x} - 1}\right] = hf \cdot \frac{e^{-x} - 1}{e^{-x}} \frac{d}{dx}\frac{e^{-x}}{e^{-x} - 1} = hf \cdot \frac{1}{\left(e^{-x} - 1\right)} \tag{1.57}$$

Der Ausdruck kT in Gl. (1.44) für die mittlere Energie kann also durch

$$E = hf \cdot \frac{1}{\left(e^{hf/kT} - 1\right)} \tag{1.58}$$

ersetzt werden, so dass wir erhalten:

$$\boxed{dL_e = \frac{2hf^3}{c^2} \cdot \frac{1}{\left(e^{hf/kT} - 1\right)}\, df} \tag{1.59}$$

Diese Gleichung lässt sich auch über die Wellenlänge formulieren, wenn man Gl. (1.46) zu Hilfe nimmt, so dass man folgende Formulierungen für die Strahldichte gewinnt:

$$dL_e = \frac{2hc^2}{\lambda^5} \frac{1}{e^{hc/\lambda kT}-1} d\lambda \qquad (1.60)$$

Dieses **Plancksche Strahlungsgesetz** wurde 1900 erstmals von Max Planck (1858–1947) formuliert. Bei der letzten Gleichung wurde auf das sich eigentlich ergebende Minuszeichen verzichtet. Dies ist gerechtfertigt, wenn man berücksichtigt, dass im Falle des Minuszeichens $d\lambda$ negativ wäre. Hier ist also $d\lambda > 0$. dL_e ist die Leistung, die der schwarze Körper in Richtung der Flächennormalen pro Flächen- und Raumwinkeleinheit in das Wellenlängenintervall $d\lambda$ bzw. in das Frequenzintervall df abgibt. Die Einheit von L_e ist also W/(m²sr).

Will man die gesamte, in den Halbraum abgestrahlte Leistung pro Flächeneinheit angeben, muss über den halben Raumwinkel integriert werden. Da für die Abstrahlung in anderen als der senkrechten Richtung der $\cos\alpha$-Zusammenhang gilt und die Integration über den Halbraum erfolgen muss, gilt:

$$dM_e = \int\limits_{\text{Halbraum}} \frac{2hc^2}{\lambda^5} \frac{\cos(\alpha)d\lambda}{e^{\frac{hc}{\lambda kT}}-1} d\Omega \qquad (1.61)$$

Der Faktor $d\Omega = d\varphi \cdot d\alpha \cdot \sin\alpha$ stellt, wie in Abb. 1.14 gezeigt, ein Flächenelement der Einheitskugel (mit $r = 1$) dar. Um den Halbraum zu erfassen, ist die α-Integration von 0 bis $\pi/2$ und die φ-Integration von 0 bis 2π zu führen:

$$dM_e = \int\limits_0^{\pi/2}\int\limits_0^{2\pi} \frac{2hc^2}{\lambda^5} \frac{\cos(\alpha)d\lambda}{e^{\frac{hc}{\lambda kT}}-1} \sin\alpha\, d\varphi\, d\alpha \qquad (1.62)$$

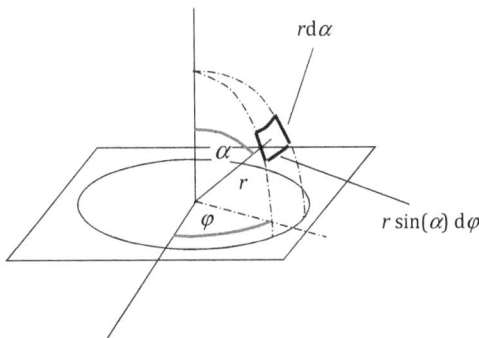

Abb. 1.14: Zur Integration über den Halbraum über eine leuchtende Fläche. Für $r =$ ist das Flächenelement $\sin\alpha\, d\alpha\, d\varphi$.

Die Integration liefert:

$$dM_e = \frac{4\pi hc^2}{\lambda^5} \frac{1}{e^{\frac{hc}{\lambda kT}}-1} \int_0^{\pi/2} \sin(\alpha)\cos(\alpha)d\alpha d\lambda$$

$$= \frac{4\pi hc^2}{\lambda^5} \frac{1}{e^{\frac{hc}{\lambda kT}}-1} \left[\frac{1}{2}\sin^2\alpha\right]_0^{\pi/2} d\lambda$$

(1.63)

$$\boxed{dM_e = \frac{2\pi hc^2}{\lambda^5} \frac{1}{e^{\frac{hc}{\lambda kT}}-1}d\lambda}$$

(1.64)

dM_e stellt die Leistung dar, die ein schwarzer Strahler pro Flächeneinheit der ebenen Oberfläche in den Halbraum und in das Frequenzintervall df bzw. Wellenlängenintervall $d\lambda$ abstrahlt. In Abb. 1.15 ist die Größe $dM_e / d\lambda$, also die Leistung pro Flächeneinheit und pro Wellenlängenintervall $d\lambda$, dargestellt.

Man erkennt, dass ein schwarzer Körper der Temperatur 3200 K ein Strahlungsmaximum hat, das im infraroten Spektralbereich liegt. Abgesehen davon, dass es einen solchen Körper real nicht gibt, existieren wenig Stoffe, die bei 3200 K fest bleiben. Äußerstenfalls wäre hier an Wolfram zu denken (Schmelzpunkt 3380 K). Damit ein schwarzer Körper sein Strahlungsmaximum etwa in der Mitte des sichtbaren Spektralbereichs hat, müsste er auf die Temperatur von ca. 5000 K gebracht werden.

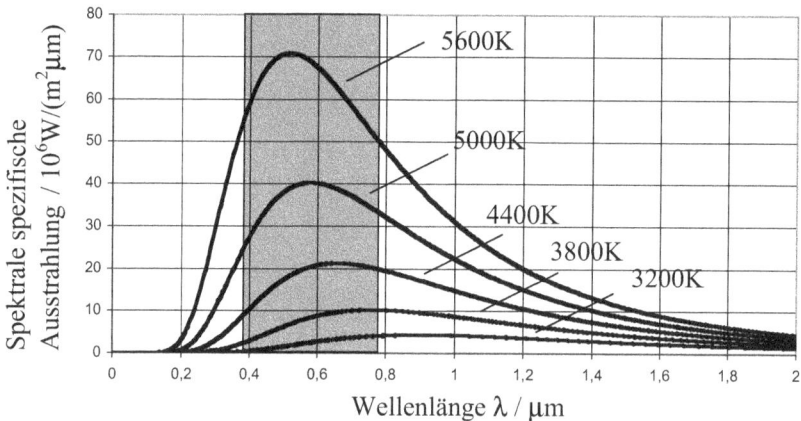

Abb. 1.15: Leistung, die ein schwarzer Körper pro Flächeneinheit und pro Wellenlängeneinheit $d\lambda$ in den Halbraum abstrahlt. Grau unterlegt gezeichnet ist der sichtbare Spektralbereich.

Die Maximalstellen λ_{max} der Kurven als Funktion der Temperatur erhält man, in dem man die Ableitung der Gl. (1.64) bildet und Null setzt:

$$\frac{d}{d\lambda}\left(\frac{2\pi hc^2}{\lambda^5}\frac{1}{e^{\frac{hc}{\lambda kT}}-1}\right) = -\frac{10\pi hc^2}{\lambda^6}\frac{1}{e^{\frac{hc}{\lambda kT}}-1} + \frac{2\pi hc^2}{\lambda^5}\frac{\frac{hc}{\lambda^2 kT}e^{\frac{hc}{\lambda kT}}}{\left(e^{\frac{hc}{\lambda kT}}-1\right)^2} \tag{1.65}$$

$$-5\left(e^{\frac{hc}{\lambda_{max}kT}}-1\right) + \frac{hc}{\lambda_{max}kT}e^{\frac{hc}{\lambda_{max}kT}} = 0 \tag{1.66}$$

$$\frac{hc}{\lambda_{max}kT} - 5 = 5e^{-\frac{hc}{\lambda_{max}kT}} \tag{1.67}$$

Diese Gleichung ist nur numerisch lösbar. Man erhält $\dfrac{hc}{\lambda_{max}kT} \approx 5,03260887$, so dass man auch schreiben kann:

$$\boxed{\lambda_{max}T = \frac{hc}{5,03260887 \cdot k} = K = 2,8589 \cdot 10^{-3}\,\mathrm{m}\cdot\mathrm{K}} \tag{1.68}$$

Dieser Zusammenhang wird **Wiensches Verschiebungsgesetz** genannt. Die Konstante K heißt **Wien-Konstante**. Ihr experimenteller Wert liegt bei 2898 µmK.

Die bisherigen Betrachtungen waren stets auf ein Frequenzintervall df oder ein Wellenlängenintervall $d\lambda$ bezogen. Die Gesamtstrahlung wird erhalten, wenn über den gesamten Frequenzbereich integriert wird. Hierzu benötigt man eine auf die Frequenz f bezogene Gleichung. Sie lässt sich aus Gl. (1.59) gewinnen, indem man den in den Gln. (1.60) bis (1.64) vollzogenen Rechengang in analoger Weise durchführt. So wie sich Gl. (1.60) und Gl. (1.64) nur um den Faktor π unterscheiden, so erhält man hier auch einen zu Gl. (1.59) um π unterschiedlichen Ausdruck. Er lässt sich wie folgt schreiben:

$$M_e = \int_0^\infty \frac{2\pi hf^3}{c^2}\frac{1}{e^{+\frac{hf}{kT}}-1}\,df \tag{1.69}$$

Führt man die Variable $\xi = \dfrac{hf}{kT}$ ein, so erhält man wegen $\dfrac{d\xi}{df} = \dfrac{h}{kT}$ bzw. $df = \dfrac{kT}{h}d\xi$:

$$M_e = \int_0^\infty \frac{2\pi\xi^3}{h^2c^2}\frac{1}{e^\xi-1}\frac{k^4T^4}{h}\,d\xi \tag{1.70}$$

oder

$$M_e = \frac{2\pi k^4 T^4}{h^3 c^2} \int\limits_0^\infty \frac{\xi^3}{e^\xi - 1} d\xi \tag{1.71}$$

Die Auswertung dieses uneigentlichen Integrals ist möglich, aber aufwendig [Reif 1976]. Sie führt nach Umformung des Integranden über die Entwicklung des Integranden in eine Potenzreihe zu einer konvergierenden Reihe. Das einfache Ergebnis lautet $\pi^4 / 15$:

$$\boxed{M_e = \frac{2\pi^5 k^4 T^4}{15 h^3 c^2}} \tag{1.72}$$

Dieses Gesetz wird **Stefan-Boltzmann-Gesetz** genannt. M_e ist die **spezifische Ausstrahlung** des schwarzen Strahlers, also die Gesamtleistung, die er pro Flächeneinheit über das gesamte Spektrum abgibt. Sie ist proportional zu T^4 und zeigt damit eine extrem starke Temperaturabhängigkeit. Der Vorfaktor $\frac{2\pi^5 k^4}{15 h^3 c^2}$ wird **Strahlungskonstante** σ genannt. Ihr theoretischer Wert ist $5{,}671 \cdot 10^{-8} \frac{\mathrm{W}}{\mathrm{m}^2 \mathrm{K}^4}$.

1.3.2   Der nicht-schwarze Körper

Der schwarze Körper ist eine Idealisierung, er kommt in der Natur nicht vor. Keine der bekannten Substanzen absorbiert sämtliche elektromagnetische Strahlung beliebiger Frequenzen. Es ist daher auch nicht verwunderlich, dass real existierende Körper beim Erwärmen eine andere Strahldichte zeigen, als der schwarze Körper. Die Abweichung lässt sich durch eine Funktion ε darstellen. Da die Strahldichte in manchen Wellenlängenbereichen dem schwarzen Körper näher kommt als in anderen, hängt ε von der Wellenlänge ab. Außerdem ist auch eine Temperaturabhängigkeit zu beobachten. Die Leistung, die ein realer Körper pro Flächeneinheit im Wellenlängenintervall $d\lambda$ abstrahlt, ist also

$$\boxed{dM_e^{\mathrm{real}}(\lambda, T) = \varepsilon(\lambda, T) \cdot dM_e(\lambda, T)} \tag{1.73}$$

ε wird **spektraler Emissionsgrad** genannt. Für den schwarzen Körper ist also $\varepsilon = 1$ für alle Wellenlängen und Temperaturen.

Reale Körper zeigen einen **spektralen Absorptionsgrad**, der von der Wellenlänge und auch von der Temperatur abhängt. Die Erfahrung zeigt nun, dass der spektrale Emissionsgrad und der spektrale Absorptionsgrad α nicht unabhängig voneinander sind, sondern dass vielmehr gilt:

$$\boxed{\varepsilon(\lambda, T) = \alpha(\lambda, T)} \tag{1.74}$$

Dieses Gesetz wurde erstmals von Kirchhoff formuliert und wird daher **Kirchhoffsches Gesetz** genannt. Seine Gültigkeit in der allgemeinen Form ist nicht leicht zu zeigen, jedoch die vereinfachte Form $\varepsilon(T) = \alpha(T)$ ist unter Zuhilfenahme der Hauptsätze der Thermodynamik leicht einzusehen: man bringt zwei Metallplatten, eine geschwärzte und eine blank polierte, in einen Hohlraum, der ideal verspiegelte Wände besitzt, also keinerlei Strahlung absorbiert. Der Hohlraum werde dann evakuiert, um jegliche Wärmeleitung zu verhindern. Die Temperaturen seien am Anfang des Experimentes ausgeglichen, d.h. alle Komponenten haben die gleiche Temeratur T. Würde nun die geschwärzte Platte die Absorption $\alpha = 1$ haben, aber einen spektralen Emissionsgrad $\varepsilon < 1$ oder würde die blanke Platte zwar den spektralen Absorptionsgrad $\alpha = 0$ haben, aber einen spektralen Emissionsgrad $\varepsilon > 0$, dann würde sich die geschwärzte Platte unweigerlich von selbst erhitzen und die blanke Platte von selbst abkühlen. Eine solche Beobachtung wird aber nicht gemacht und stünde zudem im Widerspruch zu den thermodynamischen Hauptsätzen.

Bei dieser Überlegung wurde nicht wellenlängenselektiv gedacht. Es könnte immer noch sein, dass Strahlung im einen Spektralbereich vermehrt absorbiert wird, wohingegen sie dafür in einem anderen verstärkt emittiert wird. Dies ist jedoch nicht der Fall, spektraler Absorptions- und Emissionsgrad sind bei jeder Wellenlänge exakt gleich.

Der Verlauf von $dM_e^{\text{real}}(\lambda, T)$ wird durch $\varepsilon(\lambda, T)$ bestimmt. Im einfachsten Fall könnte ε eine Konstante sein. Das hieße, dass die spezifische Ausstrahlung sich bei jeder Wellenlänge um einen konstanten Faktor von der des schwarzen Körpers unterscheidet. Ein solcher Strahler wird **grauer Strahler** genannt. Auch ihn gibt es in der Natur nicht. Beschränkt man sich jedoch auf einen kleinen Bereich des Spektrums, so kann man einen grauen Strahler realisieren. Im Sichtbaren kann etwa der Wolframfaden einer Glühlampe als grauer Strahler aufgefasst werden.

Wolfram hat sich als das Metall für Glühlampenwendeln schlechthin etabliert. Wegen seiner außerordentlichen Bedeutung soll Wolfram hier – ohne den theoretischen Charakter dieses Kapitels außer Acht zu lassen – genauer behandelt werden. In Abb. 1.16 ist der gemessene Emissionsgrad [Vos 1953] von Wolfram graphisch dargestellt. Im sichtbaren Spektralbereich liegt der Emissionsgrad für 3200 K, was etwa der Wendeltemperatur einer Halogenlampe entspricht, zwischen 0,38 und 0,45 und ist damit näherungsweise konstant. Im Sichtbaren verhält sich Wolfram also als grauer Strahler. Betrachtet man jedoch den gemessenen Bereich von 230 nm bis 2700 nm, so erkennt man eine deutliche Wellenlängenabhängigkeit von ε. Ein Strahler, bei dem dies der Fall ist, wird **selektiver Strahler** genannt. Das relativ große ε im sichtbaren Teil des Spektrums wirkt sich günstig bei der Verwendung von Wolfram als Wendelmaterial bei Glühlampen aus. Weiterhin erkennt man deutlich einen Punkt, bei dem der Emissionsgrad unabhängig von der Temperatur ist. Dieser Punkt, der **x-Punkt**, ist nur quantenmechanisch erklärbar und kann auch bei anderen Metallen beobachtet werden.

Die gemessene spektrale Strahldichte von Wolfram für verschiedene Temperaturen zeigt Abb. 1.17. Sie ist auf den ersten Blick nicht von der des schwarzen Körpers zu unterscheiden. Erst ein Vergleich beider spektraler Strahldichten schafft Klarheit: in Abb. 1.18 sind die Strahldichten für eine Temperatur von 3200 K auf Eins normiert dargestellt. Die Verschiebung der Strahldichte ins Sichtbare für Wolfram ist deutlich erkennbar.

Selektive Strahler wurden schon zur Zeit der Gasbeleuchtung verwendet. So besitzt der **Auerstrumpf**, ein mit etwas Ceroxid versetzter Glühkörper aus Thoriumoxid, eine ausgesprochen gute Emission im Sichtbaren (und im fernen Infrarot). Er wurde in der Gasflamme erhitzt und steigerte somit den sichtbaren Anteil der emittierten Strahlung.

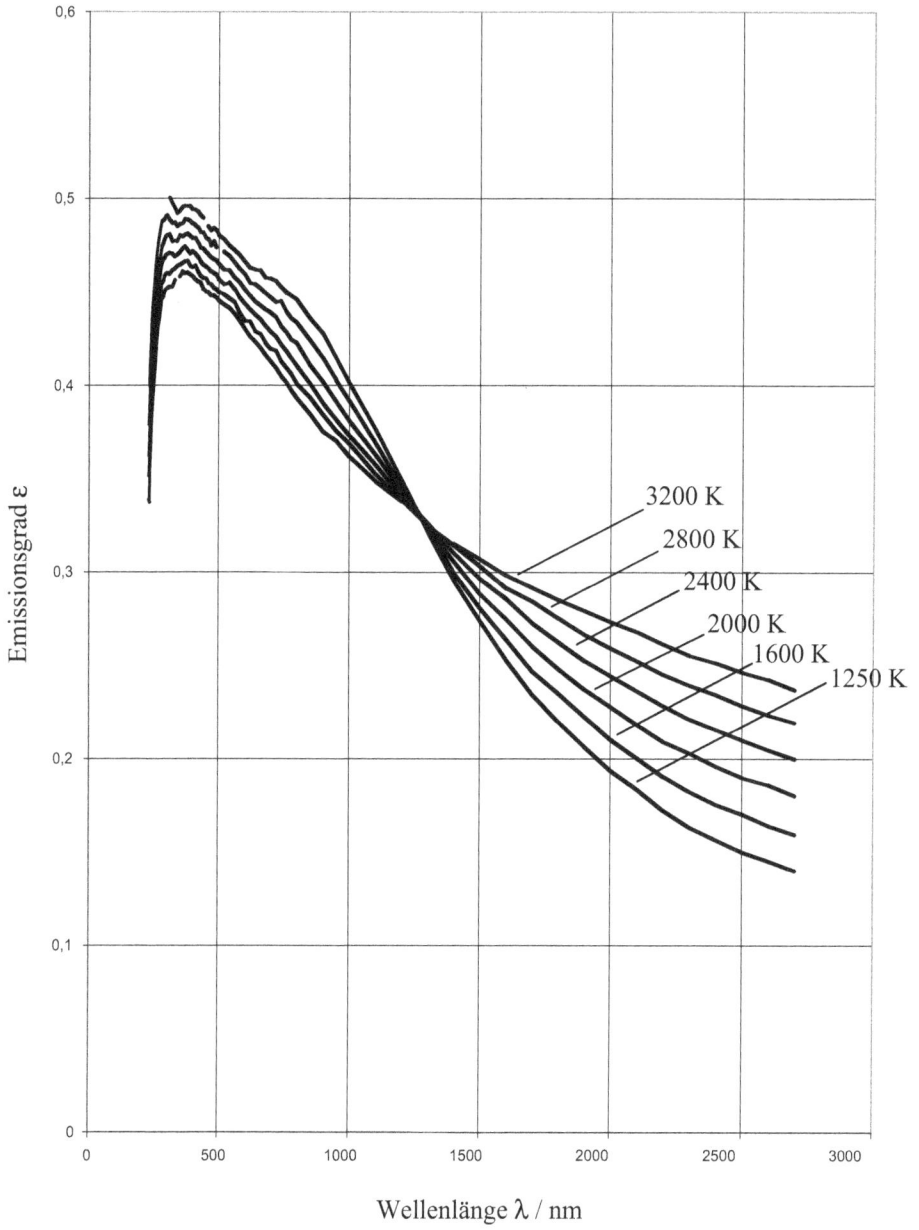

Abb. 1.16: Gemessener Emissiongrad von Wolfram bei verschiedenen Temperaturen nach [Vos 1953].

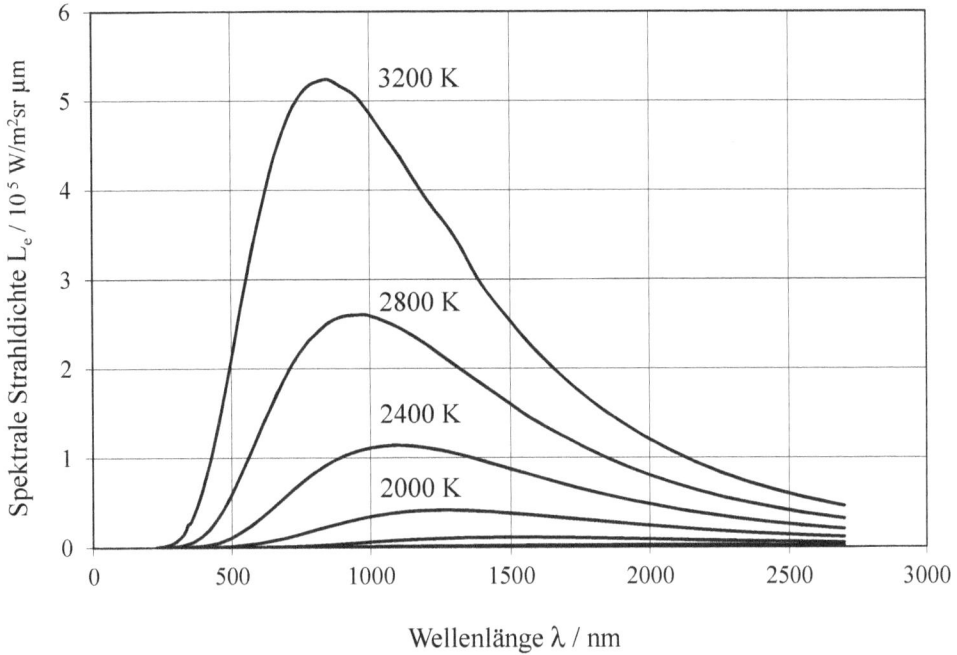

Abb. 1.17: Spektrale Strahldichte von Wolfram nach [Vos 1953] für verschiedene Temperaturen.

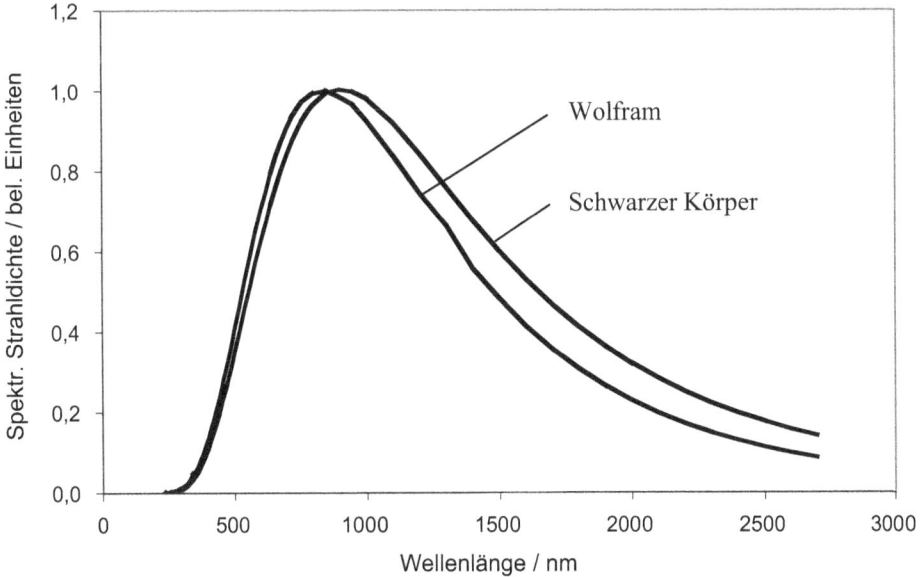

Abb. 1.18: Vergleich der spektralen Strahldichten von Wolfram [Vos 1953] mit den theoretischen Werten des schwarzen Körpers. Man erkennt deutlich die Verschiebung der Wolframkurve in Richtung auf den sichtbaren Spektralbereich.

1.4   Lichtentstehung in Halbleitern

1.4.1   Donatoren und Akzeptoren

Die grundlegende Funktionsweise einer Halbleiterdiode sei am Beispiel der klassischen Halbleitermaterialien **Silizium** und **Germanium** erläutert. Gemäß ihrer Position in der IV. Hauptgruppe des Periodensystems besitzen beide Atome neben den Elektronen in den zwei bzw. drei gesättigten Innenschalen vier Elektronen in der ungesättigten äußeren Schale. Die Atome gehen kovalente Bindungen ein. Jedes Atom ist bestrebt, seine äußere Schale mit vier weiteren Elektronen zu ergänzen, um eine stabilere Edelgaskonfiguration zu erzielen. Das kann geschehen, indem sich benachbarte Atome die fehlenden Elektronen gegenseitig zur Verfügung stellen und so eine voll aufgefüllte äußere Schale bekommen. Die gebildeten Elektronenpaare gehören, wie in Abb. 1.19 dargestellt, quasi den benachbarten Atomen gleichzeitig. Da es jeweils vier Paare pro Atom sind, ist jedes Atom von vier, in den Ecken eines Tetraeders liegenden Nachbaratomen umgeben. Silizium und Germanium bilden ein **kubisch-flächenzentriertes Kristallgitter**. In Abb. 1.19 ist die Darstellung schematisch und daher flächig.

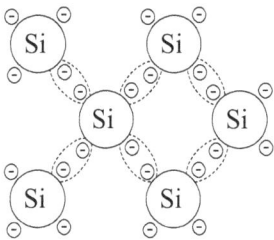

Abb. 1.19: Kovalente Bindung des Siliziums. Benachbarte Siliziumatome teilen sich jeweils ein Elektronenpaar und vervollständigen damit ihre äußere Elektronenschale.

Die beim Bohrschen Atommodell eingeführten Energieniveaus erfahren beim Halbleiter erhebliche Veränderungen. Das Auftreten von Energiebändern anstelle der scharfen Energieniveaus ist nur quantenmechanisch zu erklären. Nach dem **Pauli-Prinzip** können in einem Kristall Energiezustände nicht mehrmals vorkommen. Die ursprünglichen Energieniveaus müssen in genauso viele eng benachbarte Energieniveaus aufspalten, wie der Kristall Atome enthält. Die Folge ist, dass die Energieniveaus in kontinuierliche Bänder übergehen. Abb. 1.20 zeigt die Verhältnisse für Isolatoren und Halbleiter. Isolatoren zeichnen sich dadurch aus, dass zwischen dem **Valenzband**, dem Energieband des gebundenen Elektrons, und dem Leitungsband, also dem Energiezustand, in dem das Elektron im Gitter frei beweglich ist und somit zur Leitfähigkeit beiträgt, ein großer Energieabstand ist. Dieser als **verbotene Zone** bezeichnete Abstand kann bei Isolatoren 5 eV und mehr betragen. Er ist für Elektronen allein aus der thermischen Energie nicht überwindbar, die Leitfähigkeit der Substanz ist somit gering. Anders bei Halbleitern: hier beträgt der Bandabstand einige Zehntel Elektronenvolt bis etwa 2 eV. Bei Germanium sind es 0,67 eV [CRC 2006]. Diese Energie kann der thermischen Energie des Gitters entnommen werden. Die Leitfähigkeit der Halbleiter steigt also folglich mit der Temperatur an, da bei steigender Temperatur immer mehr Elektronen ins **Leitungsband** befördert werden.

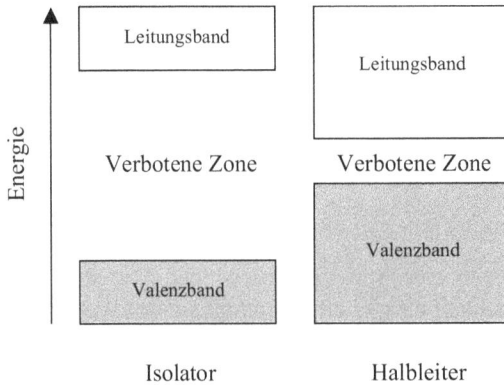

Abb. 1.20: Bändermodell des Halbleiters. Die verbotene Zone ist bei Halbleitern schmal, so dass sie Elektronen durch Energieaufnahme aus der thermischen Energie des Festkörpers überwinden können.

Für die Besetzungswahrscheinlichkeit in den erlaubten Zuständen gilt im Falle des thermodynamischen Gleichgewichtes die **Fermi-Dirac-Funktion**:

$$w(E,T) = \frac{1}{1 + e^{(E-E_F)/kT}} \tag{1.75}$$

Dabei ist E die Energie des Zustandes, E_F die **Fermienergie** und T die Temperatur. Abb. 1.21 zeigt den Verlauf der Wahrscheinlichkeit für drei Temperaturen am Beispiel des Germaniums. Die Funktion nimmt unabhängig von der Temperatur für die Fermienergie E_F den Wert 0,5 an.

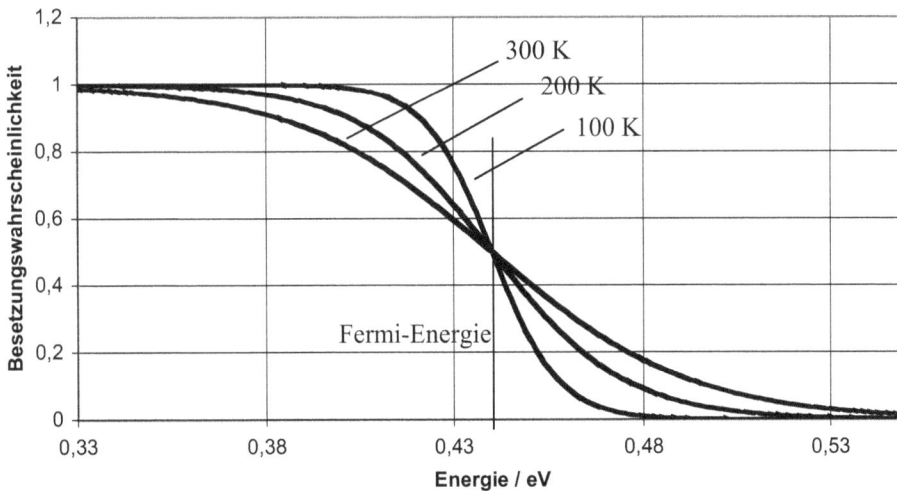

Abb. 1.21: Verlauf der Besetzungswahrscheinlichkeit als Funktion der Energie im Falle des Germaniums. Unabhängig von der Temperatur ist die Besetzungswahrscheinlichkeit bei der Fermi-Energie stets ½.

Im Grenzfall sehr niedriger Temperaturen erhält man:

$$\lim_{T \to 0} \frac{1}{1 + e^{(E-E_F)/kT}} = \lim_{\frac{E-E_F}{kT} \to \infty} \frac{1}{1 + e^{(E-E_F)/kT}} = 1 \quad \text{für} \quad E < E_F \quad (1.76)$$

$$\lim_{T \to 0} \frac{1}{1 + e^{(E-E_F)/kT}} = \lim_{\frac{E-E_F}{kT} \to \infty} \frac{1}{1 + e^{(E-E_F)/kT}} = 0 \quad \text{für} \quad E > E_F \quad (1.77)$$

Die Funktion geht dann in eine Sprungfunktion über. Unterhalb der Fermienergie ist die Besetzungswahrscheinlichkeit eins, oberhalb nimmt sie den Wert Null an.

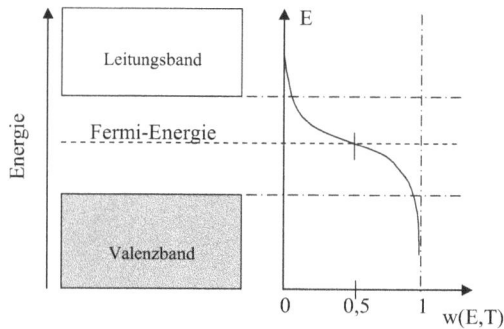

Abb. 1.22: Im Falle der Eigenleitung liegt das Fermi-Niveau genau in der Mitte der verbotenen Zone.

Im Falle der Eigenleitung liegt das Fermi-Niveau genau in der Mitte der verbotenen Zone. Die in Abb. 1.22 eingezeichnete Besetzungswahrscheinlichkeit $w(E,T)$ sagt noch nichts über die tatsächliche Besetzung der Energieniveaus aus. Schließlich dürfen die Elektronen keine Energien im Bereich der verbotenen Zone annehmen. Abb. 1.22 zeigt, dass die Besetzungswahrscheinlichkeit nahe der Oberkante des Valenzbandes wenig unter eins liegt. Es ist also sehr wahrscheinlich, dass ein Elektron eine solche Energie annimmt. Die tatsächliche Besetzungsdichte wäre also sehr hoch. Im Bereich der verbotenen Zone liegt – ungeachtet der Wahrscheinlichkeiten – die Besetzungsdichte bei Null. Oberhalb der Unterkante des Leitungsbandes ist die Besetzungswahrscheinlichkeit klein, aber noch deutlich über Null. Damit ist eine gewisse tatsächliche Besetzung vorhanden, es gibt also eine gewisse Leitfähigkeit.

Die Leitfähigkeit der Halbleiter lässt sich in weiten Grenzen beeinflussen, indem man in geringen Mengen Fremdatome in das Gitter des Kristalls einbaut. So werden beim Arsen, das der V. Hauptgruppe des Periodensystems zuzuordnen ist, nur vier seiner fünf Außenelektronen für die Bindung benötigt (Abb. 1.23). Das verbleibende fünfte Elektron ist nur noch schwach an das Arsenatom gebunden: es genügen etwa 0,05 eV für seine Freisetzung. Diese Energie ist aus der thermischen Energie des Gitters jederzeit verfügbar. Zurück bleibt ein positives Arsen-Ion, das an seinen Platz gebunden ist und somit nicht zur Leitfähigkeit beitragen kann. Das bewusste Einbringen von Fremdatomen in das Gitter bezeichnet man als **Dotieren** und die eingebrachten (fünfwertigen) Atome als **Donatoren**. Es entsteht dadurch n-Material, es wird **als n-leitend** bezeichnet.

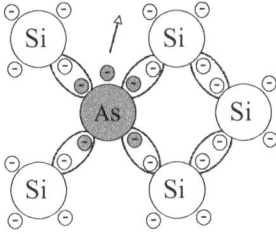

Abb. 1.23: Arsen, ein Element der V. Hauptgruppe, wirkt als Donator: das für den Gitteraufbau „unnötige" fünfte Elektron kann leicht seinen Platz verlassen und zur Leitfähigkeit des Kristalls beitragen.

Im Gegensatz dazu ist es auch möglich, dreiwertige Atome wie Indium in das Siliziumgitter einzubringen (Abb. 1.24). Hier fehlt im Gitter ein Elektron. Dieses Elektron kann aus einer benachbarten Verbindung freigesetzt werden und in die Lücke springen. Es entsteht damit ein Loch, das im Kristallgitter von einem Atom zum anderen wandert. Die dreiwertigen Atome, die ein Elektron aus dem Gitter aufnehmen können, werden **Akzeptoren** genannt. Es entsteht **p-leitendes** Material. Mit den Dotierungen können die elektrischen Eigenschaften des Siliziums deutlich beeinflusst werden, obwohl die zugesetzten Mengen gering sind. Realistisch sind Dotierungen im Verhältnis $1 : 10^7$.

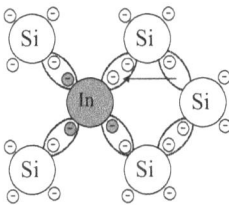

Abb: 1.24. Indium, ein Element der III. Hauptgruppe, wirkt als Akzeptor: das beim Gitteraufbau fehlende Elektron wird durch ein benachbartes ersetzt. Es wandert ein Loch im Material.

Für die Besetzungswahrscheinlichkeit eines n-dotierten Halbleiters gilt in Analogie zu Gl. (1.75) in den erlaubten Zuständen, thermodynamisches Gleichgewicht vorausgesetzt, wiederum die Fermi-Dirac-Funktion:

$$w_n(E,T) = \frac{1}{1 + e^{(E-E_{Fn})/kT}} \qquad (1.78)$$

Ebenso für den p-dotierten Halbleiter:

$$w_p(E,T) = \frac{1}{1 + e^{(E-E_{Fp})/kT}} \qquad (1.79)$$

E_{Fn} und E_{Fp} sind die Fermi-Energien des n- bzw. p-dotierten Halbleiters. Das Fermi-Niveau des n-leitenden Materials ist in Richtung Leitungsband verschoben, das des p-leitenden Materials in Richtung Valenzband.

Abb. 1.25 zeigt die Situation für n-leitendes Material. Die Kurve $w_n(E,T)$ ist nach oben verschoben, so dass sich gegenüber der Eigenleitung des reinen Halbleitermaterials ab der Unterkante des Leitungsbandes eine deutlich erhöhte Besetzungswahrscheinlichkeit zeigt.

Die Leitfähigkeit ist erhöht. Beim p-leitenden Material dagegen (Abb. 1.26) ist die Kurve der Besetzungswahrscheinlichkeit nach unten verschoben und mit ihr auch das Fermi-Niveau.

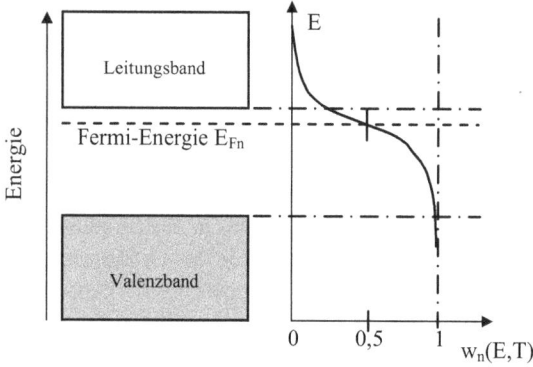

Abb. 1.25: Die Kurve der Besetzungswahrscheinlichkeit ist beim n-leitenden Material in Richtung Leitungsband verschoben.

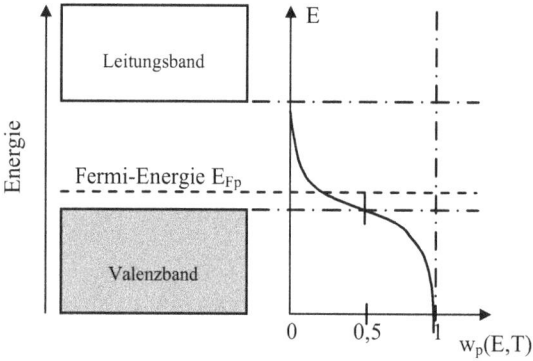

Abb. 1.26: Die Kurve der Besetzungswahrscheinlichkeit ist beim p-leitenden Material in Richtung Valenzband verschoben.

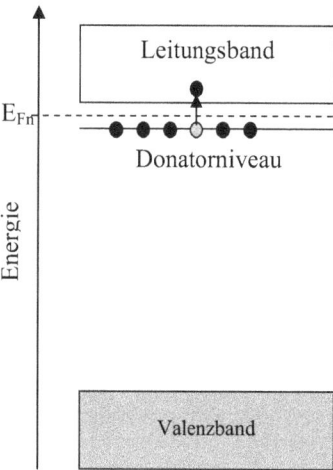

Abb. 1.27: Das Donatorniveau liegt knapp unterhalb des Leitungsbandes.

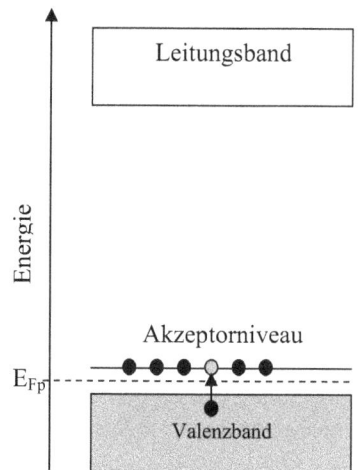

Abb. 1.28: Das Akzeptorniveau liegt knapp oberhalb des Valenzbandes.

Wie Abb. 1.27 zeigt, liegt das Energieniveau eines Donators nur wenig unterhalb des Leitungsbandes in der verbotenen Zone. Elektronen können leicht ins Leitungsband gelangen. In Abb. 1.28 ist ein Akzeptorniveau eingezeichnet, es liegt nur wenig über dem Valenzband. Die Fermi-Niveaus sind theoretisch die höchsten, beim absoluten Nullpunkt besetzten Energieniveaus. Beim Donator rückt es zwischen Donatorniveaus und Leitungsband, beim Akzeptor zwischen Valenzband und Akzeptorniveaus.

1.4.2 Die lichtemittierende Diode

Bringt man ein p-leitendes und ein n-leitendes Stück Silizium in Kontakt, so diffundieren Elektronen aus dem n-leitenden Bereich in den p-leitenden und umgekehrt Löcher aus dem p-leitenden Bereich in den n-leitenden. Es findet dann jeweils **Rekombination** statt. Das Inkontaktbringen ist übrigens nicht ganz so leicht, wie es hier formuliert wird, denn der Kontakt muss auf der atomaren Ebene hergestellt werden. Das gelingt nur durch Aufdampfen eines Materials auf das andere. Durch die Diffusionsvorgänge bleiben im n-leitenden Bereich **positive, ortsfeste Störstellenionen** zurück, während im p-leitenden Bereich **negative, ortsfeste Störstellenionen** vorhanden sind. Das führt in den jeweiligen Bereichen zu einer positiven bzw. negativen Raumladung, obwohl die Materialien vormals neutral waren. Dazwischen liegt eine **Verarmungsschicht**, in der nur noch wenige Elektronen oder Löcher anzutreffen sind. Es entsteht ein elektrisches Feld, das schließlich den Diffusionsvorgang stoppt, weil die Ladungsträger nicht mehr gegen das Feld anlaufen können. Die zugehörige Spannung heißt **Diffusionsspannung** U_D.

Legt man nun den n-Bereich an den Minuspol und den p-Bereich an den Pluspol einer Spannungsquelle, dann werden Elektronen aus dem n-leitenden Material und Löcher aus dem p-leitenden Material in die Verarmungszone gedrückt. Dort können sie jeweils rekombinieren. Der pn-Übergang wird damit in Vorwärtsrichtung gepolt, es fließt im äußeren Kreis ein Strom. Man könnte es auch so interpretieren, dass man durch die äußere Spannung ein Gegenfeld zum Feld in der Verarmungszone generiert.

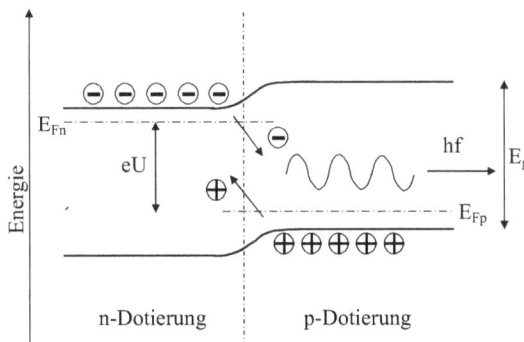

Abb. 1.29: Bändermodell des in Vorwärtsrichtung vorgespannten pn-Übergangs.

Als Bezugsniveaus für die Energien dienen die Fermi-Niveaus (Abb. 1.29). Legt man die Spannung U an den pn-Übergang, gilt:

$$eU = E_{Fn} - E_{Fp} \tag{1.80}$$

Beim Rekombinationsvorgang wird in etwa ein der Breite der verbotenen Zone entsprechender Energiebetrag E_g freigesetzt, der in Form von Photonen abgestrahlt werden kann.

Die klassischen Halbleitermaterialien sind für die Lichterzeugung gänzlich ungeeignet, denn ihre Bandlücke liefert Strahlung außerhalb des sichtbaren Spektrums. Außerdem ist der Übergang indirekt (siehe hierzu Kap. 1.4.4). Erst durch die Verwendung von Mischkristallen aus Elementen der II., III., V. und VI. Hauptgruppe ist es möglich geworden, Wellenlängen vom ultravioletten bis zum infraroten Spektralbereich mit **LEDs** (light emitting diodes) abzudecken. Abb. 1.30 zeigt die Emissionsspektren einer Reihe handelsüblicher LEDs. Es fällt auf, dass die Linienbreite stark schwankt. Sie gehorcht der Gesetzmäßigkeit

$$\Delta\lambda = 1{,}8\frac{kT\lambda^2}{hc}\,, \tag{1.81}$$

d.h. sie wächst linear mit der Temperatur und quadratisch mit der Emissionswellenlänge. Die Linienbreiten in Abb. 1.30 sind trotzdem z.T. deutlich höher. Dies liegt an hohen Injektionsströmen, die ein Abweichen von Gl. (1.81) bewirken, bzw. an komplexeren Schichtfolgen bzw. Dotierungen, auf die hier nicht eingegangen werden soll.

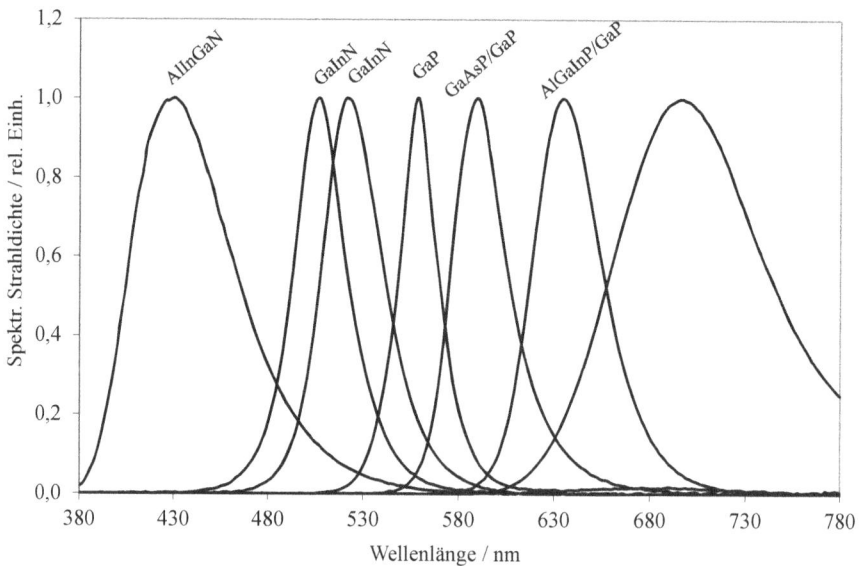

Abb. 1.30: Mit LEDs ist es inzwischen möglich, das gesamte sichtbare Spektrum abzudecken. Besondere Bedeutung haben in den letzten Jahren AlInGaN-Mischkristalle erlangt, mit denen blaues Licht einer Wellenlänge von ca. 430 nm möglich wurde.

1.4.3   Homostrukturen, Heterostrukturen, Doppelheterostrukturen

Die bisher betrachteten Halbleiterübergänge waren so genannte **Homostrukturen**, denn der p- und n-Bereich bestand aus ein und demselben Halbleitermaterial. Nur die Dotierungen waren unterschiedlich. Dringt ein Elektron in den p-Bereich des Halbleiters ein, wird es als **Minoritätsladungsträger** bezeichnet; denn die überwiegende Zahl der Ladungsträger sind Löcher. Sie werden **Majoritätsladungsträger** genannt. Umgekehrt sind Löcher im n-Bereich Minoritätsladungsträger und Elektronen Majoritätsladungsträger. Die Minoritätsladungsträger rekombinieren nach Zurücklegen einer mehr oder weniger großen Strecke. Das exponentielle räumliche Abklingen der Ladungsträgerdichte auf den Gleichgewichtswert, der im Unendlichen erreicht wird, kann durch die **Diffusionslänge** L beschrieben werden.

Der Nachteil einer Homostruktur ist nun, dass das Gebiet der strahlenden Rekombination durch die Diffusionslängen L_e und L_l der Elektronen und Löcher bestimmt wird (Abb. 1.31). Diese betragen bis zu 20 µm und bei diesem Wert sind somit selbst nach 50 µm noch ca. 8% der Ladungsträger nicht rekombiniert. Die resultierende Ladungsträgerkonzentration ist dementsprechend niedrig. Damit ist auch die Rekombinationsrate gering. Hinzu kommt, dass der pn-Übergang seine eigene Strahlung reabsorbiert. Übrigens sind die Diffusionslängen L_e und L_p meist nicht gleich und damit die Leuchtzonen nicht symmetrisch.

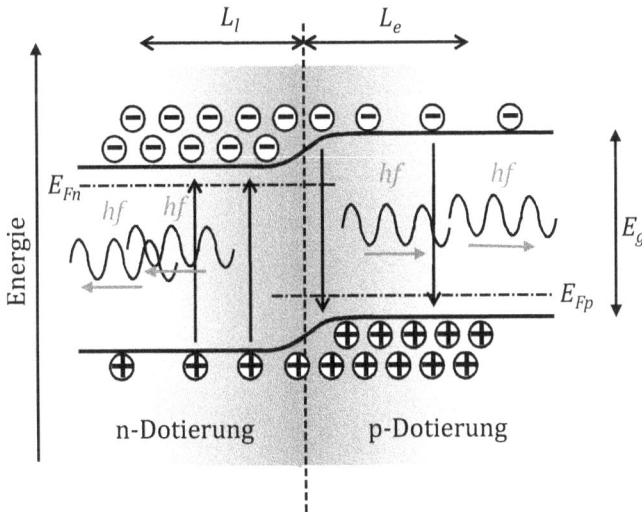

Abb. 1.31: Bei einem Homostrukturübergang dringen die Elektronen bzw. Löcher relativ weit in den p- bzw. n-Bereich ein. Die Ladungsträgerkonzentration bleibt gering und eine Rekombination ist nicht sehr wahrscheinlich. Die Leuchtzone ist breit.

Eine Diffusion der Minoritätsladungsträger kann verhindert werden, in dem man unterschiedliche Halbleitermaterialien für den p- und n-Bereich verwendet. Damit unterscheidet sich der Bandabstand E_n des n-dotierten Bereichs vom Bandabstand E_p des p-dotierten Gebiets (Abb. 1.32). Die Folge sind Sprünge im Energieverlauf, die dazu führen, dass sich die Potentialbarriere für Löcher um den Wert ΔE_V erhöht. Für Elektronen senkt sie sich um einen Wert zwischen Null und maximal ΔE_L ab. Mit einer solchen **Heterostruktur** kann die Diffusion von Löchern in den n-dotierten Bereich verhindert werden, so dass das Rekombinationsgebiet deutlich kleiner wird.

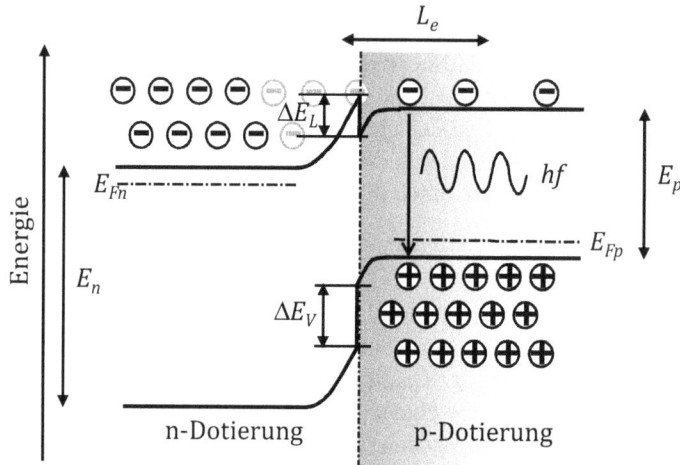

Abb. 1.32: Die Heterostruktur verhindert eine Diffusion der Löcher in den n-dotierten Bereich. Die Bandabstände E_n und E_p sind unterschiedlich, so dass die im p-dotierten Gebiet erzeugten Photonen im n-Bereich nicht absorbiert werden.

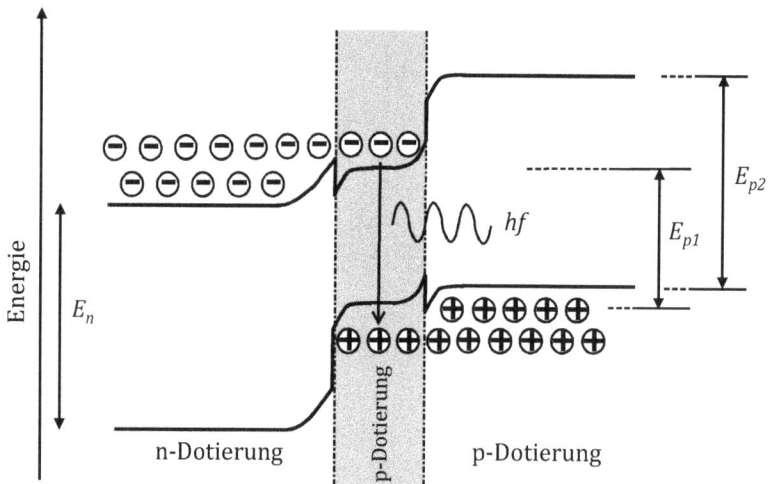

Abb. 1.33: Die Kombination von drei dotierten Halbleitern bildet eine Doppelheterostruktur. Ein p-dotierter Bereich mit geringer Bandlücke wird zwischen zwei Halbleiter mit größerer Bandlücke eingeschlossen. Der entstehende Potentialtopf schafft einen Rekombinationsbereich, der deutlich kleiner als die Diffusionslängen der Elektronen und Löcher ist.

Besonders effizient kann man das Rekombinationsgebiet begrenzen, indem man eine **Doppelhe-terostruktur** verwendet. Das ist eine Kombination aus drei Halbleitermaterialien. Ein p-dotiertes Material mit kleinem Bandabstand ist zwischen p- und n-dotierten Halbleitern mit großem Bandabstand eingeschlossen (Abb. 1.33). Es wirkt wie eine Falle für Elektronen und Löcher. Mit ihr kann das Rekombinationsgebiet gegenüber den Diffusionslängen von Elektronen und Löchern stark verkleinert und die Rekombinationswahrscheinlichkeit stark erhöht werden.

Verkleinert man die Breite der aktiven Zone auf die de Broglie Wellenlänge des Elektrons im Kristall, bemerkt man einen Effekt, der nur quantenmechanisch erklärt werden kann. Die im Valenz- wie im Leitungsband entstehenden Potentialtöpfe werden **Quantentöpfe** genannt. Die Potentialverläufe ähneln denen eines Atoms, so dass auch hier nicht alle energetischen Zustände vom Elektron angenommen werden können. Es entstehen vielmehr definierte Energieniveaus für die Elektronen. Für besonders lichtstarke LEDs können **Mehrfach-Quantentöpfe** verwendet werden.

1.4.4 Direkte und indirekte Halbleiter

Ein Elektron im Leitungsband eines Halbleiters wird in der Regel eine gewisse kinetische Energie besitzen. Fällt es zurück ins Valenzband, wird neben der Energie der Bandlücke auch noch seine kinetische Energie frei:

$$E_{kin,e} = \frac{1}{2} m_e v^2 \tag{1.82}$$

Da sich auch die Löcher bewegen können, gilt für sie – mit negativer Masse m_l – entsprechend:

$$E_{kin,l} = \frac{1}{2} m_l v^2 \tag{1.83}$$

Führt man den Impuls gemäß $p_e = m_e v$ bzw. $p_l = m_l v$ ein, erhält man:

$$E_{kin,e} = \frac{p_e^2}{2m_e} \qquad\qquad E_{kin,l} = \frac{p_l^2}{2m_l} \tag{1.84}$$

Die Quantenmechanik lehrt, dass sich im Gitter bewegende Elektronen als Wellen der Wellenlänge λ aufzufassen sind, für die der Zusammenhang $p = h/\lambda$ gilt:

$$E_{kin,e}(k) = \frac{h^2}{2\lambda^2 m_e} = \frac{h^2 k^2}{8\pi^2 m_e} \qquad\qquad E_{kin,l}(k) = \frac{h^2}{2\lambda^2 m_l} = \frac{h^2 k^2}{8\pi^2 m_l} \tag{1.85}$$

Man erkennt einen quadratischen Zusammenhang zwischen der Energie und der Wellenzahl $k = 2\pi/\lambda$. Dabei ist die Energie der Löcher negativ. k hat Vektorcharakter und gibt die Richtung der Welle im Raum an. Eindimensional betrachtet kann k also negativ werden. Abb. 1.34 zeigt den Verlauf der Energie im maximal möglichen Intervall $[-2\pi/a; +2\pi/a]$. Die Wellenlänge des Elektrons hat als untere Grenze den Gitterabstand a der Atome, dementsprechend muss $|k| \leq 2\pi/a$ gelten.

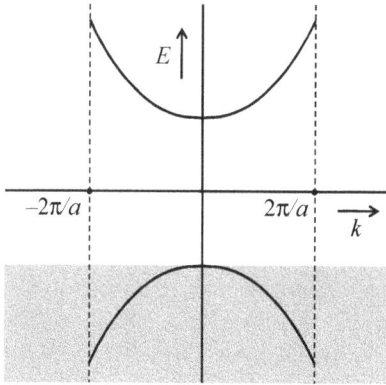

Abb. 1.34: Energie als Funktion der Wellenzahl k im maximal möglichen Intervall $[-2\pi/a; +2\pi/a]$. Die Funktion verläuft parabelförmig.

Der tatsächliche Verlauf der Energie ist beim realen Halbleiter aufgrund der Wechselwirkung zwischen Elektronen und Löchern komplizierter und weicht deutlich von der Parabelform ab. Abb. 1.35a und b zeigen beispielhafte Verläufe. Liegt das Minimum des Energieverlaufs des Leitungsbandes über dem Maximum des Energieverlaufs des Valenzbandes (welches immer bei $k = 0$ liegt), spricht man von einem **direkten Halbleiter** (Abb. 1.35a). Ist das Maximum des Energieverlaufs des Leitungsbandes bei $k \neq 0$, liegt ein **indirekter Halbleiter** (Abb. 1.35b) vor.

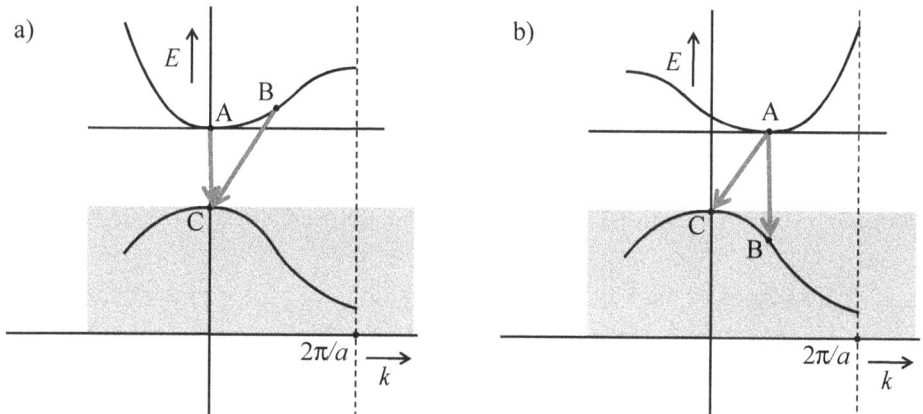

Abb. 1.35: Direkter (a) und indirekter (b) Halbleiter. Beim direkten Halbleiter ist der direkte Band-Band-Übergang AC am wahrscheinlichsten. Beim indirekten Halbleiter ist der direkte Übergang AB unwahrscheinlich, der Übergang AC findet in der Regel unter Abgabe eines Phonons statt.

Ein im Leitungsband befindliches Elektron kann nun auf verschiedenen Wegen ins Valenzband zurückkehren. Es kann z.B. beim direkten Halbleiter von A nach C unter Abgabe eines Photons relaxieren, ohne dass sich dabei der k-Wert verändert (Abb. 1.35a). Ein solcher Übergang wird **direkter Band-Band-Übergang** genannt. Denkbar wäre auch der Übergang von B nach C. Aus Gründen der Energie- und Impulserhaltung ist ein solcher **indirekter Band-Band-Übergang** aber unwahrscheinlich. Beim indirekten Halbleiter (Abb. 1.35b) ist ein direkter Band-Band-Übergang von A nach B praktisch unmöglich, da sich an der Stelle B im Valenzband nur wenige Löcher aufhalten. Beschritten wird der Weg der strahlungslosen Relaxation von A nach C. Die Energie wird in Form eines **Phonons** ans Gitter abgegeben. Dies ist eine Gitterschwingung, die Energie und Impuls des Elektrons aufnimmt.

Die emittierte Wellenlänge einer LED wird durch die **Bandlücke** gemäß

$$E_g = hf = \frac{hc}{\lambda}$$ (1. 86)

bestimmt. Bei den klassischen Halbleitern der IV. Hauptgruppe liegen die Wellenlängen, wie der Tab. 1.1 zu entnehmen ist, außerhalb des sichtbaren Spektralbereichs. Die klassischen Materialien **Germanium** und **Silizium** sind indirekte Halbleiter [Zukauskas 2002], ebenso Kohlenstoff. Erst die Bildung von **binären III-V-Halbleitern** schafft die Möglichkeit der Erzeugung sichtbaren Lichtes. Diese Halbleiter werden zu je gleichen Teilen aus einem Element der III. und der V. Hauptgruppe gebildet (Abb. 1.36), es sind dies die **Nitride, Phosphide, Arsenide** und **Antimonide** der Elemente **Alminium, Gallium** und **Indium.** Diese **Verbindungshalbleiter** ermöglichen durch Kombinationen eine Vielzahl von Wellenlängen. Die p-Dotierung kann durch ein Element der II. Hauptgruppe realisiert werden, z.B. durch Zink, das den Platz des Elementes aus der III. Hauptgruppe einnimmt. Es fehlt dabei ein Elektron, so dass eine p-Dotierung resultiert. Ersetzt dagegen ein Element der VI. Hauptgruppe, z.B. Selen, ein Element der V. Hauptgruppe, bleibt ein Elektron bei der Bindung unberücksichtigt und kann leicht ins Leitungsband abgegeben werden. Das Material wird n-leitend. Es können aber auch Elemente der IV. Hauptgruppe, also Kohlenstoff, Silizium oder Germanium für die Dotierung verwendet werden. Ersetzt beispielsweise ein Siliziumatom ein Galliumatom, wird das Material n-leitend. Ersetzt es ein Arsenatom, wird es p-leitend. Wie die Tab. 1.1 zeigt, ergeben sich einige realisierbare Wellenlängen im Sichtbaren. Allerdings ist auch hier bei einem Teil der Materialien der Übergang indirekt.

Ein weiterer Schritt in Richtung Erzeugung sichtbaren Lichts sind die **II–VI–Verbindungen,** also die Verbindungen der Elemente der II. Hauptgruppe (Zink und Cadmium) mit den Elementen der VI. Hauptgruppe (Schwefel, Selen, Tellur). Diese Verbindungen haben zwar direkte Übergänge, jedoch ist ihre Verwendung aus Gründen der Stabilität bisher wenig erfolgreich gewesen.

Innerhalb der binären Verbindungen ist es möglich, z.B. die Substanz III. Hauptgruppe aus zwei verschiedenen Elementen der gleichen Hauptgruppe zu ersetzen, wobei mit dem Mischungsverhältnis ein weiterer Parameter entsteht, mit dem die Bandlücke beeinflusst werden kann. Bei der Verbindung $Al_xGa_{1-x}As$ ($0 \leq x \leq 1$) etwa beträgt die Bandlücke [Zukauskas 2002]:

$$E_g[eV] = 1{,}424 + 1{,}247x \qquad 0 < x < 0{,}45$$ (1.87)

Für x>0,45 ist der Übergang indirekt. Es lässt sich also Strahlung im Wellenlängenbereich 625–871nm darstellen. Weitere Möglichkeiten eröffnen **quaternäre Verbindungen** wie $(Al_xGa_{1-x})_yIn_{1-y}P$ oder $Al_xIn_yGa_{1-x-y}N$. Mit solchen Systemen ist es möglich, den gesamten sichtbaren Spektralbereich und das nahe UV abzudecken.

Tab. 1.1: Bandlücken [CRC 2006] und Wellenlängen verschiedener Halbleiter bei Raumtemperatur. Die in eckige Klammern gesetzten Werte sind theoretisch, da die Übergänge indirekt sind. Man beachte, dass einige Halbleiter in verschiedenen Kristallstrukturen vorkommen können und daher auch von der Tabelle abweichende Werte auftreten können.

Substanz	E_g / eV	λ / μm
Elementare Halbleiter		
C	5,4	[0,23]
Si	1,12	[1,11]
Ge	0,67	[1,85]
III–V–Verbindungen		
AlN	6,02	0,206
AlP	2,45	[0,506]
AlAs	2,16	[0,574]
AlSb	1,60	[0,775]
GaN	3,34	0,371
GaP	2,24	[0,554]
GaAs	1,35	0,918
GaSb	0,67	0,185
InN	2,0	0,62
InP	1,27	0,976
InAs	0,36	3,4
InSb	0,163	7,61
II–VI–Verbindungen		
ZnS	3,54	0,350
ZnSe	2,58	0,481
ZnTe	2,26	0,549
CdS	2,42	0,512
CdSe	1,74	0,713
CdTe	1,50	0,83

II.	III.	IV.	V.	VI.	...
	B	C	N	O	...
	Al	Si	P	S	...
... Zn	Ga	Ge	As	Se	...
... Cd	In	Sn	Sb	Te	...
... Hg	Tl	Pb	Bi	Po	...

Abb. 1.36: Elemente der II. bis VI. Hauptgruppe im Periodensystem.

1.4.5   Die Auskopplung des Lichtes

Die **interne Quanteneffizienz** einer LED gibt die Wahrscheinlichkeit an, mit der ein in den Halbleiter injiziertes Elektron strahlend mit einem Loch rekombiniert. Nicht wenige Materialsysteme erreichen heute beinahe 100% interne Quanteneffizienz. Leider verlässt längst nicht jedes

Photon, das im Übergang erzeugt wurde, auch das Bauteil. Die **Auskoppeleffizienz** ist das Verhältnis aus der Zahl der im Halbleiterübergang erzeugten Photonen zu der Zahl der Photonen, die das Bauteil verlassen. Die **externe Quanteneffizienz** schließlich ist die Wahrscheinlichkeit, mit der ein injiziertes Elektron zu einem **den Chip verlassenden Photon** wird.

Die Auskopplung des Lichtes aus den Halbleiterschichten stellt eine große Herausforderung dar. Das liegt an den hohen Brechzahlen der beteiligten Materialien. Die Grenzschicht Halbleiter-Luft besitzt damit einen hohen Reflexionsgrad. Bei einem Brechungsindex von $n = 3,5$ erhält man bei senkrecht auf die Grenzschicht fallendem Licht einen Reflexionsgrad von 0,31. Das bedeutet, dass fast ein Drittel des erzeugten Lichtes an der Grenzschicht ins Bauteil zurückreflektiert wird.

Ein weiterer mit der hohen Brechzahl verbundener Nachteil ist, dass schon bei relativ kleinen Einfallswinkeln α **Totalreflexion** auftritt (Abb. 1.37). Der zugehörige Grenzwinkel α_g

folgt aus dem Snelliusschen Brechungsgesetz für $\beta = 90^o$:

$$\sin \alpha_g = \frac{1}{n} \tag{1.88}$$

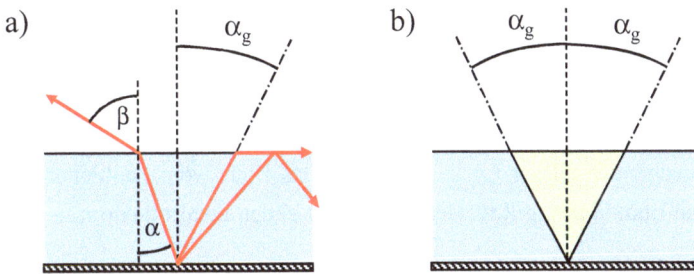

Abb. 1.37: Wegen der vergleichsweise hohen Brechzahlen der Halbleitermaterialien kommt es schon bei verhältnismäßig kleinen Winkeln α_g zur Totalreflexion (a). Dadurch können nur innerhalb eines Kreiskegels mit Öffnungswinkel α_g abgegebene Lichtstrahlen den Halbleiter verlassen (b).

Eine hohe Brechzahl n bedeutet also einen kleinen Grenzwinkel α_g. Unter der Annahme einer punktförmigen Emission im Halbleiter würde also das Licht das Halbleitermaterial nur dann verlassen, wenn es sich innerhalb eines Kreiskegels mit Öffnungswinkel α_g ausbreitet.

Dieser Kreiskegel wird **Fluchtkegel** genannt. Nimmt man weiter eine Punktquelle im Halbleiter an, wird schon allein durch die Beschränkung auf den Fluchtkegel nur ein kleiner Teil P_{emitt} / P der erzeugten optischen Leistung P das Bauteil verlassen können [Schubert 2013].

Der relative Anteil entspricht dem Raumwinkelanteil des Fluchtkegels am vollen Raumwinkel 4π. Dieser Anteil lässt sich berechnen durch (Abb. 1.38 und auch Abb. 1.14):

$$\frac{P_{emitt}}{P} = \frac{1}{4\pi r^2} \int_0^{2\pi} \int_0^{\alpha_g} r^2 \cdot \sin \theta \, d\theta \, d\varphi \tag{1.89}$$

bzw.:

$$\frac{P_{emitt}}{P} = \frac{1}{4\pi} \int\limits_0^{2\pi} \left[-\cos\theta \right]_0^{\alpha_g} d\varphi = \frac{1}{4\pi} \int\limits_0^{2\pi} \left(1 - \cos\alpha_g \right) d\varphi \tag{1.90}$$

Die zweite Integration liefert schließlich:

$$\frac{P_{emitt}}{P} = \frac{1}{4\pi} \left(1 - \cos\alpha_g \right) \int\limits_0^{2\pi} d\varphi = \frac{1}{2} \left(1 - \cos\alpha_g \right)$$

$$= \frac{1}{2} \left(1 - \sqrt{1 - \sin^2\alpha_g} \right) \tag{1.91}$$

Nutzt man Gl. (1.88), erhält man:

$$\boxed{\frac{P_{emitt}}{P} = \frac{1}{2n} \left(n - \sqrt{n^2 - 1} \right)} \tag{1.92}$$

Das bedeutet, dass bei einem Halbleiter mit Brechzahl $n = 3,5$ bedingt durch die Totalrefle-xion nur ein Anteil von 2,1% der erzeugten Leistung das Bauteil verlässt. Hier sind die Re-flexionsverluste noch nicht berücksichtigt.

Eine wirksame Maßnahme gegen die Verluste durch Totalreflexion ist die Verwendung einer **Epoxidkuppel** über dem lichtemittierenden Bereich. Epoxide haben eine Brechzahl im Be-reich niedrigbrechender Gläser ($n_e \approx 1,6$). Tritt das Licht vom Halbleitermaterial nicht in Luft, sondern in Epoxid aus, gilt für den Grenzwinkel der Totalreflexion:

$$\sin\alpha_g = \frac{n_e}{n} \tag{1.93}$$

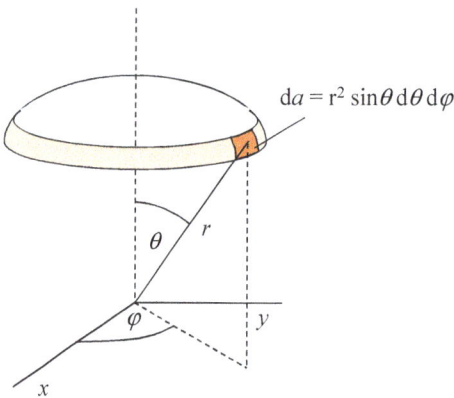

Abb. 1.38: Flächenelement auf einer um den Emissi-onspunkt gedachten Kugel innerhalb des Fluchtkegels.

Wie Abb. 1.39 zeigt, wird der Fluchtkegel dadurch größer. Bei geeigneter Anpassung der Geometrie fällt das Licht senkrecht auf die Kuppel, so dass eine weitere Totalreflexion ver-mieden wird. Für das Verhältnis der Leistung (Gl. (1.91)) folgt dann:

$$\boxed{\frac{P_{\text{emitt}}}{P} = \frac{n_e}{2n}\left(\frac{n}{n_e} - \sqrt{\left(\frac{n}{n_e}\right)^2 - 1}\right)} \qquad (1.94)$$

Für einen Halbleiter mit der Brechzahl $n = 3,5$ und eine Epoxidkuppel mit Brechzahl $n_e = 1,6$ folgt, dass unter alleiniger Berücksichtigung der Totalreflexion ein Anteil von 5,5% der erzeugten Strahlung das Bauteil verlässt.

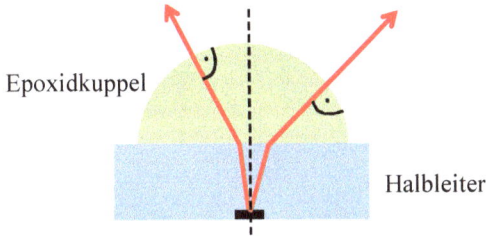

Abb. 1.39: Durch eine Epoxidkuppel lässt sich der Fluchtkegel vergrößern.

Da es nicht mit allen Halbleitermaterialien möglich ist, bei flächigen Emittern beidseitig transparente Materialien zu verwenden, kommen Reflektoren zum Einsatz, um das erzeugte Licht umzulenken. In gewissen Grenzen sind metallische Spiegel möglich. Sie haben den Vorteil einer weitgehend richtungsunabhängigen Reflektivität und haben eine große Bandbreite (Abb. 1.40a). Probleme können nur infolge ihrer Leitfähigkeit auftreten. Nicht leitfähig sind dagegen dielektrische Spiegel. Bei einem DBR (distributed Bragg reflector, Abb. 1.40b) wird eine Folge von Schichten mit unterschiedlichen Brechungsindizes aufgedampft. Durch die Reflexionen an den Grenzschichten wird infolge von Interferenzen der größte Teil der auftreffenden Strahlung reflektiert. Der Nachteil der Bragg-Reflektoren ist ihre eingeschränkte Bandbreite und ihr richtungsabhängiger Reflexionsgrad.

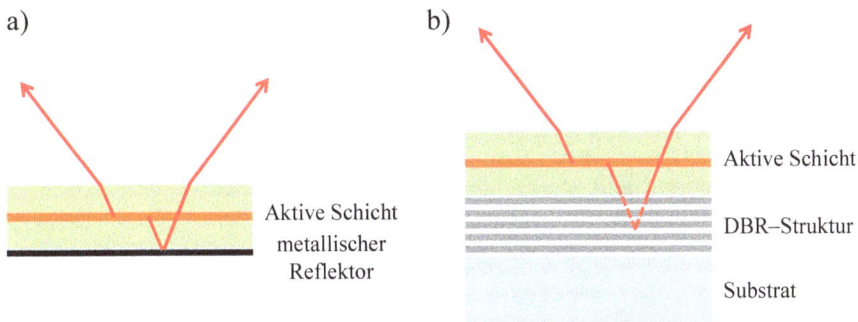

Abb. 1.40: Um das von der aktiven Schicht nach unten reflektierte Licht nutzen zu können, kommen Reflektorschichten zum Einsatz. Dies können metallische Schichten (a) oder DBR-Strukturen (b) sein.

1.5   Organische Halbleiter

1.5.1   Verwendete Materialien

Zentrales Atom der organischen Chemie ist das Kohlenstoffatom. Es besitzt insgesamt 6 Elektronen, die nach den im Kap. 1.1.2 aufgeführten Quantenzahlen innerhalb der Hauptquantenzahlen $n=1$ und $n=2$ die in Abb. 1.41a aufgeführten Niveaus besetzen können. Jedem dieser Niveaus entspricht räumlich ein Aufenthaltswahrscheinlichkeitsraum, den man **Orbital** nennt. Diese Orbitale werden in der Reihenfolge ansteigender Energien aufgefüllt. Nach der **Hundschen Regel** werden Orbitale mit gleicher Energie zunächst nur einfach besetzt. Nach dem **Pauli-Prinzip** wird jedes Orbital mit maximal zwei Elektronen unterschiedlichen Spins gefüllt, so dass die Niveaus wie in Abb. 1.41b gezeigt besetzt sind.

a)	n	m	l	s
	1	0	0	$+\frac{1}{2}$
	1	0	0	$-\frac{1}{2}$
	2	0	0	$+\frac{1}{2}$
	2	0	0	$-\frac{1}{2}$
	2	1	−1	$+\frac{1}{2}$
	2	1	−1	$-\frac{1}{2}$
	2	1	0	$+\frac{1}{2}$
	2	1	0	$-\frac{1}{2}$
	2	1	+1	$+\frac{1}{2}$
	2	1	+1	$-\frac{1}{2}$

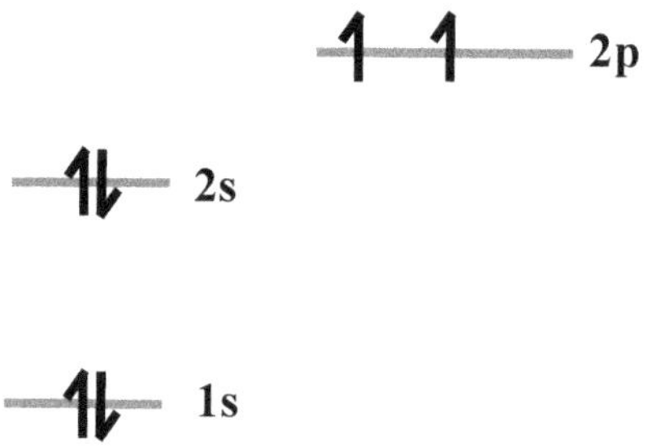

Abb. 1.41: a) Alle bis zur Hauptquantenzahl $n = 2$ besetzbaren Energieniveaus. b) Beim Kohlenstoffatom ist das 2p-Niveau mit zwei Elektronen besetzt.

Die organische Chemie lehrt nun, dass Kohlenstoff vierwertig ist, d.h. für Bindungen stehen vier Elektronen zur Verfügung. Kohlenstoff bildet also z.B. zusammen mit Wasserstoff Methan (CH_4). Betrachtet man die vier Elektronen mit der Hauptquantenzahl $n=2$, dann müßten die von den Zuständen 2s und 2p gebildeten Bindungen unterschiedlich sein. Praktisch sind sie jedoch gleichwertig und auch nicht zu unterscheiden. Dies ist nur durch die Vermischung der beiden Orbitale zu Orbitalen gleicher Energie erklärbar. Man nennt dies **Hybridisierung**, im Falle des Methans entstehen **2sp³-Orbitale** (Abb. 1.42).

Die beim Bau von organischen LEDs verwendeten Kohlenstoffverbindungen besitzen **2sp²-Hybridorbitale**. Räumlich betrachtet liegen diese Hybridorbitale in einer Ebene und bilden untereinander jeweils einen 120°-Winkel (Abb. 1.43 links). Auf dieser Ebene senkrecht steht das p-Orbital. Es bildet eine Doppelkeule. Bilden zwei Kohlenstoffatome untereinander eine Bindung, wie das beim **Ethen** (Äthylen, Ethylen, Äthen, C_2H_4) der Fall ist, dann bildet je ein sp²-Orbital eine so genannte **σ-Bindung**. Die p-Orbitale überlappen dagegen zu einer **π-Bindung** (Abb. 1.43 rechts).

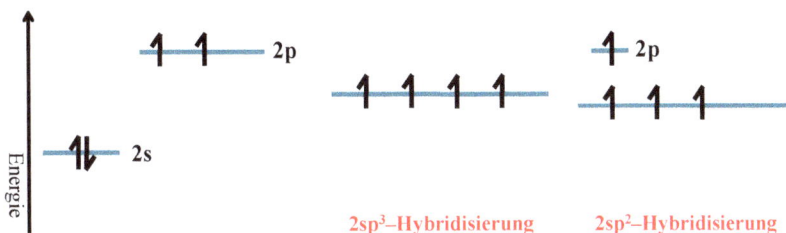

Abb. 1.42: Im Falle des Methan liegt eine $2sp^3$-Hybridisierung vor. Damit sind die Bindungen zu den vier Wasserstoffatomen nicht unterscheidbar. Beim Bau von OLEDs werden dagegen Moleküle mit $2sp^2$-Hybridorbitalen verwendet.

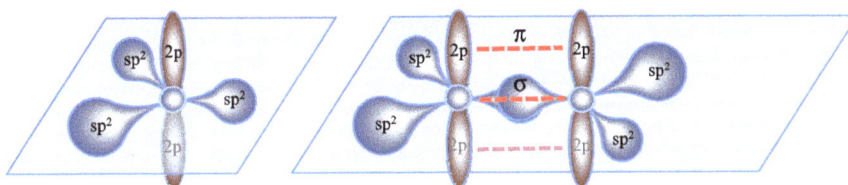

Abb. 1.43: links: die drei sp^2-Hybridorbitale und das 2p-Orbital. Rechts: beim Ethen entsteht neben der σ-Bindung eine π-Bindung.

Bildet man aus sechs Kohlenstoffatomen ein ringförmiges Molekül (Benzolring), dann wird der Ring zunächst durch σ-Bindungen gebildet. Hinzu kommen die π-Bindungen, die zusammen ein p-Orbital bilden, in dem die Elektronen infolge ihrer geringen Bindungsenergie delokalisiert sind. Es bilden sich infolgedessen neue Energieniveaus über und unter dem Niveau des 2p-Zustandes. Das Niveau über dem 2p-Zustand wird **antibindendes π*-Orbital** genannt, das Niveau unter dem 2p-Zustand **bindendes π-Orbital**. Im niederenergetischsten Zustand ist das **bindende π-Orbital** besetzt und wird daher als **highest occupied molecular orbital** (HOMO) bezeichnet. Das **antibindende π*-Orbital** ist dagegen leer. Man nennt es **lowest unoccupied molecular orbital** (LUMO). Diese beiden Orbitale können im weitesten Sinne mit dem Leitungs- und Valenzband des anorganischen Halbleiters verglichen werden. Das dort verwendete Bändermodell gilt hier allerdings nicht, denn der organische Halbleiter besitzt keine Kristallstruktur. Die Delokalisierung der π-Bindungen führt zu einer hohen Beweglichkeit der Elektronen, was im Falle von langkettigen Polymeren zu einer hohen Leitfähigkeit führt. Sie wird dadurch eingeschränkt, dass die Elektronen zwischen den Molekülen springen müssen.

Die in OLEDs verwendeten Materialien [Schwoerer 2007] lassen sich grob in zwei Kategorien einteilen: die **kleinen Moleküle** (small molecules) und die **Polymere**. Polymere bestehen aus einer oder mehreren sich wiederholenden Moleküleinheiten. Der Vorteil dieser Materialien ist, dass sie sich zur Herstellung organischer Halbleiter durch Nassabscheidungsverfahren oder Siebdruckverfahren aufbringen lassen. In Abb. 1.44 ist u.a. das in OLEDs häufig verwendete **PPV** (Poly(p-Phenyl-Vinylen)) und das als Lochtransportschicht verwendete **PEDOT:PSS** dargestellt. Letzteres besteht aus mit Poly(4-styrolsulfonat) dotiertem Poly(3,4-ethylendioxythiophen). Kleine Moleküle besitzen ein im Vergleich zu den Polymeren geringes Molekulargewicht und ihr molekularer Aufbau besteht nicht aus sich wiederholenden Einheiten. Sie lassen sich wegen ihrer Kristallisationsneigung nur schlecht nassabscheiden und werden daher aufgedampft. Bei den Polymeren wäre dies wegen des Zerfalls der Molekülketten unmöglich. Das in Abb. 1.45 gezeigte

Ir(ppy)₃ (Tris(2-phenylpyridine)iridium) emittiert im Grünen, ebenso Alq3 (Aluminium-tris(8-hydroxychinolin)), das sein Emissionsmaximum bei 530 nm hat.

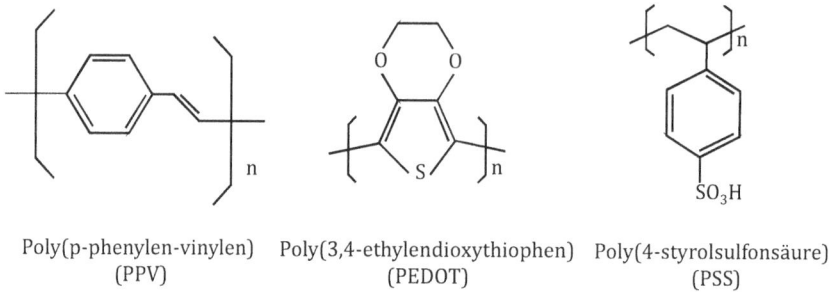

Poly(p-phenylen-vinylen)   Poly(3,4-ethylendioxythiophen)   Poly(4-styrolsulfonsäure)
(PPV)   (PEDOT)   (PSS)

Abb. 1.44: Bei OLEDs häufig verwendete Polymere.

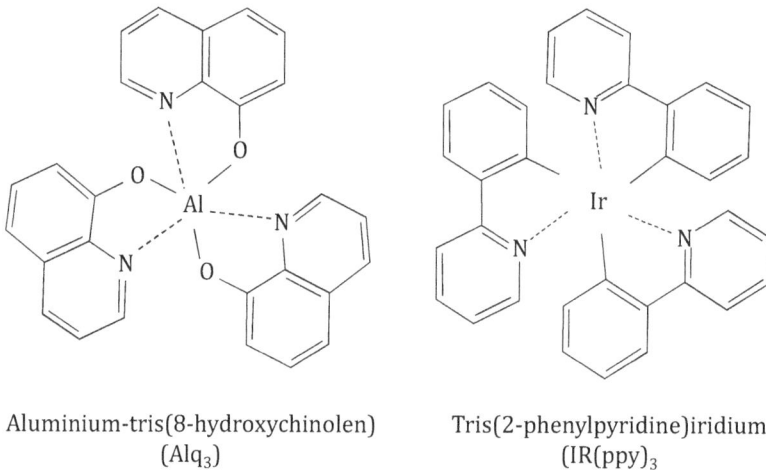

Aluminium-tris(8-hydroxychinolen)   Tris(2-phenylpyridine)iridium
(Alq₃)   (IR(ppy)₃)

Abb. 1.45: Bei OLEDs häufig verwendete kleine Moleküle.

1.5.2   Lichterzeugung im organischen Halbleiter

Die einfachste, wenn auch wenig effiziente Art der Lichterzeugung mittels organischer Halbleiter ist die **Einschicht-OLED** (Abb. 1.46). Auf ein Glassubstrat wird als Anode eine ca. 100–150 nm dicke, transparente, leitfähige **Indium-Zinn-Oxid-Schicht** aufgebracht. Es folgt die eigentliche Halbleiterschicht mit einer Dicke von weniger als 200 nm. Als Kathode folgt schließlich eine lichtundurchlässige Metallschicht, meist aus Aluminium oder Silber. Die an der Kathode injizierten Elektronen bilden mit den von der Anode stammenden Löchern **Exzitonen**. Diese gebundenen Elektron-Loch-Paare können schließlich unter Abgabe eines Photons zerfallen.

In organischen Halbleitern ist die Beweglichkeit der Löcher meist größer als die der Elektronen. Sie durchqueren den Halbleiter schneller. Viele Exzitonen werden also erst in Kathodennähe gebildet, wo sie häufig strahlungslos zerfallen. Viele Löcher erreichen die Kathode ohne Exzitonenbildung. Effizienter arbeitet die Zweischicht-OLED. Hier wird auf die Anode ein Material aufgedampft, das eine hohe Ladungsträgerdichte bzw. eine hohe Beweglichkeit für Löcher besitzt. Es wirkt als **Löchertransportschicht** (HTL, hole transport layer). Das Material in Kathodennähe besitzt dagegen eine hohe Ladungsträgerdichte bzw. eine hohe Beweglichkeit der Elektronen und stellt daher die **Elektronentransportschicht** (ETL, electron transport layer) dar. Der Vorteil der Anordnung besteht darin, dass die Rekombination nicht in Kathodennähe erfolgt, sondern nahe der Grenzschicht zwischen Elektronen- und Löchertransportschicht. Damit ist die Wahrscheinlichkeit strahlungsloser Rekombinationen geringer.

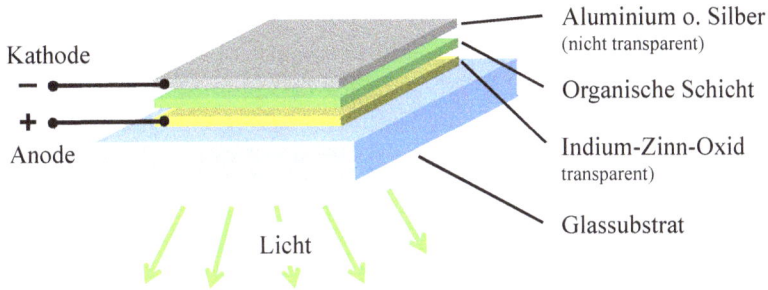

Abb. 1.46: Mit geringer Effizienz lässt sich bereits aus einer einzigen organischen Schicht eine OLED fertigen. Die Dicke der Schichten ist nicht maßstäblich.

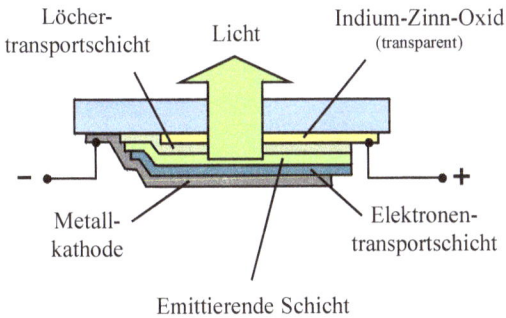

Abb. 1.47: Die dreischichtige OLED hat neben den Löcher- und Elektrontransportschichten noch eine eigene Emitterschicht.

Eine weitere Verbesserung lässt sich erreichen, wenn man eine eigene **Emitterschicht** einführt, die zwischen **Blockerschichten** für Elektronen und Löcher eingebettet ist (Abb. 1.47). Sowohl Elektronen als auch Löcher werden durch die Blockerschichten in der Emitterschicht angehäuft, so dass sich die Rekombinationswahrscheinlichkeit erhöht. Abb. 1.48 zeigt das Energieniveauschema.

Die Entwicklungen im Bereich der OLEDs sind vielversprechend. Weitere Schwierigkeiten wie die Übertragbarkeit der Ergebnisse auf großflächige OLEDs [Gärditz 2007], die Erzeugung von Licht einstellbarer Farbtemperatur [Winkler 2012] oder allgemein die Verbesserung der Auskopplung des erzeugten Lichts [Bocksrocker 2013; Riedel 2011; Scheffel 2004] sind Gegenstand weiterer Untersuchungen.

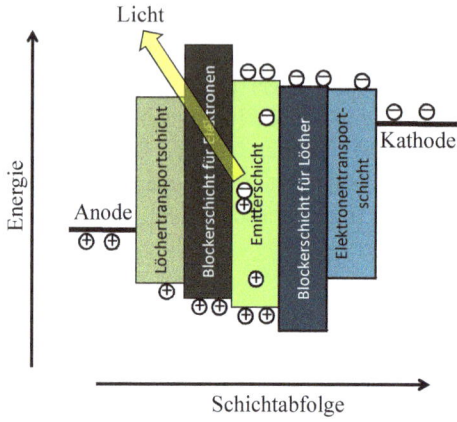

Abb. 1.48: Die an der Anode bzw. Kathode injizierten Ladungsträger wandern über die jeweilige Transportschicht zur Emitterschicht. Dort bilden sich durch Coulombkraft Ladungsträgerpaare (Exzitonen), die dann strahlend zerfallen.

2 Messung und Bewertung von Strahlung

2.1 Strahlungsmessung

Nachdem die Grundlagen der Strahlungsentstehung behandelt sind, soll nun die Strahlungsmessung betrachtet werden. Einige der dort verwendeten Größen, die Strahldichte oder die spezifische Ausstrahlung, wurden in den vergangenen Kapiteln schon eingeführt. In der Photometrie sind grundsätzlich zwei Bereiche zu unterscheiden: der eine betrifft das Licht, das der Mensch wahrnehmen kann und der andere beschäftigt sich mit dem Nachweis jeglicher Strahlung bzw. der Strahlungsenergie im physikalischen Sinne ohne die Einschränkung durch den Filter der menschlichen Wahrnehmung. Im letzteren Falle ist es gleichgültig, ob die Frequenz des Lichts im fernen infraroten Spektralbereich oder im Ultravioletten liegt. Bei der Strahlungsmessung sind also **lichttechnische Größen** von **strahlungsphysikalischen Größen** zu unterscheiden.

Da für die Messung lichttechnischer Größen das menschliche Sehen im Mittelpunkt steht, soll hier auf das Auge und seine Lichtwahrnehmung eingegangen werden.

2.1.1 Die $V(\lambda)$-Kurven des Auges

Der Mensch ist in der Lage, Licht im Wellenlängenbereich von 380nm bis 780nm wahrzunehmen. Das Empfindlichkeitsmaximum des Auges liegt bei ca. 555nm. Das vom optischen System des Auges entworfene Bild wird auf der **Netzhaut** oder **Retina** in elektrische Signale umgewandelt. Ihr Aufbau ist in Abb. 2.1 dargestellt. Das Licht muss zunächst die Nervenzellschicht passieren, bevor es die **Photorezeptoren** erreicht. Von diesen gibt es zwei Arten: die **Zapfenzellen** und die **Stäbchenzellen**. Die Stäbchenzellen sind für das Nachtsehen, das „**skotopische Sehen**" zuständig. Sie können hell und dunkel unterscheiden, es ist also nur Schwarz-Weiß-Sehen möglich. Die Zapfenzellen dienen dem Tagsehen, dem „**photopischen Sehen**", und sie ermöglichen das Farbsehen. Die Stäbchenzellen sind mit 120.000.000 gegenüber den Zapfenzellen mit 6.000.000 bei weitem in der Überzahl. Auf einen Quadratmillimeter kommen etwa 400.000 Zellen. Innerhalb des **gelben Fleckes** sitzt die **Fovea**, die **Netzhautgrube**, in der sich nur Zapfenzellen in hoher Dichte befinden. Dies ist die Stelle des schärfsten Sehens. Gänzlich unempfindlich ist die Netzhaut an der Eintrittsstelle des Sehnervs, dem **blinden Fleck**.

In den Photorezeptoren findet die Umsetzung von Licht in elektrische Impulse durch das Zersetzen lichtempfindlicher Farbstoffe statt. Der Farbstoff der Stäbchenzellen wird **Sehpurpur** genannt. Für einen Lichtreiz reichen fünf Lichtquanten aus, die innerhalb einer Millisekunde die selbe Stelle der Netzhaut erreichen. Da bei Bestrahlung des Auges der Sehpurpur zersetzt wird, muss er ständig regeneriert werden. Da aufgrund des hohen Lichteinfalls am Tage der Sehpurpur nicht mehr nachgeliefert werden kann, liefern die Stäbchenzellen keinen Sinnesreiz mehr. Es sind nur noch die Zapfenzellen aktiv.

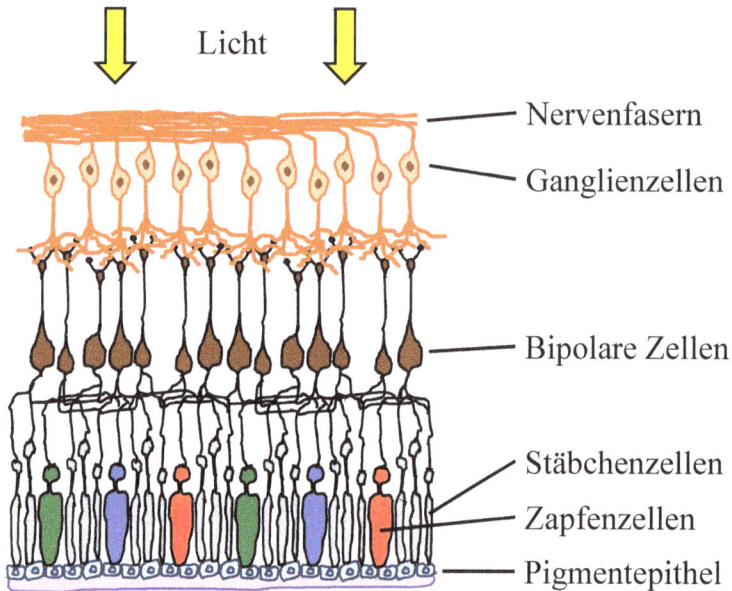

Abb. 2.1: Die menschliche Netzhaut. Der Lichteinfall erfolgt von oben kommend durch die Nervenzellschichten. Man spricht von einem „inversen Auge". Bei den Zapfenzellen können drei Typen unterschieden werden, die schwerpunktmäßig im Roten, Grünen und Blauen empfindlich sind.

Diese besitzen ebenfalls Sehstoffe. Bei genauerer Untersuchung stellt man fest, dass es drei Typen von Sehstoffen gibt, die alle unterschiedliche Absorptionswellenlängen haben. Das führt dazu, dass die zugehörigen Zapfen in unterschiedlichen Spektralbereichen empfindlich sind. Der Farbeindruck im Gehirn wird erzeugt durch das Verhältnis der drei Signale von den unterschiedlichen Zapfenzellen. Der Mensch sieht **trichomatisch**. Damit hat der Mensch zusammen mit anderen Primaten eine Sonderstellung, denn die meisten Säugetiere sind **Dichromaten**, haben also nur noch zwei Zapfenfarbstoffe. Ein geringeres Farbsehvermögen ist die Folge. Andere Wirbeltiere besitzen dagegen vier Farbpigmente, sie sehen **tetrachromatisch**. Ihre spektrale Wahrnehmung ist breiter. So können Vögel UV-A-Licht wahrnehmmen. Bei einigen Tieren kommen sogar fünf unterschiedliche Farbstoffe vor. Auch Fledermäuse können UV-Licht sehen, allerdings fehlen ihnen die Zapfenpigmente völlig, sie sehen lediglich über Stäbchenzellen.

Beim Menschen kann das Farbsehen erblich bedingt auf vielfältige Art gestört sein [Bouma 1951]. Personen, bei denen die Menge der Farbempfindungen zweidimensional ist, nennt man **Dichromaten**. Fehlt jegliche Fähigkeit, Farben unterscheiden zu können, ist die Menge aller Farbempfindungen also eindimensional, spricht man von **Monochromaten** oder – umgangssprachlich – von Farbenblinden.

Das Auge ist nicht für alle Wellenlängen gleich empfindlich. Im grünen Spektralbereich ist es am empfindlichsten, zum roten und violetten Bereich hin wird es unempfindlicher. Außerdem hängt die Empfindlichkeit davon ab, ob die Stäbchen- oder die Zapfenzellen aktiv sind. Um die Hellempfindlichkeit genauer zu untersuchen, wurde folgendes Experiment durchgeführt: auf einer Hälfte des Gesichtsfeldes wurde einer Anzahl normalsichtiger Personen Licht einer bestimmten Wellenlänge und Energie pro Zeit-, Flächen- und Raumwinkeleinheit als Referenz angeboten. Auf der anderen Hälfte wurde Licht einer Testwellenlänge gezeigt und ermittelt, wie groß die Energie dieser Strahlung sein muss, damit beide Gesichtshälften gleich hell erscheinen. Dabei wurde die Gesamthelligkeit so groß gewählt, dass die Zapfenzellen im Auge aktiv waren und die Stäbchenzellen aufgrund des verbrauchten Sehpurpurs keinen Beitrag mehr leisteten. Das Experiment wurde für die verschiedenen Testwellenlängen des sichtbaren Spektralbereiches durchgeführt und die gewonnene Funktion im Maximum auf Eins normiert, so dass man die in Abb. 2.2 dargestellte **Tageswertkurve V(λ)** erhält. Sie hat ihren Maximalwert bei 555 nm. Das gleiche Experiment kann nun auch für eine so geringe Helligkeit durchgeführt werden, dass nur noch die Stäbchenzellen aktiv sind. Es zeigt sich, dass die ermittelte und wiederum auf Eins normierte Kurve – die sogenannte **Nachtwertkurve V'(λ)** – eine geringfügig andere Form hat und vor allem zu kürzeren Wellenlängen hin verschoben ist.

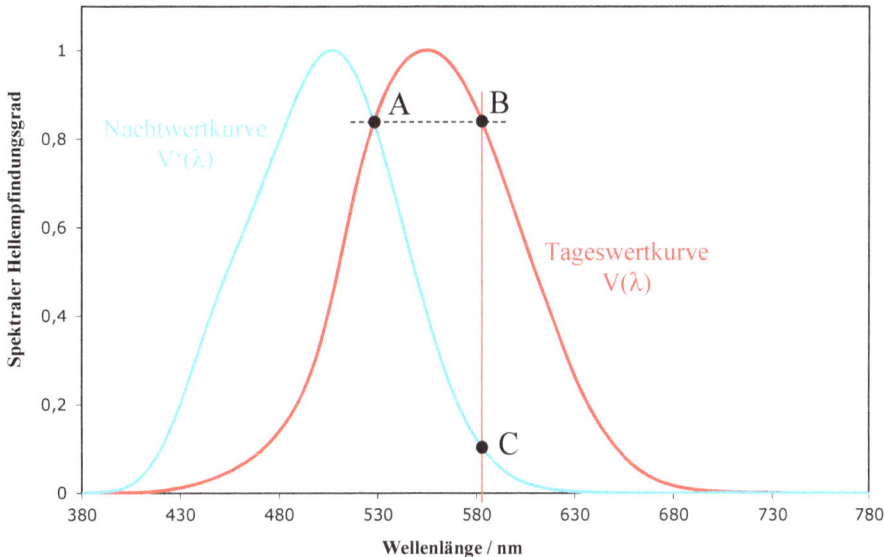

Abb. 2.2: Tag- und Nachtwertkurven V(λ) und V'(λ) nach [DIN 5031–3]. Die bei Tag gleich hell eingestellten Wellenlängen von 528 nm und 582 nm (Punkte A und B) erscheinen bei Dunkelheit unterschiedlich hell (Punkte A und C).

Der Verlauf der Kurven führt zu folgendem Phänomen: Licht der Wellenlängen 528 nm und 582 nm, das dem Auge beim photopischen Sehen gleich hell angeboten wird (Punkte A und B auf der Tagwertkurve von Abb. 2.2) erscheint dem Auge extrem unterschiedlich hell (Punkte A und C auf der Nachtwertkurve), wenn die Leistung der Lichtquelle für beide Wellenlängen im gleichen Verhältnis bis in den Bereich des skotopischen Sehens zurückgenommen wird.

Im täglichen Leben zeigt sich dieser Effekt bei der Betrachtung eines Feldes, auf dem Korn- und Mohnblumen vorkommen. Vor Einbruch der Dämmerung, wenn das Auge noch im Bereich des photopischen Sehens arbeitet, erscheinen die roten Mohnblumen heller, während mit wachsender Dunkelheit die blauen Kornblumen leuchtender zu sein scheinen. Bei Dunkelheit sieht das Auge skotopisch, es gilt die V'(λ)-Kurve mit ihrem Maximum bei etwa 505 nm, also im blauen Spektralbereich, so dass hier die blaue Farbe besser wahrgenommen wird als die rote. Dieser Effekt wurde erstmalig phänomenologisch von dem tschechischen Physiologen mit dem klangvollen Namen Johannes Evangelista Ritter von Purkinje (1787–1869) beschrieben und wird seither **Purkinje-Effekt** genannt.

2.1.2   Strahlungsphysikalische Grundgrößen

Im Folgenden wird zwischen **strahlungsphysikalischen Größen** und **lichttechnischen Größen** unterschieden. Während sich die lichttechnischen Größen auf den sichtbaren Teil des Spektrums beziehen, schließen die strahlungsphysikalischen Größen den gesamten Bereich der elektromagnetischen Strahlung ein. Letztere sollen daher künftig den Index e tragen, da sie sich auf die gesamte Strahlungsenergie als Grundgröße beziehen.

Angenommen, eine Strahlungsquelle gibt die **Strahlungsenergie** Q_e **(Einheit: 1 J)** ab. Dann wird die pro Zeiteinheit abgegebene Strahlungsenergie **Strahlungsleistung oder auch Strahlungsfluss** Φ_e **(Einheit: 1 W)** genannt. Gemeint ist damit die gesamte in Form von elektromagnetischer Strahlung abgegebene Leistung ohne Rücksicht darauf, in welche Richtung oder bei welcher Frequenz die Strahlung emittiert wird. Konzentriert man sich auf die speziell in den kleinen Raumwinkel $d\Omega$ abgegebene Strahlungsleistung $d\Phi_e$, so gilt $d\Phi_e = I_e d\Omega$. Der Proportionalitätsfaktor wird **Strahlstärke** I_e **(Einheit: 1 W/sr)** genannt und es gilt, falls sich die Leistung nicht gleichmäßig auf alle Raumrichtungen verteilt:

$$\boxed{I_e = \frac{d\Phi_e}{d\Omega}} \tag{2.1}$$

Die Strahlstärke gibt an, welche Strahlungsenergie pro Zeiteinheit in einen kleinen Raumwinkel $d\Omega$ abgestrahlt wird. Die Strahldichte I_e hängt also im Allgemeinen von der Blickrichtung ab, aus der man auf den strahlenden Gegenstand sieht.

Umgekehrt würde man die gesamte Strahlleistung Φ_e erhalten, wenn man die Strahlstärke I_e über den gesamten erfassten Raumwinkel integriert:

$$\Phi_e = \int\limits_{\text{bestrahlter Raum}} I_e d\Omega \tag{2.2}$$

Eine in der Physik häufig verwandte Idealisierung einer Strahlungsquelle ist die isotrop in den Raum strahlende **Punktquelle**. Es wird angenommen, dass alle Strahlung von einem beliebig kleinen Punkt ausgeht und dass I_e nicht von der Richtung abhängt. Die in den Raumwinkel Ω abgegebene Strahlleistung ist dann einfach $P = I_e \Omega$. Die gesamte von der Punktquelle abgestrahlte Leistung ist folglich das Produkt aus der Strahlstärke I_e und dem vollen Raumwinkel 4π, also $4\pi I_e$.

In der Praxis sind Strahlungsquellen allenfalls näherungsweise Punktstrahler. Praktisch alle klassischen technischen Lichtquellen bestehen aus einem leuchtenden Volumen mit einer gewissen räumlichen Ausdehnung, d.h. auch einer entsprechenden Oberfläche. Es liegt also nahe, eine flächenbezogene Größe einzuführen. So ist die **spezifische Ausstrahlung** M_e

(**Einheit: W/m^2**) die pro Flächeneinheit eines Strahlers und pro Zeiteinheit in den Halbraum abgegebene Strahlungsenergie, also die pro Flächeneinheit abgegebene Strahlungsleistung. Auch hier ist nur die Gesamtleistung von Interesse, unterschiedliche Ausstrahlungen in verschiedene Richtungen sind irrelevant.

Eine weitere strahlungsphysikalische Größe ist die **Strahldichte** L_e (**Einheit: W/(m^{2}sr))**. Sie gibt an, welche Strahlungsleistung eine strahlende Fläche pro Raumwinkel $d\Omega$ und pro Fläche dA in eine bestimmte Richtung abgibt (Abb. 2.3). Wichtig ist, dass hierbei nur die effektive Senderfläche zählt; das ist die Fläche, die ein Beobachter sieht, wenn er unter einem Winkel ϑ auf die strahlende Fläche blickt, also die Fläche $dA\cos\vartheta$. Für $\vartheta \rightarrow 90°$ geht die effektive Senderfläche gegen Null.

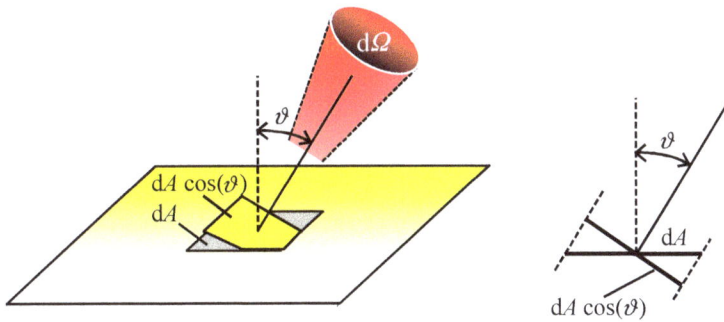

Abb. 2.3: Zur Definition der Strahldichte: sie ist die pro effektiver Senderfläche und pro Raumwinkeleinheit abgegebene Leistung. Die effektive Senderfläche ist die Fläche, die einem Beobachter unter einem bestimmten Winkel ϑ erscheint.

Für die Strahldichte L_e ist es unerheblich, ob die Fläche selbst strahlt oder nur auftreffende Strahlung reflektiert oder streut. Das Experiment zeigt, dass für rauhe, diffus reflektierende Oberflächen wie z.B. Papier oder eine weiß gestrichene Wand die Strahldichte L_e praktisch nicht von der Blickrichtung auf die Fläche abhängt. Das kommt dadurch zustande, dass für eine solche Fläche die Strahlstärke dem **Lambertschen Gesetz** folgt:

$$\boxed{I_e = I_{e0}\cos(\vartheta)} \tag{2.3}$$

Die Strahlstärke nimmt also mit $\cos\vartheta$ ab. I_{e0} ist ihr Wert senkrecht zur Fläche. Würde also eine kleine leuchtende Fläche A unter einem Winkel ϑ betrachtet, ergäbe sich die im Polardiagramm der Abb. 2.3. gezeichnete Winkelabhängigkeit der Strahlstärke I_e.

Doch warum erscheint nun eine weiße Fläche, wie etwa ein Blatt Papier, immer gleich hell, egal unter welchem Winkel man darauf blickt? Dies liegt daran, dass für den Helligkeitseindruck des Auges die Strahldichte L_e verantwortlich ist. In diese Größe geht aber die effektive Senderfläche ein, so dass der Zusammenhang

$$\boxed{I_e = L_e A \cos\vartheta} \tag{2.4}$$

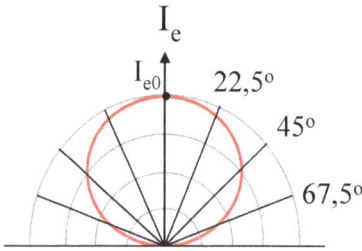

Abb. 2.4: Polardiagramm der Strahlstärke I_e als Funktion des Winkels ϑ.

gilt. Vergleicht man mit Gl. (2.3), folgt:

$$L_e = \frac{I_{e0}}{A} \tag{2.5}$$

Die Strahldichte ist also winkelunabhängig. Die Strahlstärke I_e nimmt zwar mit dem Cosinus des Winkels ϑ ab, andererseits ist aber wegen des Winkels ϑ zwischen der Blickrichtung und der Flächennormalen die tatsächlich leuchtende Fläche entsprechend größer, als sie erscheint. Beide Effekte heben sich gegenseitig auf.

Ein Strahler, für den das Lambertsche Gesetz gilt und der folglich das geschilderte Verhalten zeigt, wird **Lambertscher Strahler** genannt. Näherungsweise kann der Mond als Lambertscher Strahler gelten. Er erscheint, obwohl er kugelförmig ist, als leuchtende Scheibe. Wie Abb. 2.5 verdeutlicht, erfasst ein Beobachter, der ein bestimmtes Raumwinkelelement beobachten kann, eine weitaus größere Fläche, wenn er den Rand des Mondes beobachtet als wenn er mittig darauf blickt. Die nachlassende Lichtstärke bei schräger Betrachtung wird so durch eine vergrößerte Fläche wettgemacht.

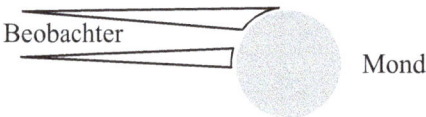

Abb. 2.5: Die beiden Flächen erscheinen einem irdischen Beobachter gleich groß. Obwohl nun die Strahlstärke I_e mit dem Winkel ϑ abnimmt, erscheinen die Flächen gleich hell, da im oberen Fall eine wesentlich größere leuchtende Fläche beiträgt.

Die bisher eingeführten strahlungsphysikalischen Größen waren auf die Strahlungsquelle bezogen. Es gibt noch weitere Größen, die sich auf die Strahlausbreitung und Detektion beziehen. Eine davon ist die **Strahlungsflussdichte oder auch Intensität** ψ **(Einheit: 1 W/m²).** Sie gibt an, welche Energie pro Zeiteinheit durch eine **senkrecht** zur Strahlungsrichtung orientierte Fläche tritt. Oder anders ausgedrückt: die Strahlungsflussdichte ist eine Leistung pro Flächeneinheit. Möchte man wiederum die Leistung wissen, die auf eine unter dem Winkel ϑ_e zur Strahlrichtung stehende Fläche A_E trifft, so gilt:

$$\Phi_e = \psi A_E \cos \vartheta_e \tag{2.6}$$

Für $\vartheta_e = 90°$ fällt die Strahlung streifend an der Fläche vorbei und die aufgenommene Leistung wäre Null. Die Größe

$$E_e = \psi \cos \vartheta_e \tag{2.7}$$

unterscheidet sich von ψ nur durch den Cosinusfaktor und heißt **Bestrahlungsstärke** E_e **(Einheit: 1 W/m²)**. Da sie die gleiche Einheit wie die Strahlungsflussdichte hat, stellt sie ebenfalls eine Leistung pro Flächeneinheit dar, allerdings ist die Bestrahlungsstärke eine **Empfängergröße**. Die Fläche, auf die sie sich bezieht, ist die tatsächliche, i.a. schräg im Strahl stehende Empfängerfläche A_E. Bei gegebener Strahlungsflussdichte ψ wird also E_e mit wachsendem Einfallswinkel ϑ_e immer geringer. Die auf die Fläche treffende **Strahlungsleistung** erhält man aus Gl. (2.6) und (2.7) zu $\Phi_e = E_e A_E$.

Integriert man die Bestrahlungsstärke E_e über eine bestimmte Beobachtungszeit, erhält man die **Bestrahlung** H_e **(Einheit: 1 J/m²)**:

$$H_e = \int E_e dt \tag{2.8}$$

Es ist die auf eine Fläche während einer bestimmten Beobachtungsdauer auftreffende Energie pro Flächeneinheit. Würde die Fläche alle auftreffende Strahlung absorbieren, wäre die aufgenommene Energie $Q_e = H_e A_E$. Es spielt dabei keine Rolle, ob die Fläche schräg in der Strahlrichtung steht oder nicht.

2.1.3 Zusammenhänge zwischen den strahlungsphysikalischen Größen

Zwischen der spezifischen Ausstrahlung M_e einer homogen strahlenden ebenen Fläche A und der Strahlstärke I_e besteht der Zusammenhang:

$$M_e = \int_{\text{Halbraum}} \frac{I_e}{A} d\Omega \tag{2.9}$$

Für den Lambertschen Strahler gilt nach Gl. (2.4):

$$M_e = \int L_e \cos(\vartheta) d\Omega \tag{2.10}$$

wobei L_e wie oben ausgeführt konstant ist. Für das Raumwinkelelement gilt analog zu Abb. 1.14 $d\Omega = \sin\vartheta d\vartheta d\varphi$. Es folgt:

$$M_e = L_e \int_0^{2\pi} \int_0^{\pi/2} \cos(\vartheta)\sin(\vartheta) d\vartheta d\varphi \tag{2.11}$$

Wegen $\dfrac{d}{d\vartheta}\sin^2(\vartheta) = 2\sin(\vartheta)\cos(\vartheta)$ folgt für das Integral über ϑ:

$$M_e = L_e \int_0^{2\pi} \left[\frac{1}{2}\sin^2(\vartheta)\right]_0^{\pi/2} d\varphi = \frac{L_e}{2}\int_0^{2\pi} d\varphi = \pi L_e \tag{2.12}$$

Die **spezifische Ausstrahlung** M_e des Lambertschen Strahlers ist also πL_e.

Nach Gl. (2.2) gilt für den **Strahlungsfluss** eines isotrop in den Raum abstrahlenden **Punktstrahlers**, bei dem I_e konstant ist:

$$\Phi_e = I_e \int\limits_0^{2\pi} \int\limits_0^{\pi} \sin(\vartheta) d\vartheta d\varphi \qquad (2.13)$$

Das Integral ist elementar ausführbar und ergibt:

$$\boxed{\Phi_e = 4\pi I_e} \qquad (2.14)$$

Stehen sich die Senderfläche A eines Lambertschen Strahlers und eine Empfängerfläche A_E im Abstand r gegenüber (Abb. 2.6) und sind die Flächennormalen zur Verbindungslinie um die Winkel ϑ_S bzw. ϑ_E geneigt, dann ist die auf A_E eintreffende Strahlungsleistung gegeben durch:

$$\Phi_e = \left(L_e A \cos \vartheta_S \right) \cdot \left[\left(\frac{A_E \cos \vartheta_E}{4\pi r^2} \right) 4\pi \right] \qquad (2.15)$$

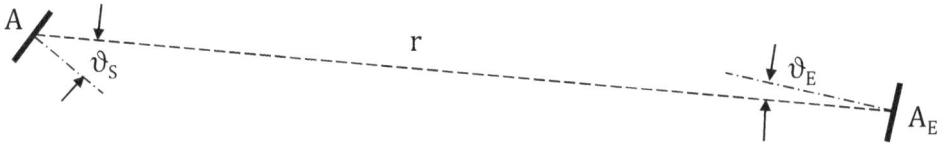

Abb. 2.6: Eine Senderfläche A gibt als Lambertscher Strahler Strahlung ab, die von einer Fläche A_E teilweise aufgefangen wird.

Die erste runde Klammer auf der rechten Seite stellt die vom Sender emittierte Leistung pro Raumwinkeleinheit dar. Für den Lambertschen Strahler ist L_e nicht vom Winkel ϑ_S abhängig. Die zweite runde Klammer rechts stellt den Anteil am vollen Raumwinkel dar, den die Empfängerfläche bezogen auf den Strahler erfasst. Multipliziert mit dem vollen Raumwinkel 4π erhält man also den vom Empfänger erfassten Raumwinkel (eckige Klammer). Gl. 2.15. heißt **photometrisches Grundgesetz** und lässt sich wie folgt schreiben:

$$\boxed{\Phi_e = \frac{L_e A A_E \cos \vartheta_S \cos \vartheta_E}{r^2}} \qquad (2.16)$$

Zu beachten ist, dass in dieser Gleichung eine Näherung steckt: in Gl. (2.15) ist $A_E \cos \vartheta_E$ eine ebene Fläche, die ins Verhältnis zur Kugeloberfläche $4\pi r^2$ gesetzt wird. Wird daraus der Raumwinkel ermittelt, resultiert eine Ungenauigkeit, die nur akzeptiert werden kann, wenn r groß genug ist. In der Praxis sollte die **photometrische Grenzentfernung** eingehalten werden; das ist das Zehnfache der größten Sender- oder Empfängerabmessung.

2.1.4   Lichttechnische Grundgrößen

Bei den lichttechnischen Grundgrößen kommt die menschliche Wahrnehmung ins Spiel. Da es bei der Erzeugung oder dem Nachweis von Strahlung häufig ausschließlich um die vom Menschen wahrnehmbaren Anteile der Strahlung geht, ist es sinnvoll, geeignete Größen zu definieren. Es gibt zu jeder der oben eingeführten strahlungsphysikalischen Grundgrößen eine entsprechende lichttechnische Größe. Der Unterschied besteht darin, dass für die lichttechnischen Größen nur der Anteil der Strahlung zählt, den der Mensch wahrnehmen kann. Die Größen erhalten daher den Index v (von „visuell"). Gewichtet wird nach der V(λ)-Kurve aus Kapitel 2.1.1 bzw. Abb. 2.2. So gilt für eine lichttechnische Größe G_v als Zusammenhang mit der strahlungsphysikalischen Größe G_e :

$$G_v = K_m \int_{380nm}^{780nm} G_e(\lambda)V(\lambda)d\lambda \qquad (2.17)$$

Das bedeutet, dass eine Strahlung mit einer Wellenlänge außerhalb des menschlichen Sehvermögens (380 nm bis 780 nm) zu $G_v = 0$ führt. Was vom Menschen nicht gesehen wird, zählt nicht. Die Konstante K_m wird unten festgelegt.

Eine Größe, auf die sich alle lichttechnischen Grundgrößen zurückführen lassen, ist die **Candela** (cd). Sie ist die Einheit der **Lichtstärke**, diese wiederum entspricht der strahlungsphysikalischen Größe der Strahlstärke mit der Einheit 1 W/sr. Von 1967 bis ins Jahr 1979 galt folgende Definition: Ein Candela ist die Lichtstärke, mit der 1/60 cm² der Oberfläche eines schwarzen Strahlers bei der Temperatur des bei einem Druck von 101.325 Pa erstarrenden Platins senkrecht zu seiner Oberfläche leuchtet.

Bei dieser Definition ist ein Zusammenhang zwischen der strahlungsphysikalischen Größe und der lichttechnischen Größe schwer herstellbar. Eine andere, seit 1979 benutzte Definition löst dieses Problem:

Die Candela ist die Lichtstärke in einer bestimmten Richtung einer Strahlungsquelle, die monochromatische Strahlung der Frequenz 5,40 · 10¹⁴ Hz aussendet und deren Strahlstärke in dieser Richtung (1/683) W/sr beträgt.

Die Integration der Gl. (2.17) ist damit sehr einfach möglich, da nur noch *eine* Wellenlänge vorliegt. Man erhält im Falle der Lichtstärke:

$$\boxed{I_v = K_m I_e} \quad \text{bzw.} \quad 1cd = K_m \cdot \frac{1}{683} \frac{W}{sr} \qquad (2.18)$$

Für die Konstante K_m folgt also 683 (cd sr)/W. Die lichttechnischen Größen können also somit von den strahlungsphysikalischen Größen abgeleitet werden. Tab. 2.1 zeigt die Zusammenhänge.

Tab. 2.1: Strahlungsphysikalische und lichttechnische Größen

Strahlungsphysikalische Größe	Einheit	Bedeutung	Einheit	Lichttechnische Größe
Strahlungsenergie Q_e	1 J	Energie der Strahlung	$1\ \text{lm}\cdot\text{s}$ $= 1\ \text{cd}\cdot\text{sr}\cdot\text{s}$	Lichtmenge Q_v
Leistung Φ_e	1 W	Energie pro Zeitintervall dt	$1\ \text{lm}$ $= 1\ \text{cd}\cdot\text{sr}$	Lichtstrom Φ_v
Strahlstärke I_e	1 W/sr	Energie, die pro Zeitintervall dt und pro Raumwinkelelement $d\Omega$ abgegeben wird.	1 cd	Lichtstärke I_v
Spezifische Ausstrahlung M_e	1 W/m²	Pro Flächenelement dA des Strahlers und pro Zeitintervall dt abgegebene Energie.	$1\ \text{lm/m}^2$ $= 1\ \dfrac{\text{cd}\cdot\text{sr}}{\text{m}^2}$	Spezifische Lichtausstrahlung M_v
Strahldichte L_e	1 W/(m²sr)	Vom Strahler abgegebene Energie pro Zeitintervall dt, pro Flächeneinheit (der in Strahlrichtung projizierten Fläche) und pro Raumwinkelelement $d\Omega$.	1 cd/m²	Leuchtdichte L_v
Strahlungsflussdichte oder Intensität ψ	1 W/m²	Energie, die pro Zeitintervall dt durch ein **senkrecht** zur Strahlrichtung ausgerichtetes Flächenelement dA strömt.	$1\ \text{lx} = 1\ \dfrac{\text{lm}}{\text{m}^2}$ $= 1\ \dfrac{\text{cd}\cdot\text{sr}}{\text{m}^2}$	Lichtstromdichte
Bestrahlungsstärke E_e	1 W/m²	Energie, die pro Zeitintervall dt und pro Flächenelement dA auf ein beliebig zur Strahlrichtung orientiertes Flächenelement trifft.	$1\ \text{lx} = 1\ \dfrac{\text{lm}}{\text{m}^2}$ $= 1\ \dfrac{\text{cd}\cdot\text{sr}}{\text{m}^2}$	Beleuchtungsstärke E_v
Bestrahlung H_e	1 J/m²	Energie, die pro Flächeneinheit auf ein beliebig zur Strahlrichtung orientiertes Flächenelement trifft.	$1\ \text{lx}\cdot\text{s}$ $= 1\ \dfrac{\text{cd}\cdot\text{sr}}{\text{m}^2}$	Belichtung H_v

2.1.5   Vermessung von Lichtquellen mit der Ulbrichtkugel

Die **Ulbrichtkugel** löst das grundsätzliche Problem, den gesamten Lichtstrom Φ_v einer Lichtquelle zu vermessen, auch wenn die Lichtstärke I_v richtungsabhängig ist. Sie stellt ein integrierendes bzw. mittelndes System dar. Die zu vermessende Lichtquelle wird zweckmäßigerweise (aber nicht zwingend) in der Kugelmitte gebrannt (Abb. 2.7). Das von ihr ausgehende Licht wird auf der Innenoberfläche der Kugel diffus reflektiert. Das wird durch eine Beschichtung aus **Bariumsulfat** (BaSO₄) oder optischem **Polytetrafluorethylen** (PTFE) erreicht. Der **Reflexionsgrad** ρ der Oberfläche sollte möglichst groß sein. Je höher er ist, desto stärker ist das diffuse Strahlungsfeld, das sich in der Kugel aufbaut. Die mittlere Beleuchtungsstärke auf der Kugelwand setzt sich also zusammen aus dem Anteil $\overline{E}_v^{dir}$ der direkten Bestrahlung durch die Lampe sowie aus dem Anteil $\overline{E}_v^{diff}$ des diffusen Strahlungsfeldes, das durch diffuse Reflexion auf der Innenwand entstanden ist. $\left(\overline{E}_v^{dir} + \overline{E}_v^{diff}\right) A$ stellt also den gemittelten Lichtstrom dar, der auf die Oberfläche trifft. Nach dem Energiesatz ist **im stationären Zustand** zu fordern, dass der zu messende, von der Lampe in die Kugel abgegebene Lichtstrom Φ_v letzten Endes auf der Innenfläche der Kugel absorbiert und in Wärme umgewandelt wird:

$$\Phi_v - \left(\overline{E}_v^{dir} + \overline{E}_v^{diff} \right) A(1-\rho) = 0 \tag{2.19}$$

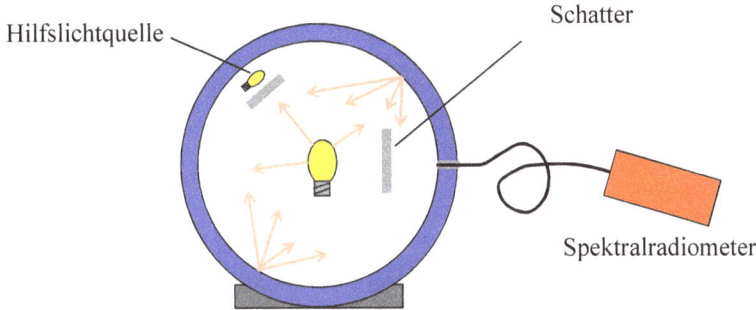

Abb. 2.7: Ulbrichtkugel mit Spektralradiometer. Die Hilfslichtquelle dient zur Bestimmung der Eigenabsorption der zu vermessenden Lampe.

$1-\rho$ stellt den absorbierten Anteil dar, der im stationären Fall natürlich dem gesamten Lichtstrom der Lampe entsprechen muss. Die mittlere direkte Beleuchtungsstärke $\overline{E}_v^{dir}$ kann mit $\Phi_v = \overline{E}_v^{dir} A$ sofort angegeben und in obiger Gleichung eliminiert werden, so dass folgt:

$$\Phi_v - \left(\frac{\Phi_v}{A} + \overline{E}_v^{diff} \right) A(1-\rho) = 0 \tag{2.20}$$

Der Zusammenhang zwischen $\overline{E}_v^{diff}$ und Φ_v lautet also:

$$\boxed{\Phi_v = \frac{\overline{E}_v^{diff} A(1-\rho)}{\rho}} \tag{2.21}$$

Durch Messung der diffusen Beleuchtungsstärke $\overline{E}_v^{diff}$ kann also der **Lichtstrom Φ_v** der Lampe bestimmt werden. Hierzu wird unter der Annahme einer auf der Innenfläche konstanten Beleuchtungsstärke $\overline{E}_v^{diff}$ diese in einem kleinen Messfenster gemessen. Hierzu muss selbstverständlich das direkte Licht durch einen Schatter abgeblockt werden.

Ein hoher Reflexionsgrad der Innenfläche (bei Bariumsulfat liegt er bei etwa 97%) verbessert die Durchmischung des Lichtes. Allerdings macht sich bei sehr hohen Reflexionsgraden eine Alterung oder Verschmutzung der Innenfläche stark bemerkbar. Die heute übliche Messung des Strahlungsflusses durch ein **Spektralradiometer**, also wellenlängenaufgelöst hat speziell bei Gasentladungslampen oder LED immense Vorteile. Diese Lichtquellen liefern Spektren mit mehr oder weniger schmalen Spektrallinien. Ein einfaches, nicht spektral aufgelöst messendes Photometer bildet die V(λ)-Kurve des Auges mit Hilfe von Filtern nach.

Diese weichen insbesondere in den steilen Flanken der $V(\lambda)$-Kurve von den tatsächlichen Werten ab und verfälschen bei Spektrallinien in diesen Bereichen stark das Messergebnis. Spektralradiometer vermeiden dies, denn die lichttechnischen und farbmetrischen Größen werden aus den spektralen Daten durch Rechnung ermittelt.

Die zu messende Lichtquelle soll eine Größe von 10% des Innendurchmessers der Ulbricht-kugel nicht übersteigen. Das Messergebnis wird durch die Eigenabsorption der Lichtquelle beeinflusst. Zur Verbesserung der Genauigkeit kann eine Hilfslichtquelle in der Kugel verwendet werden, um die Eigenabsorption zu bestimmen.

2.2   Einführung in die Farbmetrik

2.2.1   Farbe und Farbmischung

Strahlung löst beim Menschen über das Auge einen Sinneseindruck aus. Die Welt, die wir über unsere Augen wahrnehmen, erscheint bunt. Diese Farbigkeit wird hervorgerufen von Strahlung unterschiedlichster Frequenzen. Nur dieses Spektrum ist eine physikalische Realität. Die wahrgenommene Farbe hingegen ist das Ergebnis sinnesphysiologischer Vorgänge. Trotzdem erweist es sich bei der Entwicklung von Lichtquellen als notwendig, Farbe in irgendeiner Weise messtechnisch erfassen zu können, also **Farbmetrik** zu betreiben.

Es soll zunächst „verschiedenfarbiges" Licht für Experimente verwendet werden. Dabei ist es unerheblich, ob die Farbigkeit durch eine einzelne schmale Spektrallinie oder durch eine breite spektrale Verteilung verursacht wird. Beleuchtet man eine weiße Fläche (also eine Fläche, die selbst keine „Farbigkeit" zum Sinneseindruck beisteuert und sich selbst neutral verhält) gleichzeitig mit rotem und grünem Licht, so entsteht der Farbeindruck gelb. Eine solche optische Farbmischung wird als **additive Farbmischung** bezeichnet. Gelbes Licht ließe sich aus weißem Licht, also aus Licht, das alle Wellenlängen enthält, auch durch Verwendung geeigneter Filter erzeugen. Diese absorbieren Anteile im Spektrum, so dass für das verbliebene Licht der Farbeindruck gelb entsteht. Dies wird **subtraktive Farbmischung** genannt, denn es werden bestimmte Bereiche des Lichtspektrums absorbiert oder eben subtrahiert.

Ähnliches geschieht, wenn man weißes Licht auf eine farbige Fläche fallen lässt. Der Eindruck der Farbigkeit der Fläche entsteht durch Absorption einzelner Wellenlängen oder größerer Wellenlängenbereiche. Diese Wellenlängen fehlen im Spektrum des von der Fläche gestreuten Lichts (Abb. 2.8). Die verbliebenen Wellenlängen ergeben im Gehirn den Farbeindruck der Fläche. Diese **Körperfarbe** wird also nicht nur durch die Absorptionseigenschaften der Fläche bestimmt, sondern auch durch die spektrale Zusammensetzung des verwendeten Lichtes. Hat dieses die **Strahlungsfunktion** S_λ, so ist die **Farbreizfunktion** φ_λ gegeben durch:

$$\varphi_\lambda = S_\lambda \cdot \beta(\lambda) \tag{2.22}$$

$\beta(\lambda)$ ist der **Remissionsgrad** der Oberfläche. Die Farbreizfunktion beschreibt die spektrale Zusammensetzung des ins Auge fallenden Lichtes. Für die subtraktive Farbmischung bei Transmission wird in Gl. (2.22) anstelle des Remissionsgrades der **Transmissionsgrad** $\tau(\lambda)$ verwendet.

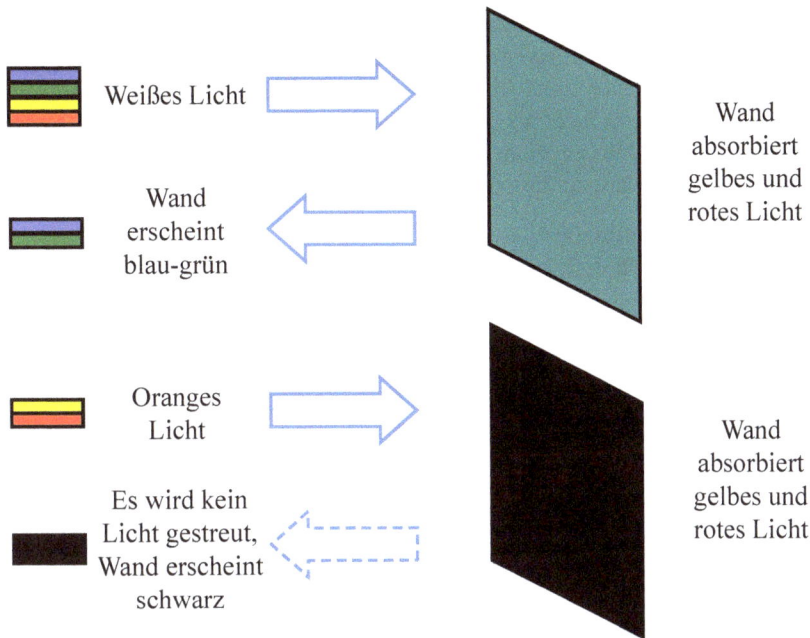

Abb. 2.8: Der blau-grüne Farbeindruck einer Wand entsteht durch Absorption der gelb-roten Farbanteile aus dem Spektrum des weißen Lichtes. Beleuchtet man die Wand mit gelb-rotem Licht, wird folglich nichts gestreut und die Wand erscheint schwarz.

Doch zurück zur additiven Farbmischung. Das oben beschriebene Experiment mit rotem und grünem Licht lässt sich noch weiterführen. Verändert man die Helligkeit der roten und grünen Lichtquelle beim Mischvorgang einzeln, so erhält man – neben der veränderten Helligkeit der Mischfarbe – eine kontinuierliche Veränderung des Farbeindrucks. Er wechselt von rot über orange, gelb bis ins Grüngelbe und schließlich ins Grüne. Dieser Farbeindruck, der aus dem Zusammenspiel der drei Farbstoffe in den Zapfenzellen des Auges entsteht (vgl. Kap. 2.1.1), wird **Farbvalenz** genannt. Neben den Farbvalenzen bestimmen noch zwei weitere Größen die Farbempfindung: eine Farbe kann bei gleichem Farbton blasser oder kräftiger ausfallen. Wird die Farbe blasser, kann sie im Grenzfall in weiß übergehen. Ein Maß dafür ist die **Sättigung**. Nähert sich die Farbe dem Weiß an, hat sie eine geringe Sättigung. Eine weitere Größe ist die **Helligkeit**. Sie ist ein Maß für die Stärke der Lichtempfindung. Bei Lichtquellen wird sie bestimmt durch die Leuchtdichte L_v.

Licht verschiedener spektraler Zusammensetzungen kann die gleiche Farbvalenz besitzen. Die Menge der möglichen Farbempfindungen ist wesentlich kleiner als die Menge der sie erzeugenden spektralen Verteilungen. Oder anders ausgedrückt: eine Farbvalenz kann durch beliebig viele Farbreizfunktionen φ_λ ausgedrückt werden.

2.2.2 Die Graßmannschen Gesetze

Oben wurden aus rot und grün diverse Orange-, Gelb- und Grüngelbtöne gemischt. H.G. Graßmann (1809–1877) beschäftigte sich mit der Frage, wie viele Farben man wohl mindestens benötigen würde, um alle überhaupt auftretenden Farbvalenzen durch additive Farbmischung zu erzeugen. Die Ergebnisse seiner weitreichenden Überlegungen publizierte er 1853 in fünf Gesetzen, von denen zwei (die Kontinuität der Farbreize und die Additivität von Leuchtdichten) aus heutiger Sicht als selbstverständlich erscheinen. Drei seiner Gesetze sind so fundamental, dass sie hier angeführt werden sollen. Dabei werden die Gesetze sinngemäß wiedergegeben, der Wortlaut der Orginalveröffentlichung [Grassmann 1853] ist anders.

Erstes Graßmannsches Gesetz:
Es sind drei linear unabhängige Größen nötig und ausreichend, um eine Farbvalenz zu kennzeichnen.

Jede beliebige Farbvalenz F kann also durch drei andere Farbvalenzen F_{P1}, F_{P2} und F_{P3}, sogenannte **Primärvalenzen**, dargestellt werden:

$$F = f_1 F_{P1} + f_2 F_{P2} + f_3 F_{P3}$$
(2.23)

Sie müssen linear unabhängig sein, was bedeutet, dass sich die eine Primärvalenz nicht durch die beiden anderen mischen lassen darf. Bezogen auf obiges Beispiel wären also grün, gelb und rot keine geeigneten Primärvalenzen, da gelb sich aus grün und rot mischen ließe und damit nicht linear unabhängig wäre. Obwohl die obige Formulierung den Eindruck erweckt, man müsse Anteile der drei Primärvalenzen *zu*mischen, sind auch negative Mengen einer Primärvalenz zulässig und beim Mischen einiger real existierender Farben auch notwendig. Anders ließen sich diese Farben nicht darstellen. Einzelne der f_i in Gl. (2.23) wären also negativ. Die praktische Realisierung dieses Falles soll weiter unten beschrieben werden.

Die mit dem ersten Graßmannschen Gesetz festgestellte **Dreidimensionalität des Farbenraumes** ermöglicht die in Abb. 2.9 gezeigte Darstellung in einem kartesischen Koordinatensystem.

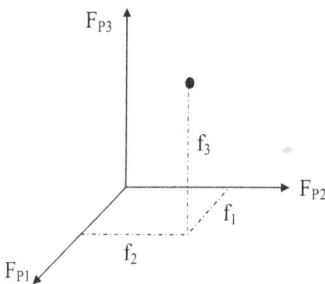

Abb. 2.9: Darstellung einer Farbe in einem kartesischen Koordinatensystem.

Zweites Graßmannsches Gesetz:
Liefern zwei Testfarben dieselbe Farbempfindung, so bleibt diese erhalten, wenn man die Leuchtdichte beider um den gleichen Faktor verändert.

Dies bedeutet nichts anderes, als dass man Gl. (2.23) mit einem konstanten Faktor k multiplizieren kann:

$$kF = k f_1 F_{P1} + k f_2 F_{P2} + k f_3 F_{P3}$$
(2.24)

Wird die Leuchtdichte einer Testfarbe um den Faktor k geändert, so müssen die Leuchtdichten der zu ihrer Mischung nötigen Primärvalenzen um den gleichen Faktor k geändert werden. Bei Darstellung in einem kartesischen Koordinatensystem liegen somit alle Farben mit gleicher Farbvalenz auf einer Geraden durch den Ursprung (Abb. 2.10). Ursprungsnahe Punkte haben eine geringe Leuchtdichte, während fernere Punkte höhere Leuchtdichten besitzen.

Liegt ein Punkt auf einer Koordinatenachse, so sind zwei seiner Koordinaten f_i Null. Bei einem Punkt auf der F_{P1}-Achse z.B. sind die Koordinaten f_2 und f_3 Null. Die Koordinatenachsen entsprechen also den gewählten Primärvalenzen.

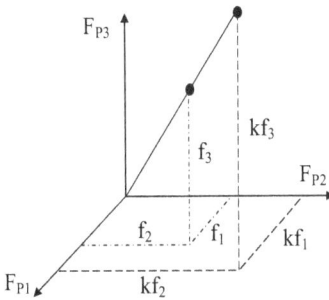

Abb. 2.10: Nach dem zweiten Graßmannschen Gesetz liegen alle Farben der gleichen Farbvalenz auf einer Geraden durch den Ursprung des Koordinatensystems.

Drittes Graßmannsches Gesetz:
Zwei gleiche Farbvalenzen (mit möglicherweise unterschiedlicher spektraler Zusammensetzung) ergeben bei Mischung mit einer dritten Farbvalenz stets wieder zwei gleiche Farbvalenzen.

Bei additiver Farbmischung ist ausschließlich die Farbvalenz maßgeblich, nicht die spektrale Zusammensetzung. Das ermöglicht eine einfache Darstellung der additiven Farbmischung durch eine Vektoraddition im oben festgelegten kartesischen Koordinatensystem (Abb. 2.11). Aus

$$F = f_1 F_{P1} + f_2 F_{P2} + f_3 F_{P3}$$
$$F^* = f_1^* F_{P1} + f_2^* F_{P2} + f_3^* F_{P3}$$

(2.25)

folgt:

$$\boxed{F + F^* = (f_1 + f_1^*)F_{P1} + (f_1 + f_2^*)F_{P2} + (f_3 + f_3^*)F_{P3}}$$

(2.26)

Mathematisch liegt hier das Monotoniegesetz der Vektoraddition zugrunde. Die Vektoren F, F^* und $F + F^*$ bilden eine Ebene, in der auch der Koordinatenursprung liegt.

Für die Betrachtungen in diesem Abschnitt wäre es übrigens auch möglich gewesen, ein beliebiges, schiefwinkliges Koordinatensystem zu verwenden.

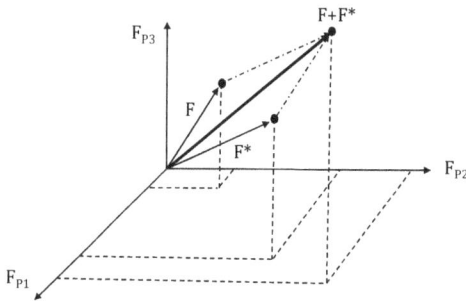

Abb. 2.11: Zur additiven Farbmischung. Die Koordinaten der Farben F und F* addieren sich wie bei der Vektoraddition.

2.2.3   CIE Farbmaßsystem 1931

Die Graßmannschen Gesetze sind der Ausgangspunkt für das von der **Commission Internationale d'Éclairage** (**CIE**, Internationale Beleuchtungskommission) 1931 eingeführte **Farbsystem** [CIE 1931]. Für DIN 5033 [DIN 5033–2] wurde dieses Farbsystem zugrunde gelegt. Als Primärvalenzen findet monochromatische Strahlung der Wellenlängen 435,8 nm (blau), 546,1 nm (grün) und 700 nm (rot) Verwendung. Damit wurde folgendes Experiment durchgeführt: einer Anzahl normalsichtiger Beobachter wurde eine kreisförmige, beleuchtete Fläche einer solchen Größe dargeboten, dass der Öffnungswinkel, unter dem die Beobachter die Fläche sahen, etwa 2° entsprach. Das ist in etwa der Öffnungswinkel der Fovea, ein grubenartig vertiefter Bereich im Zentrum des gelben Flecks des Auges. Hier ist die Dichte der Farbsinneszellen am höchsten. Die Aufgabe bestand darin, auf einer Hälfte der Fläche aus den drei Primärfarben jeweils eine Testfarbe zu mischen, die auf der anderen Hälfte der Fläche angeboten wurde. Bei der Durchführung des Experimentes stellte sich heraus, dass sich viele Farbvalenzen durch additive Farbmischung aus den drei Primärfarben mischen ließen, jedoch nicht alle. Bei einigen gelang ein Abgleich der beiden Hälften der Fläche nur, wenn eine der drei Primärfarben zur Musterfarbe addiert wurde. Der benötigte Anteil dieser Primärfarbe war dann negativ.

Das Ergebnis des Versuchs sind die sogenannten **Spektralwertkurven** $\bar{b}(\lambda)$, $\bar{g}(\lambda)$ und $\bar{r}(\lambda)$, die in Abb. 2.12 gezeigt sind. Daraus lässt sich zum Beispiel ablesen, dass zur Mischung einer monochromatischen Strahlung von λ = 580 nm etwa 0,14 Anteile grün, 0,25 Anteile rot und 0 Anteile blau nötig sind. Um eine Wellenlänge von 480 nm zu mischen, müsste man 0,05 Anteile rot zu dieser Testfarbe zumischen ($\bar{r}(\lambda)$ ist für diese Wellenlänge negativ!), um dann mit einem Gemisch aus 0,04 Anteilen grün und 0,14 Anteilen blau den gleichen Farbeindruck zu erzielen. Selbstverständlich sind die Funktionen $\bar{r}(\lambda)$ und $\bar{g}(\lambda)$ bei der Wellenlänge 435,8 nm Null, weiterhin $\bar{b}(\lambda)$ und $\bar{r}(\lambda)$ bei 546,1 nm sowie $\bar{b}(\lambda)$ und $\bar{g}(\lambda)$ bei 700 nm.

Da jede Wellenlänge durch drei Spektralwerte eindeutig festgelegt wird, kann man diese Wellenlänge – wie oben bereits ausgeführt – als Punkt im dreidimensionalen Raum auffassen:

$$f(\lambda) = \bar{r}(\lambda)R + \bar{g}(\lambda)G + \bar{b}(\lambda)B \qquad\qquad (2.27)$$

Es lassen sich damit aber nicht nur monochromatische Testfarben darstellen, sondern auch spektrale Verteilungen φ_λ. Die entsprechenden Spektralwerte werden erhalten, indem man sich das Spektrum in kleine Intervalle $\Delta\lambda$ zerlegt denkt und die zugehörigen spektralen Strahldichten $\varphi_\lambda\Delta\lambda$ mit der Farbvalenz $f(\lambda)$ (Gl. (2.27)) multipliziert und über alle λ summiert:

$$F = \sum f(\lambda) \cdot \varphi_\lambda \Delta\lambda \qquad\qquad\qquad (2.28)$$

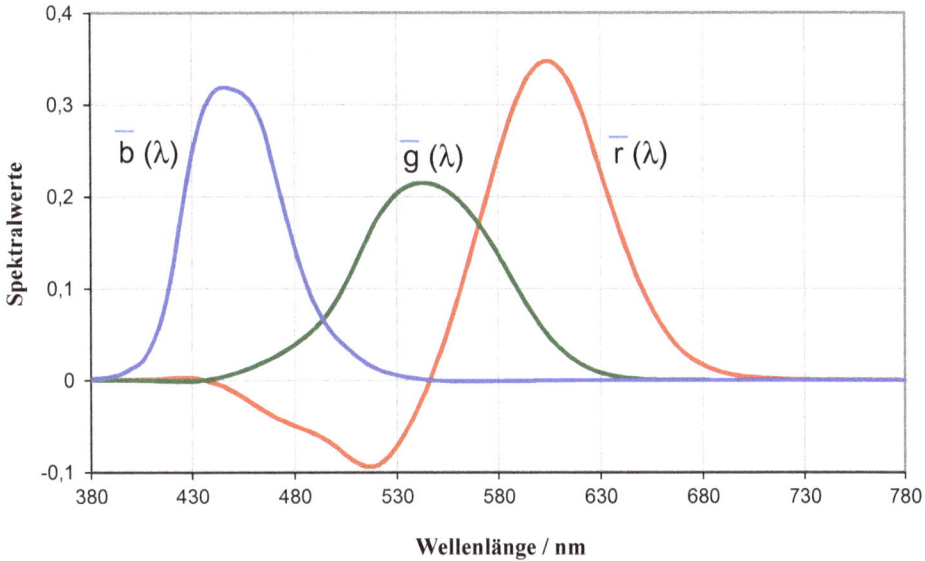

Abb. 2.12: Spektralwertkurven $\bar{b}(\lambda)$, $\bar{g}(\lambda)$ und $\bar{r}(\lambda)$ für die monochromatischen Primärfarben mit den Wellenlängen 435,8 nm (blau), 546,1 nm (grün) und 700 nm (rot) nach [CIE 1931].

Die Komponenten von F – seine Koordinaten – erhält man durch die Summen:

$$r_F = \sum \varphi_\lambda \bar{r}(\lambda)\Delta\lambda, \quad g_F = \sum \varphi_\lambda \bar{g}(\lambda)\Delta\lambda, \quad b_F = \sum \varphi_\lambda \bar{b}(\lambda)\Delta\lambda \quad (2.29)$$

Oder, wenn man zu einer kontinuierlichen Verteilung übergeht, durch die Integrale:

$$r_F = \int \varphi_\lambda \bar{r}(\lambda)d\lambda, \quad g_F = \int \varphi_\lambda \bar{g}(\lambda)d\lambda, \quad b_F = \int \varphi_\lambda \bar{b}(\lambda)d\lambda \qquad (2.30)$$

Damit lässt sich jede in der Natur auftretende Farbe in drei Koordinaten, den **Farbwerten** r_F, g_F und b_F, ausdrücken und in einem kartesischen Koordinatensystem darstellen.

Wie oben bereits erwähnt, kann man für die Darstellung auch ein schiefwinkliges Koordinatensystem verwenden. Das hat die CIE getan. Es gibt dafür einige Gründe: zum einen kann man die dafür nötige Koordinatentransformation so wählen, dass mögliche negative Farbwerte vermieden werden. Außerdem kann man die Lage des **Weißpunktes** frei wählen. Und schließlich kann man dafür sorgen, dass die $\bar{g}(\lambda)$-Kurve in die V(λ)-Kurve des Auges überführt wird und damit die Leuchtdichte allein bestimmt. Die Transformation, die dieses u.a. leistet, wurde von der CIE wie folgt festgelegt:

$$
\begin{array}{rrrr}
X^{*} & = & +2{,}36460R & -0{,}51515G & +0{,}00520B \\
Y^{*} & = & -0{,}89653R & +1{,}42640G & -0{,}01441B \\
Z^{*} & = & -0{,}46807R & +0{,}08875G & +1{,}00921B
\end{array}
\tag{2.31}
$$

Damit hat man ein neues Koordinatensystem, in dem nur noch positive Farbwerte auftreten. Die nötige Transformation der Spektralwertkurven (Abb. 2.12) erfolgt durch:

$$
\begin{pmatrix} \bar{x}(\lambda) \\ \bar{y}(\lambda) \\ \bar{z}(\lambda) \end{pmatrix} = 5{,}6508 \cdot \begin{pmatrix} 0{,}49000 & 0{,}31000 & 0{,}20000 \\ 0{,}17697 & 0{,}81240 & 0{,}01063 \\ 0{,}00000 & 0{,}01000 & 0{,}99000 \end{pmatrix} \cdot \begin{pmatrix} \bar{r}(\lambda) \\ \bar{g}(\lambda) \\ \bar{b}(\lambda) \end{pmatrix}
\tag{2.32}
$$

Da die Determinante der Transformationsmatrix aus Gl. (2.31) nicht Null ist, kann eine inverse Matrix angegeben und damit eine Rücktransformation vorgenommen werden. Die Rücktransformation lautet:

$$
\begin{pmatrix} \bar{r}(\lambda) \\ \bar{g}(\lambda) \\ \bar{b}(\lambda) \end{pmatrix} = \frac{1}{5{,}6508} \begin{pmatrix} 2{,}36460 & -0{,}89653 & -0{,}46807 \\ -0{,}51515 & 1{,}42640 & 0{,}08875 \\ 0{,}00520 & -0{,}01441 & 1{,}00921 \end{pmatrix} \cdot \begin{pmatrix} \bar{x}(\lambda) \\ \bar{y}(\lambda) \\ \bar{z}(\lambda) \end{pmatrix}
\tag{2.33}
$$

Die Transformation ist dergestalt, dass Geraden im Ursprungsraum wieder in Geraden übergehen. Die Farbmischung kann damit weiterhin durch Vektoraddition wiedergeben werden. Dem „neuen" Farbenraum liegen natürlich ebenfalls drei Primärvalenzen zugrunde, die jedoch nur noch virtuellen Charakter haben und nicht mehr reell darstellbar sind. Die resultierenden **Normspektralwertfunktionen** sind in Abb. 2.13 dargestellt. Man erkennt deutlich, dass die $\bar{y}(\lambda)$ -Funktion der V(λ)-Kurve des Auges entspricht.

Das oben begonnene Beispiel einer monochromatischen Strahlung der Wellenlänge 580 nm lässt sich hier fortsetzen. Mit den 0,14 Grünanteilen und den 0,25 Rotanteilen ergibt die Transformation nach Gl. (2.32):

$$
\begin{pmatrix} 0{,}94 \\ 0{,}89 \\ 0{,}0079 \end{pmatrix} = 5{,}6508 \cdot \begin{pmatrix} 0{,}49000 & 0{,}31000 & 0{,}20000 \\ 0{,}17697 & 0{,}81240 & 0{,}01063 \\ 0{,}00000 & 0{,}01000 & 0{,}99000 \end{pmatrix} \cdot \begin{pmatrix} 0{,}25 \\ 0{,}14 \\ 0 \end{pmatrix}
\tag{2.34}
$$

Grob lässt sich also die Wellenlänge 580 nm darstellen durch $X = 0{,}94$, $Y = 0{,}89$ und $Z = 0{,}0079$.

Um eine graphische Darstellung aller Farborte in der Ebene zu ermöglichen, bedient man sich der Normierung:

$$
x = \frac{X}{X+Y+Z} \qquad y = \frac{Y}{X+Y+Z} \qquad z = \frac{Z}{X+Y+Z}
\tag{2.35}
$$

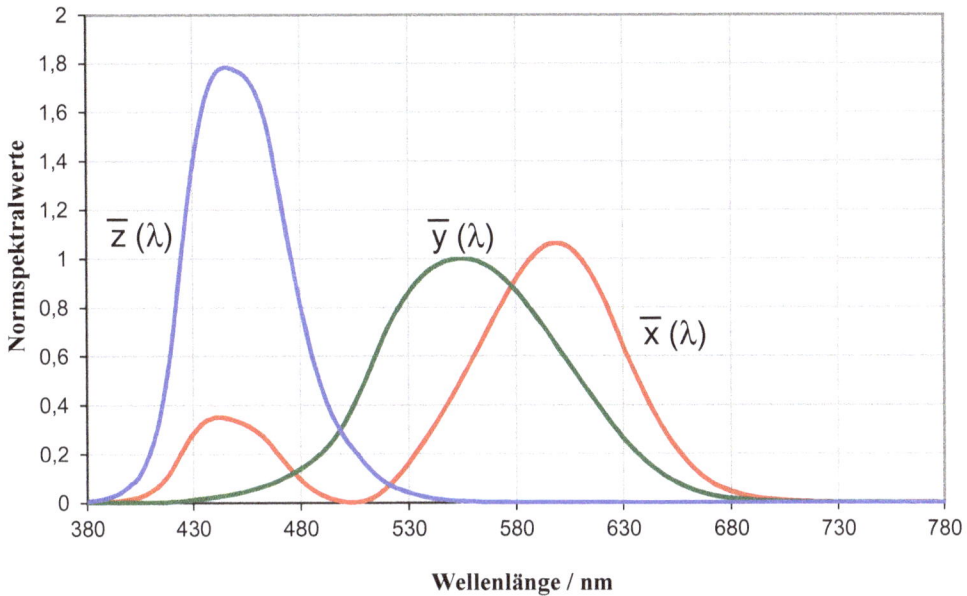

Abb. 2.13: Normspektralwertkurven $\overline{x}(\lambda)$, $\overline{y}(\lambda)$ und $\overline{z}(\lambda)$, die durch Koordinatentransformation aus den Primärfarben mit den Wellenlängen 435,8 nm (blau), 546,1 nm (grün) und 700 nm (rot) hervorgegangen sind.

Damit gilt

$$x + y + z = 1 \qquad\qquad (2.36)$$

und man kann auf eine der Koordinaten verzichten. Üblich ist hier, die z-Koordinate auszuschließen und nur x und y anzugeben. Jede reell darstellbare Farbvalenz (und darüber hinaus noch virtuelle Valenzen) lässt sich durch zwei Zahlen x und y darstellen. Dass die Darstellung in einem rechtwinkligen Koordinatensystem erfolgt, hat sich eingebürgert, ist aber grundsätzlich willkürlich.

Die reinen Spektralfarben ergeben in dieser Darstellung (Abb. 2.14) die Umrisse der „**Farbzunge**", den **Spektralfarbenzug**. Diese Farben haben die höchstmögliche Sättigung. Nach unten hin ist die Farbzunge durch eine Gerade begrenzt, die **Purpurlinie** genannt wird. Die damit dargestellten Farben treten nicht im Spektrum auf. Alle möglichen Farben liegen in einem Dreieck mit den Eckpunkten $P_1(0;1)$, $P_2(1;0)$ und $O(0;0)$ (Ursprung) (Abb. 2.15). Oder anders ausgedrückt: sie liegen innerhalb eines Dreiecks, das durch die x- und y-Achse sowie die Gerade $x+y=1$ gebildet wird. Die Koordinaten X, Y und Z einer spektralen Verteilung φ_λ können analog zu Gl. (2.30) nach

$$X = \int \varphi_\lambda \overline{x}(\lambda) d\lambda \qquad Y = \int \varphi_\lambda \overline{y}(\lambda) d\lambda \qquad Z = \int \varphi_\lambda \overline{z}(\lambda) d\lambda \qquad (2.37)$$

berechnet werden. Besonders einfach ist die Berechnung für den Fall des sogenannten **energiegleichen Spektrums**. Hier ist φ_λ konstant über den ganzen sichtbaren Spektralbereich. Für die Normspektralwertkurven gilt nach der Transformation 2.32 der Zusammenhang

$$\int \overline{x}(\lambda)d\lambda = \int \overline{y}(\lambda)d\lambda = \int \overline{z}(\lambda)d\lambda, \tag{2.38}$$

so dass für konstantes $\varphi_\lambda=\varphi$ gilt:

$$x = \frac{\varphi \int \overline{x}(\lambda)d\lambda}{\varphi \int \overline{x}(\lambda)d\lambda + \varphi \int \overline{y}(\lambda)d\lambda + \varphi \int \overline{z}(\lambda)d\lambda} = \frac{\int \overline{x}(\lambda)d\lambda}{3 \int \overline{x}(\lambda)d\lambda} = \frac{1}{3} \tag{2.39}$$

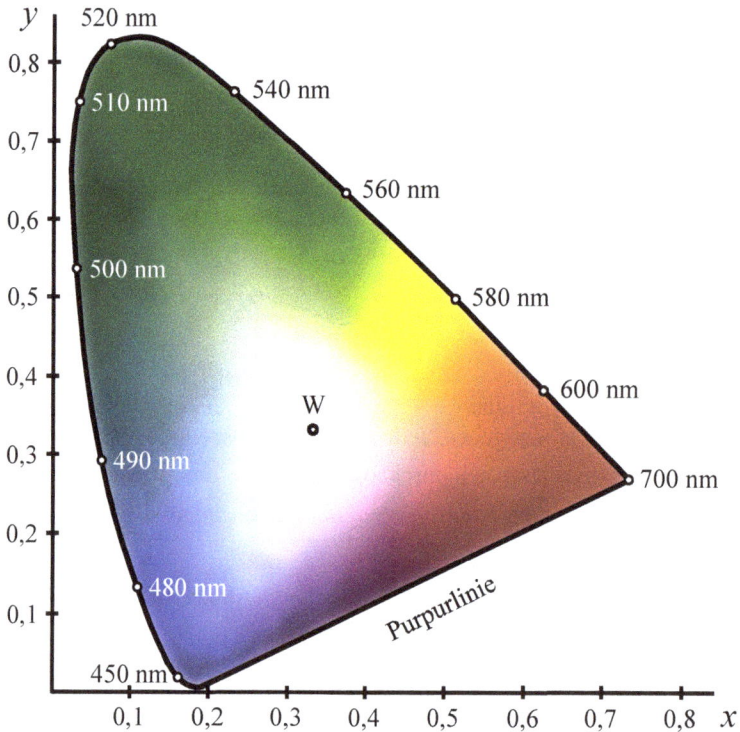

Abb. 2.14: Normfarbtafel mit „Farbzunge" und Weißpunkt mit den Koordinaten $x=1/3$ und $y=1/3$. Die Farben sollen nur einen groben Eindruck vermitteln. Keine Drucktechnik kann die Farben innerhalb der Farbzunge korrekt wiedergeben.

Analog kann die Rechnung mit gleichem Ergebnis auch für y und z durchgeführt werden, so dass die Koordinaten des energiegleichen Spektrums $x=y=1/3$ lauten. Das energiegleiche Spektrum ist dem Tageslicht sehr ähnlich und erscheint dem Auge als weiß. Der entsprechende Punkt in den Farbtafeln der Abb. 2.14 und 2.15 wird **Weißpunkt** genannt.

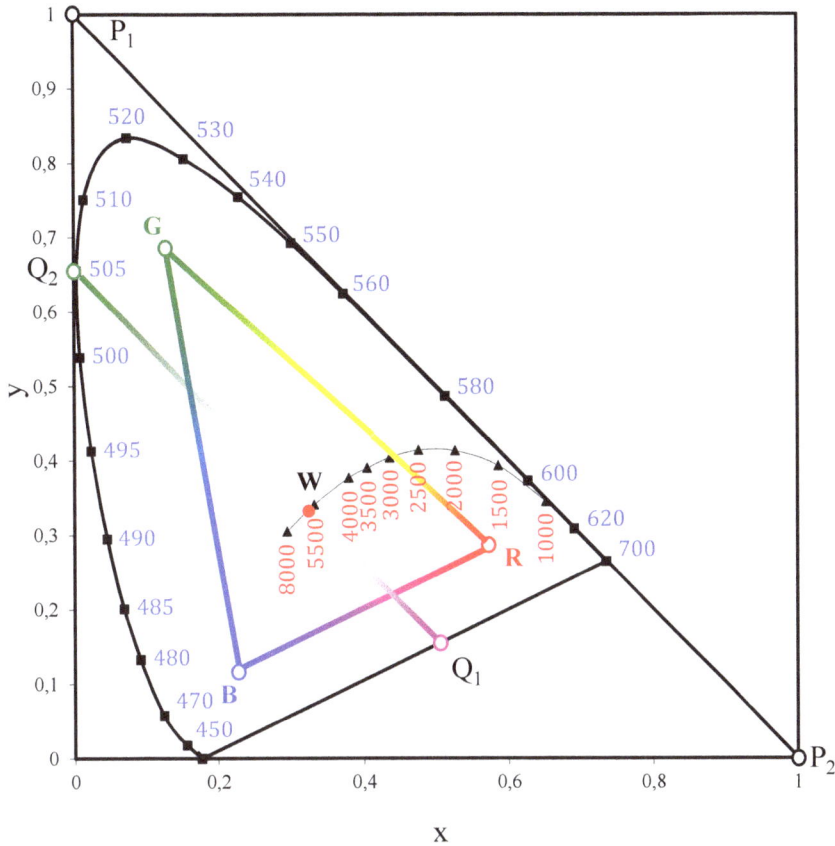

Abb. 2.15: Normfarbtafel mit Spektralfarbenzug (blau eingezeichnet sind die Wellenlängen in der Einheit nm). Die im Dreieck OP_1P_2 außerhalb der Farbzunge liegenden Farben sind theoretischer Art und vom Menschen nicht wahrnehmbar. Eingezeichnet ist die Linie des schwarzen Körpers mit den zugehörigen Temperaturen (rot, Einheit: K). Legt man zwei Farborte innerhalb oder am Rand der Farbzunge fest, dann können mit diesen beiden Farbvalenzen alle auf der Verbindungsgeraden zwischen diesen Punkten liegenden Farben dargestellt werden. Beispielhaft ist eine Gerade zwischen der Farbe Purpur (Q_1) und der spektral reinen Wellenlänge 505 nm (Q_2) eingezeichnet. Alle durch drei Farbvalenzen R, G und B darstellbaren Farben liegen in dem durch sie aufgespannten Dreieck.

Verbindet man den Weißpunkt mit einem Punkt des Spektralfarbenzuges oder der Purpurlinie, so bekommt man eine Strecke, auf der sich der Farbton nicht ändert, wohl aber die Sättigung der Farbe. Ausgehend von den satten Spektralfarben „verdünnen" die Farben immer mehr, je näher man dem Weißpunkt kommt. Verlängert man die Strecke über den Weißpunkt hinaus, erhält man die **Komplementärfarben**. Aus der ursprünglichen Farbe und der Komplementärfarbe lässt sich weiß mischen (in Abb. 2.15 Linie von der Purpurlinie (Punkt Q_1) über den Weißpunkt hinaus zum Punkt Q_2 (505 nm) auf dem Spektralfarbenzug). Verbindet man beliebige Punkte innerhalb der Farbzunge mit einer Strecke, so können alle auf der Strecke liegenden Farben mit den zwei durch die beiden Punkte repräsentierten Farben gemischt werden.

Als weiteres Beispiel sind in Abb. 2.15 die drei durch einen Farbmonitor darstellbaren Farbvalenzen R, G und B eingezeichnet. Der Monitor kann alle innerhalb des Dreiecks RGB dargestellten Farben anzeigen. Man erkennt sofort, dass eine komplette Darstellung aller möglichen Farben durch additive Farbmischung von drei Farben nicht möglich ist, egal wo die Punkte R, G und B auch liegen mögen. Hinzu kommt, dass die Lage der Punkte nicht frei wählbar ist, sondern durch die Verfügbarkeit der Leuchtstoffe eingeschränkt ist.

Ebenso eingezeichnet ist in Abb. 2.15 die Linie des schwarzen Strahlers. Dieser liefert, wie man der Abb. 1.15 in Kap. 1.3.1 entnehmen kann, kein energiegleiches Spektrum. Allerdings ist die spektrale spezifische Ausstrahlung im Sichtbaren für die Temperatur von 5600K in grober Näherung konstant, was folglich einen Punkt in der Nähe des Weißpunktes ergibt. Die Punkte für niedrigere Temperaturen liegen im gelben bzw. roten Farbbereich.

Der Farbort technischer Lichtquellen liegt in der Regel nicht exakt auf der Kurve des schwarzen Körpers. Trotzdem wird in den technischen Daten eine Farbtemperatur angegeben, die sogenannte „**ähnlichste Farbtemperatur**" (**correlated colour temperature**, **CCT**). Es ist die Temperatur, die ein schwarzer Körper haben müsste, damit er dem Farbeindruck der zu beurteilenden Lampe am ehesten entspricht. Von C.S. McCamy stammt u.a. eine Formel zur Berechnung der ähnlichsten Farbtemperatur bei bekannten Farbkoordinaten x und y [McCamy 1992]:

$$T_n = -437n^3 + 3601n^2 - 6861n + 5514,31 \qquad (2.40)$$

mit

$$n = \frac{x - 0,3320}{y - 0,1858} \qquad (2.41)$$

Die in Abb. 2.16 im Winkel zum Kurvenzug des schwarzen Körpers verlaufenden Linien verbinden Farborte mit gleicher ähnlichster Farbtemperatur. Der Schnittpunkte entsprechen der Temperatur des schwarzen Körpers.

Abschließend sei noch darauf hingewiesen, dass die Farbvalenzen durch integrale Zusammenhänge (Gl. (2.37)) gewonnen werden. Dabei ist es grundsätzlich möglich, dass zwei Farbvalenzen gleich sind, obwohl die zugrundeliegenden Farbreizfunktionen φ_λ verschieden sind. Theoretisch gibt es unendlich viele solcher Funktionen, die jeweils zum gleichen Integralwert führen. Im Falle von Körperfarben bedeutet das: zwei mit Licht derselben Strahlungsfunktion S_λ beleuchtete Körper haben wegen $\varphi_\lambda = S_\lambda \cdot R(\lambda)$ (Gl. (2.22)) bei unterschiedlichem spektralen Reflexionsfaktor $R(\lambda)$ unterschiedliche Farbreizfunktionen φ_λ, können aber trotzdem die gleiche Farbvalenz haben. Die Farben der Körper wären dann nicht zu unterscheiden.

Würde man allerdings die Körper mit einer anderen Lichtquelle und damit einer anderen Strahlungsfunktion S_λ beleuchten, würden sich die Farbreizfunktionen φ_λ für die beiden Körper in unterschiedlicher Weise verändern und somit im Allgemeinen auch die Integralwerte. Die zugehörigen Farbvalenzen wären dann nicht mehr gleich. Farben, die wie in diesem Fall nur bei einer bestimmten Lichtart, also bei einer bestimmten Strahlungsfunktion S_λ gleich aussehen, heißen **bedingt-gleiche Farben**. Im Gegensatz dazu sind die Farben von Körpern mit gleichem spektralem Reflexionsfaktor $R(\lambda)$ grundsätzlich gleich und sehen bei jeder Lichtart gleich aus. Die Farbvalenzen sind bei allen möglichen Strahlungsfunktionen S_λ gleich. Die Farben heißen dann **unbedingt-gleich**.

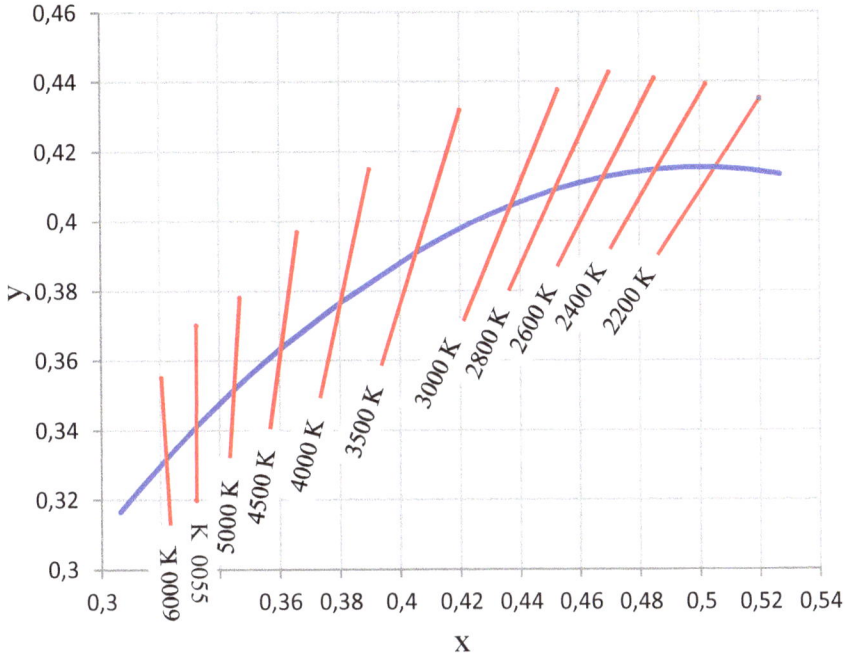

Abb. 2.16: Auszug aus der CIE-Farbtafel mit Linien gleicher ähnlichster Farbtemperatur nach [McCamy 1992].

2.2.4   CIE-UCS-Farbtafel 1976

Die Farbtafel CIE 1931 (Abb. 2.14) hat viele Vorteile und hat sich daher durchgesetzt und bis heute gehalten. Allerdings hat sie einen Nachteil: der Bereich der grünen Farben ist sehr viel weiter ausgedehnt als der Bereich der roten oder blauen Farben. Das bedeutet, dass eine bestimmte Strecke im Bereich der grünen Farbe in Abb. 2.14 einen geringeren Farbunterschied ausmacht als im blauen oder roten Gebiet. Der Wunsch nach einer gleichabständigen Farbtafel hat seitens der CIE im Jahr 1976 zur **UCS-Farbtafel** geführt (UCS bedeutet „Uniform Chromaticity Scale"). Die relativ einfache Umrechnung in die neuen Koordinaten u' und v' lautet:

$$u' = \frac{4x}{3-2x+12y} \qquad\qquad v' = \frac{9y}{3-2x+12y} \qquad\qquad (2.42)$$

Für die Rücktransformation dienen die Formeln:

$$x = \frac{9u'}{6u'-16v'+12} \qquad\qquad y = \frac{3v'}{3u'-8v'+6} \qquad\qquad (2.43)$$

Das Gebiet der grünen Farben ist nach dieser Transformation wesentlich gestaucht, wohingegen der Bereich der roten Farben deutlich gestreckt ist. Allerdings vermag auch diese Transformation das Missverhältnis zwischen empfundenem Farbunterschied und geometrischer Streckenlänge nicht völlig zu beseitigen. Das Missverhältnis wird von 1:20 auf etwa

1:2 verkleinert. Eine weitere Verbesserung ließe sich nur durch sehr unbequeme nicht-lineare Transformationen erreichen. Für viele Zwecke ist die hier angeführte CIE-UCS-Farbtafel 1976 schon hinreichend (Abb. 2.17). Der **Weißpunkt**, der die Koordinaten $x = 1/3$ und $y = 1/3$ hatte, liegt hier bei $u' = 0,211$ und $v' = 0,474$.

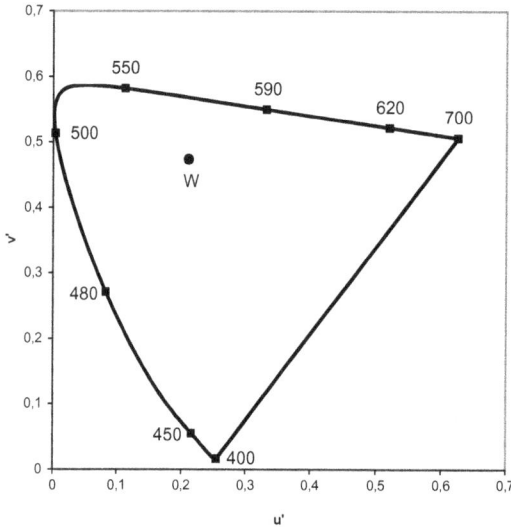

Abb. 2.17: CIE-UCS-Farbtafel 1976.

2.2.5   Das CIE-Lab-System

Eine weitere Verbesserung des Missverhältnisses zwischen Farbunterschied und geometrischem Abstand im Koordinatensystem brachte das **CIE-Lab-System CIE 1976** [DIN EN ISO 11664-4]. Es ist eine Weiterentwicklung des **Hunter-Systems**. Es führt neben den im Normvalenzsystem 1931 bereits enthaltenen Größen des Farbtons und der Sättigung zusätzlich die Helligkeit ein. Um Verwechslungen mit dem Hunter-System zu vermeiden, werden die dort verwendeten Koordinaten L, a und b im CIE-Lab-System mit L^*, a^* und b^* bezeichnet. Es handelt sich um einen angenähert gleichförmigen dreidimensionalen Farbenraum, in dem in der Achsenrichtung a^* die Gegenfarben Grün und Rot und in der Achsenrichtung b^* die Gegenfarben Blau und Gelb aufgetragen sind (Abb. 2.18). L^* stellt die Helligkeitskoordinate dar, ihre Werte reichen von 0 (Schwarz) bis 100 (Weiß). Die Transformationsgleichungen ausgehend von den (unnormierten) X-, Y- und Z-Werten aus dem CIE 1931–System lauten:

$$L^* = 116 \cdot \sqrt[3]{\frac{Y}{Y_n}} - 16 \tag{2.44}$$

$$a^* = 500 \cdot \left(\sqrt[3]{\frac{X}{X_n}} - \sqrt[3]{\frac{Y}{Y_n}} \right) \qquad b^* = 200 \cdot \left(\sqrt[3]{\frac{Y}{Y_n}} - \sqrt[3]{\frac{Z}{Z_n}} \right) \tag{2.45}$$

Die Gleichungen gelten für $X/X_n > 216/24389$, sonst ist für $\sqrt[3]{X/X_n}$ der Ausdruck

$$\frac{841 \cdot X}{108 \cdot X_n} + \frac{4}{29} \qquad\qquad (2.46)$$

zu verwenden. Analoges gilt für die Y- und Z-Werte. Die Werte X_n, Y_n und Z_n legen den weißen Farbreiz fest. Verwendet man die in Europa übliche Normlichtart D65 (Farbtempera-tur 6504K), lauten die Werte $X_n = 0,95$, $Y_n = 1$ und $Z_n = 1,09$. Die a^*-Werte liegen im Intervall $-150 < a^* < 100$, die b^*-Werte im Intervall $-100 < b^* < 150$.

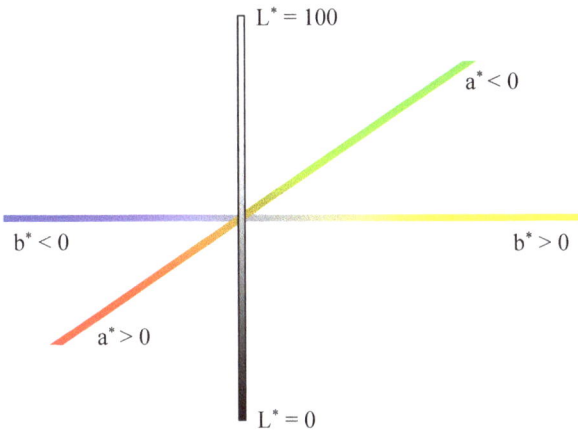

Abb. 2.18: CIE-Lab-Koordinatensystem.

2.2.6   Farbwiedergabeindex

In Kap. 2.2.3 wurde ausgeführt, dass zwei Körperfarben mit unterschiedlichen Reflexionsfakto-ren $R(\lambda)$ bei Beleuchtung mit derselben Lichtquelle mit der Strahlungsfunktion S_λ trotz unter-schiedlicher Farbreizfunktion $\varphi_\lambda = S_\lambda \cdot R(\lambda)$ zum gleichen Farbeindruck führen können. Umgekehrt ist es nun so, dass ein und derselbe Körper mit Reflexionsfaktor $R(\lambda)$ bei Beleuch-tung mit verschiedenen Lichtquellen und damit verschiedenen Strahlungsfunktionen S_λ in der Regel zu einem unterschiedlichen Farbeindruck führt. Dies kann sogar dann der Fall sein, wenn die beiden Quellen gleiche Farbvalenzen haben. Lichtquellen mit unterschiedlichen Strahlungs-funktionen S_λ, aber gleichen Farbkoordinaten werden **metamer** genannt.

Beleuchtet man einen Körper, etwa einen textilen Stoff, mit metameren Lichtquellen, treten scheinbare Farbunterschiede auf. Beim Bau von Lichtquellen spielen also ihre Farbwieder-gabeeigenschaften eine entscheidende Rolle. Mit der Einführung der Leuchtstofflampe trat das Problem verstärkt ins Bewusstsein. Bei Beleuchtung mit Glühlampenlicht tritt im Ver-gleich zum Tageslicht zwar eine leichte Veränderung des Farbeindrucks auf, aber die Farb-wiedergabe ist aufgrund des kontinuierlichen Spektrums der beiden Lichtarten vergleichbar und somit bei der Glühlampe sehr gut. Beleuchtet man allerdings mit Leuchtstofflampen, so treten wegen des Vorhandenseins einzelner Spektrallinien starke Verschiebungen in der

Farbvalenz auf. Die Farbreizfunktion verändert sich und die Integrale von Gl. (2.37) bekommen andere Werte, was wiederum zu anderen Koordinaten x und y führt. Da konsequent an der Verbesserung der Farbwiedergabe von Leuchtstofflampen gearbeitet wurde, empfahl die CIE 1965 ein Testfarbenverfahren, mit dem ein sogenannter **Farbwiedergabeindex** R_a errechnet wurde [CIE 1965]. Dieser ist ein Maß dafür, wie gut eine Lichtquelle Farben im Vergleich zu einer **Bezugslichtart** wiederzugeben vermag. Dabei ist zu bemerken, dass die Bewertung der Farbwiedergabe sehr schwierig ist, zumal das menschliche Auge die Fähigkeit der **chromatischen Adaption** hat, d.h. sich in gewissem Umfang an Farbveränderungen anpassen kann. Das Verfahren ist anwendbar auf Leuchtstofflampen und andere Gasentladungslampen. Nicht anwendbar ist es bei Lichtquellen mit vorwiegend monochromatischer Strahlung. Diese sind aber für die Allgemeinbeleuchtung ohnehin wenig interessant.

Das grundsätzliche Vorgehen nach CIE 1965 soll hier kurz skizziert werden, da es sehr anschaulich ist und einen Eindruck vom Zustandekommen des Farbewiedergabeindexes vermittelt. Als Testfarben für die Bestimmung des allgemeinen Farbwiedergabeindex R_a wurden acht Testfarben (1–8) festgelegt; dazu kommen noch sechs weitere Farben für die Bestimmung spezieller Farbwiedergabeindizes (9–14):

1   Altrosa
2   Senfgelb
3   Gelbgrün
4   Grün
5   Hellblau
6   Himmelblau
7   Asterviolett
8   Fliederviolett
9   Rot/gesättigt
10   Gelb/gesättigt
11   Grün/gesättigt
12   Blau/gesättigt
13   Rosa/Hautfarbe
14   Blattgrün

Diese Farben haben genau festgelegte Reflexionsfaktoren $R(\lambda)$. Die Farborte der ersten acht Testfarben sind in das CIE 1931 Diagramm der Abb. 2.19 eingetragen; sie sind um den Weißpunkt herum angeordnet. Selbstverständlich ist eine exakte drucktechnische Wiedergabe der Farben unmöglich. Außerdem hängen die exakten Koordinaten von der **Bezugslichtart** ab, mit der die Testfarben vergleichsweise beleuchtet werden. Ihr kommt eine wesentliche Bedeutung bei dem Verfahren zu. Für die Beurteilung von Lichtquellen mit einer ähnlichsten Farbtemperatur bis 5000 K soll der schwarze Körper entsprechender Temperatur als Bezugslichtart verwendet werden. Über 5000 K soll die spektrale Strahlungsverteilung des Tageslichts zur Anwendung kommen. Auch eine rein theoretisch festgelegte Lichtart ist denkbar, sie muss also gar nicht realisierbar sein. Der schwarze Körper ist ja auch nur angenähert real darstellbar.

Das Verfahren beruht nun darauf, die Farbkoordinaten der Testfarben bei Beleuchtung mit der Bezugslichtart sowie mit der zu testenden Lichtquelle zu bestimmen. Ist die Farbwiedergabe optimal, so ergeben sich keine Unterschiede bei den Koordinaten für die zwei Lichtarten. In der Regel aber wird es zu farbmetrischen Abweichungen kommen. Um diese rechnerisch auswerten zu können, benötigt man ein Farbvalenzsystem, das etwa gleichabständig ist, d.h. bei dem gleiche geometrische Abstände auch etwa gleiche Farbunterschiede darstellen. Die CIE hat hierfür das **CIE-UCS-System 1960** verwendet, einen Vorläufer des in Kap. 2.2.4. behandelten Systems von 1976. Die Gleichungen lauten:

$$u = \frac{4x}{3 - 2x + 12y} \qquad v = \frac{6y}{3 - 2x + 12y} \qquad (2.47)$$

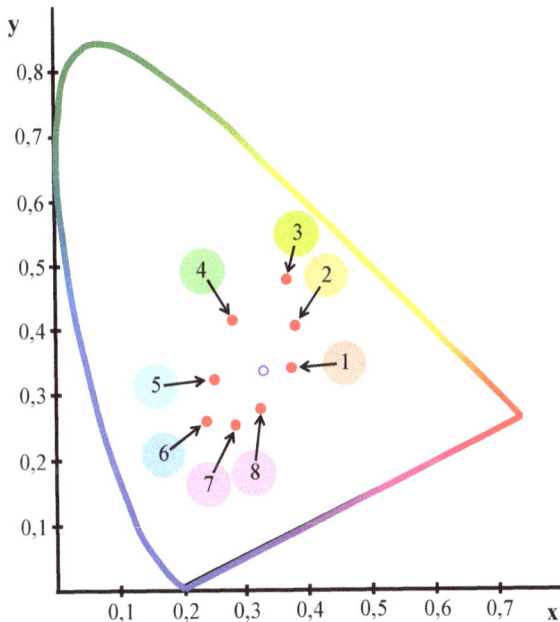

Abb. 2.19: Farborte der ersten acht CIE-Testfarben im Normvalenzsystem der CIE 1931 bei Beleuchtung mit Tageslicht D65. Die Farben können hier natürlich nicht exakt wiedergegeben werden, es soll nur ein grober Eindruck vermittelt werden.

Für die Rücktransformation dienen die Formeln:

$$x = \frac{3u}{2u - 8v + 4} \qquad y = \frac{2v}{2u - 8v + 4} \qquad (2.48)$$

Für das Verfahren ist es notwendig, dass auch die Farbkoordinaten der Bezugslichtart selbst sowie die der zu indizierenden Lichtart bekannt sind bzw. gemessen werden. Nach Transformation aller gemessenen Werte in uv-Koordinaten erfolgt die Berechnung des Farbunterschiedes ΔE_a gemäß

$$\Delta E_{a,i} = 800\sqrt{\left[(u_{Ti} - u_T) - (u_{Bi} - u_B)\right]^2 + \left[(v_{Ti} - v_T) - (v_{Bi} - v_B)\right]^2} \qquad (2.49)$$

Dabei bedeuten:

Index i	i-te Testfarbe
Index T	zu testende Lichtquelle
Index B	Bezugslichtart
u_{Ti}, v_{Ti}	Koordinaten der Testfarbe i bei Beleuchtung mit der zu testenden Lichtquelle
u_{Bi}, v_{Bi}	Koordinaten der Testfarbe i bei Beleuchtung mit der Bezugslichtart
u_T, v_T	Koordinaten der zu testenden Lichtquelle
u_B, v_B	Koordinaten der Bezugslichtart

Aus den Farbunterschieden $\Delta E_{a,i}$ wird nach

$$\overline{\Delta \overline{E}}_a = \frac{1}{8}\sum_{i=1}^{8}\Delta E_{a,i} \qquad\qquad (2.50)$$

der Mittelwert $\overline{\Delta \overline{E}}_a$ bestimmt, aus dem wiederum der **allgemeine Farbwiedergabeindex**

$$\boxed{R_a = 100 - 4{,}625\,\overline{\Delta \overline{E}}_a} \qquad\qquad (2.51)$$

errechnet wird. Der Faktor 4,625 ist so gewählt, dass eine warmweiße Standardleuchtstofflampe ungefähr den Wert 50 bekommt. Der Farbwiedergabeindex hat nichts mit einer %-Angabe zu tun, obwohl der maximal mögliche Wert, wie man an den Gl. (2.49) bis (2.51) leicht erkennt, genau 100 ist. Er entspricht einer Lichtquelle, die praktisch die gleichen Farbwiedergabeeigenschaften wie die Bezugslichtart hat. Am unteren Ende der Skala gibt es dagegen keinen klar definierten, niedrigsten Wert, da grundsätzlich auch extreme Abweichungen auftreten können. Es ist sogar möglich, dass R_a negativ wird. Zwei Lichtquellen können außerdem gleich gute R_a-Werte aufweisen, obwohl sie in einzelnen Farbtönen unterschiedliche Farbwiedergabeeigenschaften haben. Die einzelnen $\Delta E_{a,i}$-Werte nach Gl. (2.49) sind dann unterschiedlich, ergeben aber in der Summe von Gl. (2.50) den gleichen Mittelwert.

Zur Bewertung von Lichtquellen wurden Farbwiedergabestufen vom Farbwiedergabeindex wie folgt abgeleitet:

Farbwiedergabeindex	Farbwiedergabestufe
$90 \leq R_a < 100$	1A
$80 \leq R_a < 90$	1B
$70 \leq R_a < 80$	2A
$60 \leq R_a < 70$	2B
$40 \leq R_a < 60$	3
$20 \leq R_a < 40$	4

Die CIE hat 1995 ein modifiziertes Verfahren angegeben [CIE 1995], das der chromatischen Adaption des Auges Rechnung trägt. Betritt eine Testperson einen Raum, der mit einer

Lichtquelle mit nicht idealen Farbwiedergabeeigenschaften ausgeleuchtet wird, dann ist das Farbempfinden zunächst deutlich beeinträchtigt. Es verbessert sich aber mit der Aufenthaltsdauer im Raum. Um dem Rechnung zu tragen, wurde u.a. eine **chromatische Transformation nach von Kries** in die Rechnung eingeführt. Das führt dazu, dass unter Umständen mit einem schlechten Farbwiedergabeindex bewertete Lichtquellen, die aber dem Empfinden nach nicht so schlecht sind, besser bewertet werden. Allerdings hat die Festlegung von 1995 im Zusammenhang mit der Bewertung von LED-Lampen gewisse Mängel, die u.a. mit der Wahl der ungesättigten Testfarben zusammenhängen.

Zur weiteren Vertiefung der Farbmetrik sei abschließend noch auf die Bücher [Richter 1976] und [Schanda 2007] verwiesen. In letzterem wird speziell die Farbmetrik nach dem CIE–System sehr detailliert behandelt.

Aufgaben

1. Das menschliche Auge kann fünf Photonen als Lichtempfindung wahrnehmen, wenn sie innerhalb von einer Millisekunde die Netzhaut treffen. Wie weit dürfte eine Kerze höchstens vom Betrachter entfernt sein, damit sie vom Auge bei völliger Dunkelheit wahrgenommen wird? Nehmen Sie vereinfachend an, dass die Lichtquanten die Wellenlänge des Empfindlichkeitsmaximums des Auges haben!

2. a) Eine Lichtquelle hänge 2,5 m senkrecht über einer Schreibtischfläche. Welche Lichtstärke muss sie haben, damit die Beleuchtungsstärke auf dem Schreibtisch den Wert von 250 lx erreicht?
   b) Wie stark müsste eine Schreibtischlampe sein, wenn sie, 40 cm über der Oberfläche angebracht, die gleiche Beleuchtungsstärke liefern soll?

3. Vom Hersteller wird für eine Lampe mit der elektrischen Leistungsaufnahme von 125 W eine Lichtausbeute von 40 lm/W angegeben. Sie soll als Parkplatzleuchte Verwendung finden, wobei ein Reflektor 68% der Lichtausbeute mit konstanter Lichtstärke auf den Halbraum unter der Leuchte verteilt.
   a) Wie groß ist diese Lichtstärke?
   b) Senkrecht unter der Leuchte soll die Beleuchtungsstärke 30 lx betragen. In welcher Höhe muss die Leuchte installiert werden?
   c) In welcher Entfernung vom Leuchtenmast fällt jetzt die Beleuchtungsstärke am Boden unter 3 lx?

4. Eine Peitschenleuchte (Abb. 2.20), die in der Höhe $h = 5\,\mathrm{m}$ über dem Boden hängt, leuchte eine kreisförmige ebene Fläche mit Radius $r = 1,99\,\mathrm{m}$ aus. In dem betrachteten Kreiskegel sei die Lichtstärke konstant.
   a) Welcher Raumwinkel wird (genähert) ausgeleuchtet?
   b) Welchen Lichtstrom muss die Lampe abgeben, damit die Beleuchtungsstärke am Rand des Kreises 3,205 lx beträgt?
   c) Welche Lichtstärke muss die Lampe abgeben?

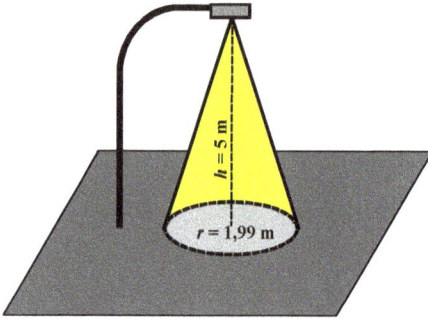

Abb. 2.20: Eine Straßenlampe leuchtet aus 5 m Höhe eine kreisrunde Fläche aus.

5. In einem Museum soll ein altes Ölgemälde der Höhe $h = 3\,\text{m}$ und der Breite $b = 2\,\text{m}$ (siehe Abb. 2.21) mit einer mittig über dem Bild an einem Schwanenhals befestigten Leuchte ins rechte Licht gerückt werden. Die Leuchte habe von der Bildoberfläche einen senkrechten Abstand von $d = 1\,\text{m}$. In dem Lichtkegel, der das Bild beleuchtet, soll die Lichtstärke konstant sein.

a) Wie groß müsste die Lichtstärke sein, wenn im Bereich der unteren Bildecken das Gemälde mit der Beleuchtungsstärke von $E_u = 1,371\,\text{lx}$ beleuchtet werden soll?

b) Wie hoch ist dann die Beleuchtungsstärke auf dem Gemälde im Bereich der oberen Bildecken?

c) Die benutzte Leuchte gebe einen kreisrunden Lichtkegel ab, der im Abstand von $a = 2,43\,\text{m}$ einen Kreis mit Radius $R = 1,5\,\text{m}$ ausleuchtet. Wie groß ist der von der Leuchte abgegebene Lichtstrom?

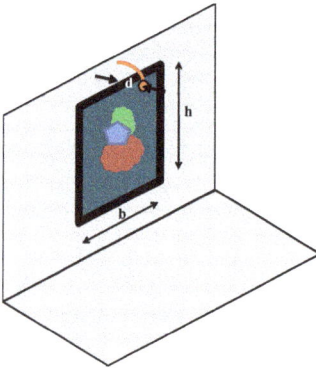

Abb. 2.21: Beleuchtung eines Bildes mit einer Schwanenhalsleuchte.

6. Eine Punktquelle, die in 2,5 m Höhe an einer mattschwarzen Zimmerdecke befestigt ist, strahle in den halben Raumwinkel eine konstante Lichtstärke ab.

a) Wie hoch muss der Lichtstrom Φ_v der Lampe sein, damit am Boden senkrecht unter der Lampe die Beleuchtungsstärke $E_v = 80\,\text{lx}$ erreicht wird?

b) Die Lampe werde nun ausgeschaltet und mit einer Taschenlampe im Abstand r_i unter einem Winkel von 45° gegen die Horizontale auf den Punkt P geleuchtet (siehe Abb. 2.22). Die Taschenlampe habe in ihrem begrenzten Lichtkegel eine Lichtstärke von

2047 cd. Wie groß müsste r_t sein, damit die Beleuchtungsstärke im Punkt P wiederum 80 lx ist?

c) Welchen Lichtstrom Φ_v gibt die Taschenlampe ab, wenn sie in der Entfernung r_t eine kreisrunde Fläche (senkrecht zum Strahl) mit Radius $R = 0,205\,\text{m}$ ausleuchtet?

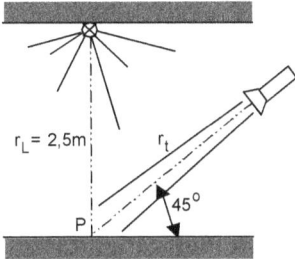

Abb. 2.22: Eine Deckenlampe und eine Taschenlampe leuchten „um die Wette".

7. Eine Leuchte ist vom Hersteller so spezifiziert, dass sie das Licht einer kugelförmig abstrahlenden Glühlampe zu 57% in einen kreisrunden Lichtkegel bündelt, mit dem im Abstand von $a = 2\,\text{m}$ ein runder Fleck mit Radius $R = 1\,\text{m}$ homogen ausgeleuchtet (konstante Lichtstärke) werden kann (siehe Abb. 2.23a). Die Leuchte werde nun dazu verwendet, als Unterflurstrahler eine quadratische Reklametafel mit der Höhe $H = 0,9\,\text{m}$ zu beleuchten (siehe Abb. 2.23b). Der waagrechte Abstand der Leuchte von der Tafel sei $d = 2,3\,\text{m}$.

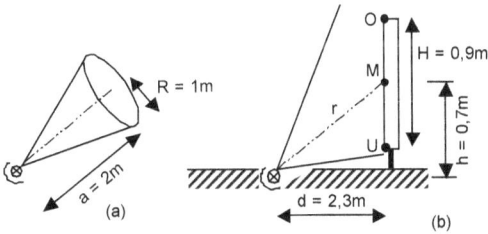

Abb. 2.23: Beleuchtung einer Reklametafel durch einen Unterflurstrahler.

a) Welchen Lichtstrom Φ_v muss die Glühbirne abgeben, wenn in der Mitte des Schildes (Punkt M) die Beleuchtungsstärke $E_v = 30\,\text{lx}$ sein soll?

b) Wie groß wären dann die Beleuchtungsstärken an der oberen und unteren Kante (Punkt U und O)?

Hinweis: Verwenden Sie geeignete Näherungen!

3   Technik der Lichtquellen

Die Geschichte zuverlässiger und sicherer Lichtquellen ist vergleichsweise kurz (Abb. 3.1): sie begann vor ca. 120 Jahren mit der kommerziellen Herstellung und Verbreitung der Glühlampe. Damit endete eine jahrtausendelange Nutzung des Feuers als einzig möglicher Lichtquelle und das Zeitalter abgasfreier, bequem einzuschaltender und nicht mehr feuergefährlicher Lampen hatte begonnen. Mittlerweile wird mittels Glühlampen, Gasentladungslampen und LED-Leuchten die Nacht geradezu zum Tage gemacht, so dass schon von einer **Lichtverschmutzung** und vom **Lichtsmog** gesprochen wird [Posch 2013]. Der massive Anstieg der Lichterzeugung in den letzten Jahrzehnten führt nachts zu einer Aufhellung des Nachthimmels. Dies hat Auswirkungen auf Fauna und Flora. Die großzügige Ausleuchtung mit hohen Beleuchtungsstärken hat neben dem hohen Energieverbrauch auch Konsequenzen für den menschlichen Biorhythmus.

Historische Entwicklung der Lichtquellen

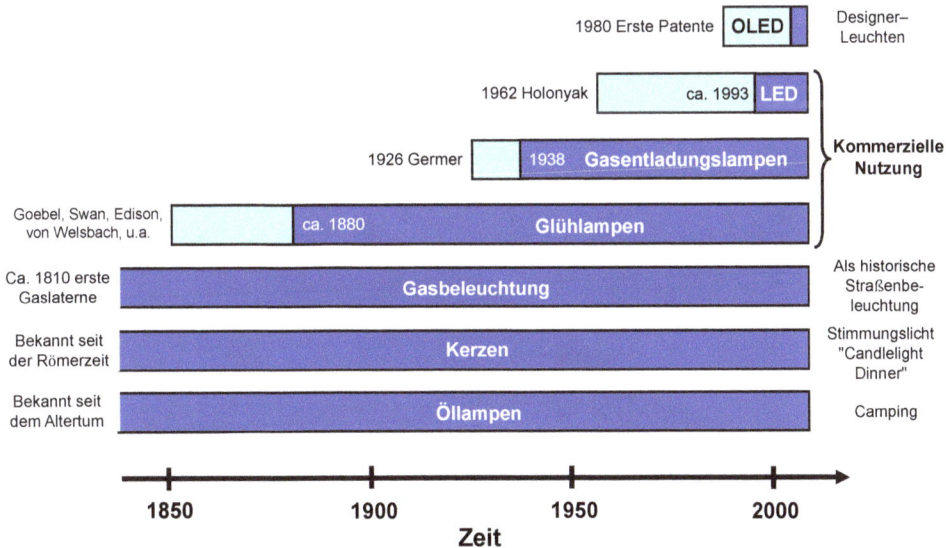

Abb. 3.1: Künstliche Lichtquellen wurden bereits im Altertum verwendet. Doch erst mit der Serienfertigung der Glühlampe war eine saubere und weniger gefährliche Lichtquelle geschaffen. Die drei Säulen der Allgemeinbeleuchtung stellen derzeit Glühlampen, Gasentladungslampen und LEDs dar (hell: Entwicklungs- und Prototypenphase; dunkel: kommerzielle Nutzung).

Trotz der technischen Fortschritte sind alle jemals erfundenen Lichtquellen derzeit noch in Gebrauch: **Fackeln** und **Kerzen** erfreuen sich als Stimmungslicht großer Beliebtheit und sogar **Gaslaternen** werden noch zu Tausenden als historische Stadtbeleuchtung betrieben. Die Zukunft gehört in der Lichttechnik aber den Halbleiterlichtquellen. **LEDs** sind am Markt bereits eingeführt und weit verbreitet. Die **organischen LEDs** stehen noch am Anfang ihrer Nutzung: sie sind bereits kommerziell erhältlich, aber noch relativ teuer und daher nur für exklusive Designerleuchten interessant.

3.1   Glühlampen

Die Geschichte der **Glühlampe** begann Anfang des 19. Jahrhunderts. Zahlreiche Forscher versuchten sich an elektrisch betriebenen Glühfadenlampen, so dass es kaum möglich ist, den eigentlichen Erfinder zu benennen. Kommerzielle Bedeutung erlangten diese Erfindungen allerdings noch nicht, u.a. auch weil es noch an geeigneten Stromquellen fehlte. 1879 baute Thomas Alva Edison (1847–1931) Kohlefadenlampen, die etwas erfolgreicher waren, da mittlerweile auch Generatoren verfügbar waren. Edison wird wohl deshalb spontan als Erfinder der Glühlampe genannt, weil er sie zu einem im Alltag wirklich nutzbaren Gerät weiterentwickelte und auch zur Serienfertigung überging. Die Verwendung von Metallwendeln gelang erst um 1900. So war 1899 eine Glühlampe im Handel, die eine **Osmiumglühwendel** hatte. Auch **Tantal** wurde als Material verwendet.

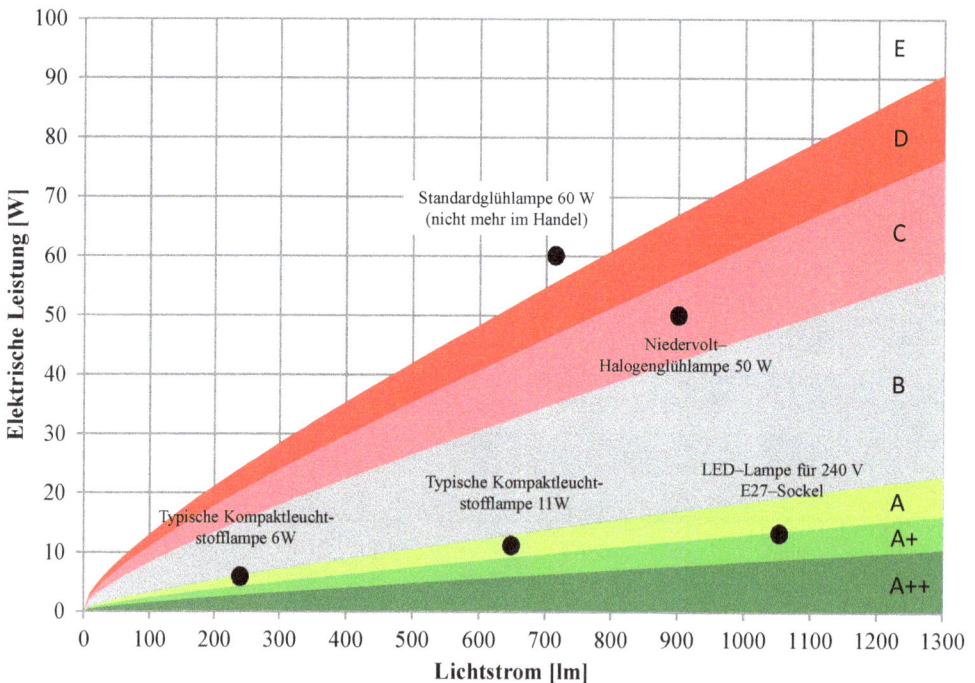

Abb. 3.2: Von der EU festgelegte Effizienzklassen für Leuchtmittel [EU 2012] für Lampen mit ungebündeltem Licht. Die Leistung entspricht dem Bemessungswert der Leistungsaufnahme.

Die bis heute üblichen Wolframwendeln kommen seit 1906 zum Einsatz. 1913 wurde erstmals das heute noch verbreitete Argon-Stickstoffgemisch als Füllgas verwendet. Mit diesen Verbesserungen stiegen auch die verfügbaren Leistungen. Heute sind Halogen-Netzspannungslampen mit einer Leistung von 20.000 W im Handel. Allerdings ist das Ende der Glühlampe bereits eingeläutet. Wegen ihrer schlechten Energieeffizienz sind Standardglühlampen in der Europäischen Union bereits weitgehend aus dem Handel genommen. Lampen werden in der EU in **Effizienzklassen** eingeteilt [EU 2012]. In Abb. 3.2 ist der Grenzwert der elektrischen Leistungsaufnahme für die verschiedenen Effizienzklassen als Funktion des jeweils erzielten Gesamtnennlichtstroms dargestellt. Die Werte gelten für Lampen mit ungebündeltem Licht. Die Leistung entspricht dem vom Hersteller anzugebenden Bemessungswert der Leistungsaufnahme ohne Vorschaltgerät. Die vielfach noch eingesetzte Standardglühbirne erreicht nur die Klasse E. Ab September 2016 müssen Lampen mindestens die Energieklasse B haben. Das dürfte das Aus für die meisten Hochvolt- und für viele Niedervolthalogenlampen bedeuten. Ausnahmeregelungen gibt es dann nur noch für einige Lampen, für die noch kein Ersatz auf dem Markt ist.

Obwohl Glühlampen in der Lichttechnik künftig keine große Rolle mehr spielen werden, sollen sie dennoch hier behandelt werden, denn die verwendeten Materialien sowie ihre physikalischen und chemischen Eigenschaften haben in der Lampentechnik eine grundsätzliche Bedeutung.

3.1.1   Aufbau von Standardglühlampen

Die Glühwendel

Neben den bereits in Kapitel 1.3.2 diskutierten strahlungsphysikalischen Vorzügen des **Wolframs**, nämlich seiner gegenüber dem schwarzen Körper gegen das Sichtbare verschobenen Abstrahlung, hat Wolfram noch den Vorzug des **hohen Schmelzpunktes** (Tab. 3.1). Außerdem hat Wolfram von allen leitfähigen Materialien **den niedrigsten Dampfdruck**. Das Abdampfen von Wendelmaterial bei hohen Temperaturen ist also minimal. Wolfram ist ein weißglänzendes, als Pulver mattgraues Schwermetall und kommt in Form von fünf natürlichen Isotopen vor. Sein elektrischer Widerstand steigt, wie bei allen Metallen, mit der Temperatur an. Das hängt damit zusammen, dass die starke Gitterbewegung bei hohen Temperaturen die Bewegung der Elektronen stark stört. Für die Glühlampe bedeutet das, dass beim Einschalten ein hoher Strom fließt, der sich beim Erhitzen des Glühfadens selbst begrenzt.

Die Verfahrensschritte bei der Gewinnung von Wolfram sind in Abb. 3.3. dargestellt. Ausgangsmaterialien sind hauptsächlich die Erze **Wolframit** ($(Fe,Mn)WO_4$) und **Scheelit** ($CaWO_4$). Die Anreicherung erfolgt durch Flotation oder durch Magnetscheidung. Bei der **Flotation** wird das Erz in pulverisierter Form in Wasser gegeben. Die Trennung der Erzsorten erfolgt durch Ausnutzung der unterschiedlichen Benetzbarkeit der Bestandteile. Das reine Wolframerz wird zunächst in wasserlösliches **Natriumwolframat** (Na_2WO_4) überführt, daraus wird **Ammoniumparawolframat** ($5(NH_4)_2O \cdot 12WO_3 \cdot 6H_2O$) gewonnen, aus dem schließlich durch Abspaltung von Ammoniak und Wasser reines **Wolframtrioxid** (WO_3) hervorgeht. Die Zugabe der Legierungsstoffe SiO_2, Al_2O_3 und K_2O an dieser Stelle erhöht die **Rekristallisationstemperatur** des Wolframs. Bei der reinen Substanz liegt sie bei ca.

1000°C, und zwar erfolgt die Rekristallisation in eine für die Lampenlebensdauer schädliche Form. Aus dem Gemisch wird schließlich durch Reduktion mit Wasserstoff das reine Metall in Form eines grauen Pulvers gewonnen.

Tab. 3.1: Physikalische Eigenschaften von Wolfram [CRC 2006]

Rel. Atommasse	183,84
Natürliche Isotope	^{180}W (0,12%)
	^{182}W (26,50%)
	^{183}W (14,31%)
	^{184}W (30,64%)
	^{186}W (28,43%)
Dichte	19,3 g/cm^{-3}
Schmelzpunkt	3422°C
Siedepunkt	5555°C
Spez. Wärme (25°C, konst. Druck)	0,132 J/(gK)
Wärmeleitfähigkeit (27°C)	1,74 W/(cmK)
Spez. el. Widerstand	$5,28 \cdot 10^{-8}\,\Omega\text{m}$ (293 K)
	$10,3 \cdot 10^{-8}\,\Omega\text{m}$ (500 K)
	$21,5 \cdot 10^{-8}\,\Omega\text{m}$ (900 K)

Wolframgewinnung

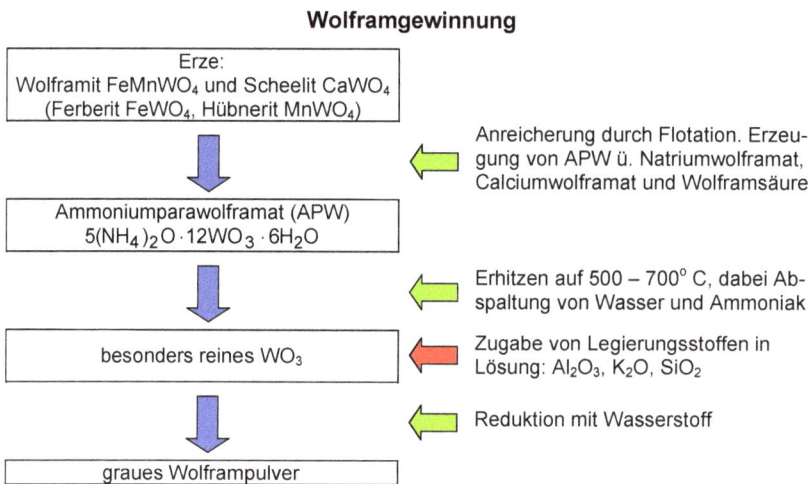

Abb. 3.3: Die Verfahrensschritte bei der Gewinnung von reinem Wolfram.

Das Pulver wird einem zweistufigen Sinterverfahren unterworfen und das Wolfram schließlich zu einem etwa 3mm dicken Draht gewalzt. Das Ziehen von Wolframdrähten erfolgt, indem der erwärmte Wolframdraht durch einen Diamantziehstein gezogen wird, dessen Bohrung etwas kleiner ist als der Drahtdurchmesser. Nach einer ganzen Anzahl von Stufen hat der Draht schließlich eine geeignete Dicke zur Verwendung als Glühdraht. Verwendet werden je nach Lampentyp Drähte mit einer Dicke von 20 bis 100 μm.

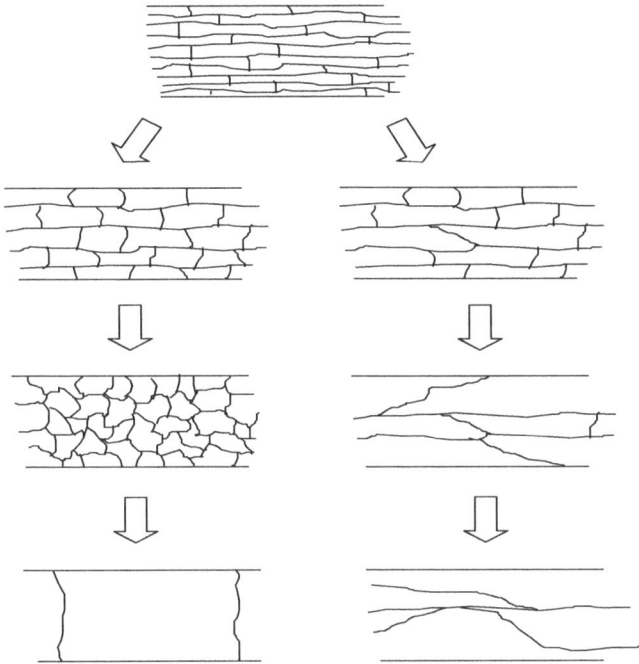

Abb. 3.4: Ablauf der Rekristallisationsvorgänge in Glühwendeln. Links ist der Prozess in reinem Wolfram darge-
stellt, es bildet sich eine Struktur aus, die Korngrenzen senkrecht zur Ziehrichtung hat. Rechts ist das Ergebnis der
Rekristallisation für eine Wolframlegierung dargestellt. Es bilden sich längliche Strukturen aus, die zur verlängerten
Lebensdauer der Glühwendel führen.

Beim Betrieb der Lampe tritt in reinem Wolfram, also ohne die Zugabe der oben erwähnten
Legierungsstoffe SiO_2, Al_2O_3 und K_2O, bei Erhitzung ein Prozess ein, der in Abb. 3.4 dargestellt ist. Nach dem Ziehvorgang hat Wolfram eine faserartige Mikrostruktur [Coaton 2001].
Bei Erwärmung tritt bei ca. 1000 K **Rekristallisation** ein. Das Material ist bestrebt, die
Grenzflächenenergie durch Minimierung der Oberfläche herabzusetzen. Die sich einstellende
neue Kornstruktur erweist sich für Glühfäden als sehr ungünstig, führt sie doch im fortge-
schrittenen Stadium zur Ausbildung einer sogenannten „Bambusstruktur“. Ein Glühfaden
würde sich an diesen Korngrenzen vorzeitig einschnüren und schließlich durchbrennen.

Durch die Legierungsstoffe wird die Rekristallisationstemperatur auf etwa 2000 K angeho-
ben, bei dünnsten Drahtdurchmessern sogar auf ca. 2700 K. Außerdem entsteht in diesem
Fall eine für Glühwendeln viel günstigere Mikrostruktur (Abb. 3.4). Sie hat eine höhere
mechanische Festigkeit. Da diese Rekristallisationstemperatur im Lampenbetrieb in jedem
Fall überschritten wird, läuft dieser als **Ostwald-Reifung** bezeichnete Prozess stets beim
Einbrennen der Lampe ab.

Beim Betrieb einer Glühlampe kommt es darauf an, den Leistungsverlust an der Glühwendel
gering zu halten und die zugeführte Leistung möglichst in Strahlungsleistung im sichtbaren
Spektralbereich umzuwandeln. Leider gibt es einige Verlustmechanismen. So wird natürlich
nicht alle Strahlung in Form von sichtbarem Licht abgegeben. Der weitaus größte Teil der
Strahlung liegt im Infraroten und ist damit für Beleuchtungszwecke verloren. Ein weiterer
Verlustmechanismus ist die Kühlung des Glühfadens durch die Zuleitungsdrähte.

Gasfüllung und Langmuir-Schicht

Obwohl Wolfram chemisch sehr beständig ist, wird es bei ca. 400°C oberflächlich oxidiert und unter Sauerstoffzufuhr verbrennt es bei 800°C zu WO_3. Daher darf in Glühlampen möglichst wenig Sauerstoff vorhanden sein. Um Oxidation zu vermeiden, liegt es nahe, die Glühwendel im Vakuum zu betreiben. Das hat aber den Nachteil, dass Wolfram ungehindert verdampfen kann. Daher verlängert eine Inertgasfüllung die Lebensdauer deutlich, denn in einem als **Langmuir-Schicht** bezeichneten Bereich um die Glühwendel, in dem keine Konvektion stattfindet, stoßen die Wolframatome mit den Gasatomen zusammen. Das führt dazu, dass viele Wolframatome zur Wendel zurückgestoßen werden. Irving Langmuir (1881–1957) fand 1912 heraus [Langmuir 1912], dass der Wärmeverlust am Glühfaden direkt proportional zu seiner Länge ist, aber nur wenig ansteigt, wenn sein Durchmesser vergrößert wird. Das gilt insbesondere sogar dann, wenn der Glühfaden die Form einer Spirale aufweist. Relevant für den Wärmeverlust sind dann der Durchmesser der Wendel sowie deren Länge. Die Wendel kann also offensichtlich diesbezüglich als kompakter Zylinder aufgefasst werden. Es können große Fadenlängen realisiert werden, ohne den damit verbundenen hohen Wärmeverlust in Kauf nehmen zu müssen. Glühwendeln anstatt von einfachen Glühfäden sind heute Standard. Gebräuchlich sind sogar zweifach gewendelte Drähte.

Nach [Elenbaas 1972] beträgt der Leistungsverlust durch Wärmeleitung pro Zentimeter Wendellänge etwa 4 W. Da bei einer 230 V-Lampe die Länge der Glühwendel wenigstens 2cm betragen muss, da ansonsten die Gefahr der Ausbildung eines Lichtbogens besteht, ist hier mit einem Verlust von ca. 8 W zu rechnen. Das ist unabhängig von der insgesamt eingekoppelten Leistung, da die Glühfadentemperatur bei starken wie schwachen Lampen etwa gleich ist. Bei einer leistungsschwachen 15 W-Lampe geht also die halbe eingekoppelte Leistung durch Wärmeleitung über die Gasfüllung verloren. Daher werden Lampen geringer Leistung oft evakuiert gefertigt.

Die Gefahr der Ausbildung eines Lichtbogens, die insbesondere im Moment des Zerreißens des Glühfadens am Ende der Lebensdauer besteht, wird merklich verringert, wenn dem Füllgas Stickstoff beigefügt wird. Eine reine Stickstofffüllung – die preiswerteste Lösung – wirkt sich allerdings wegen der vergleichsweise hohen Wärmeleitfähigkeit nachteilig in Sachen Leistungsverlust aus. Außerdem ist die Abdampfrate des Wolframs bei Verwendung von Stickstoff hoch. Daher wird der Stickstoffanteil auf etwa 5–10% begrenzt.

Das Abdampfen von Wolfram von der Glühwendel soll hier etwas genauer untersucht werden. Einen entscheidenden Einfluss hat hier die oben schon erwähnte Langmuir-Schicht. Ein genügend heißes Metall ionisiert auftreffende Atome, wenn die nötige Ionisierungsenergie geringer ist als die Austrittsarbeit der Elektronen aus dem Metall. Dieses als **Langmuir-Effekt** bekannte Phänomen bewirkt eine Schicht ionisierter Atome um das Metall. Innerhalb dieser bei Glühlampen etwa 2 mm dicken Schicht findet der Wärmeübergang nach außen nur durch Wärmeleitung statt. Da für die Wärmeleitfähigkeit eines verdünnten Gases

$$\kappa \propto \sqrt{\frac{kT}{m}} \qquad\qquad\qquad (3.1)$$

gilt [Reif 1976], wäre ein Füllgas mit Atomen großer Masse günstig, um die Wärmeableitung von der Wendel durch die Langmuir-Schicht zu verringern. Allerdings findet **außerhalb** dieser Schicht der Wärmetransport zur Glaswand durch **Konvektion** statt und hierfür ist ein schweres Atom nachteilig, da es der Konvektion und damit der Wärmeabfuhr von der Wendel förderlich ist.

Zusammenhang zwischen Dampfdruck und Verdampfungsrate

Die Abdampfrate des Wolfram ist ein entscheidender Parameter beim Bau einer Glühlampe. Sie bestimmt letztlich die erzielbare Wendeltemperatur und die Lebensdauer der Lampe. Ziel dieses Abschnitts ist es, einen Ausdruck für den Verlust an Wolframmasse pro Zeiteinheit zu gewinnen [Langmuir 1913, Elenbaas 1972]. Ausgangspunkt hierfür ist die durchschnittliche Geschwindigkeit der Wolframatome im Vakuum. Nach Gl. (1.13) gilt die **Maxwellsche Geschwindigkeitsverteilung**:

$$f(v)dv = 4\pi v^2 \left(\frac{m}{2\pi kT}\right)^{3/2} e^{-\frac{mv^2}{2kT}} dv \tag{3.2}$$

$f(v)dv$ ist einheitenfrei und repräsentiert den relativen Anteil von Teilchen, deren Geschwindigkeit im kleinen Intervall v und $v+dv$ liegt. Die durchschnittliche Geschwindigkeit eines Teilchens erhält man daraus, indem man v mit der Maxwellschen Geschwindigkeitsverteilung gewichtet, d.h. multipliziert und schließlich über alle vorkommenden Geschwindigkeiten integriert:

$$\overline{v} = \int_0^\infty v f(v)dv = \int_0^\infty 4\pi v^3 \left(\frac{m}{2\pi kT}\right)^{3/2} e^{-\frac{mv^2}{2kT}} dv \tag{3.3}$$

Zur Berechnung dieses Integrals dient der bereits in Gl. (1.10) angewandte Trick: man führt eine Konstante $a = \dfrac{m}{2kT}$ ein und erhält:

$$\overline{v} = 4\pi \int_0^\infty v^3 \left(\frac{a}{\pi}\right)^{3/2} e^{-av^2} dv \tag{3.4}$$

Daraus gewinnt man

$$\overline{v} = -4\pi \left(\frac{a}{\pi}\right)^{3/2} \frac{\partial}{\partial a} \int_0^\infty v e^{-av^2} dv \tag{3.5}$$

und löst das entstandene Integral durch die Substitution $z = v^2$:

$$\overline{v} = -4\pi \left(\frac{a}{\pi}\right)^{3/2} \frac{\partial}{\partial a} \int_0^\infty \frac{1}{2} e^{-az} dz = -4\pi \left(\frac{a}{\pi}\right)^{3/2} \frac{\partial}{\partial a} \left[-\frac{1}{2a} e^{-az} \right]_0^\infty \tag{3.6}$$

$$\overline{v} = -4\pi \left(\frac{a}{\pi}\right)^{3/2} \frac{\partial}{\partial a} \left(\frac{1}{2a}\right) \tag{3.7}$$

Bildung der Ableitung und Rücksubstitution führt zu

$$\overline{v} = 4\pi \left(\frac{a}{\pi}\right)^{3/2} \left(\frac{1}{2a^2}\right) = 2\sqrt{\frac{1}{a\pi}} = 2\sqrt{\frac{2kT}{\pi m}} \quad \text{bzw.} \quad \boxed{\overline{v} = \sqrt{\frac{8kT}{\pi m}}} \tag{3.8}$$

Dies ist der **mittlere Geschwindigkeitsbetrag**, den ein Teilchen annimmt. Würde man andererseits annehmen, dass sich Teilchen nur in x-Richtung ausbreiten können, so gilt mit dem Boltzmannfaktor für den relativen Anteil von Teilchen, die Geschwindigkeiten zwischen v_x und $v_x + dv_x$ annehmen:

$$f(v_x)dv_x = Ke^{-\frac{mv_x^2}{2kT}}dv_x \tag{3.9}$$

Eine Normierung führt zu dem Integral:

$$K\int_{-\infty}^{+\infty} e^{-\frac{mv_x^2}{2kT}}dv_x = 1 \tag{3.10}$$

Der Wert kann einer mathematischen Formelsammlung entnommen werden und ist $\sqrt{\frac{2\pi kT}{m}}$, so dass für K folgt:

$$K = \sqrt{\frac{m}{2\pi kT}} \tag{3.11}$$

Damit lässt sich der folgende Ausdruck formulieren:

$$f(v_x)dv_x = \sqrt{\frac{m}{2\pi kT}}e^{-\frac{mv_x^2}{2kT}}dv_x = \frac{dn}{n} \tag{3.12}$$

Der relative Anteil von Teilchen mit einer Geschwindigkeit zwischen v_x und $v_x + dv_x$ ist gleich der Teilchenzahldichte (Teilchenzahl pro Volumen) dn in dem Intervall, dividiert durch die gesamte Teilchenzahldichte n.

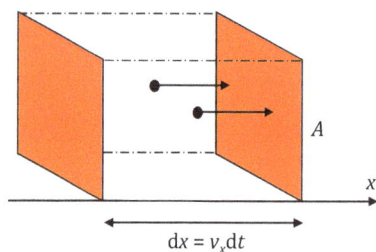

Abb. 3.5: Teilchen mit einer Geschwindigkeit v_x erreichen die Fläche A innerhalb einer Zeitspanne dt dann, wenn sie sich innerhalb eines Abstandes $dx = v_x dt$ befinden.

Teilchen, die eine Geschwindigkeit v_x innerhalb des besagten Intervalls besitzen, legen in einer kleinen Zeitspanne dt den Weg $dx = v_x dt$ zurück. Bewegen sie sich, wie in Abb. 3.5 dargestellt, auf eine Wand der Fläche A zu, so erreichen diejenigen Teilchen die Wand, deren Entfernung nicht größer als dx war. Für die Zahl dN der pro Zeit- und Flächeneinheit auftreffenden Teilchen gilt also:

$$dN = \frac{dn \cdot dV}{dt \cdot A} \tag{3.13}$$

Dabei stellt der Zähler $dn \cdot dV$ die Gesamtzahl der Teilchen dar, die sich in dem Volumen $dV = A dx$ befinden und die eine Geschwindigkeit im Intervall v_x bis $v_x + dv_x$ besitzen. Man beachte, dass dn eine Teilchenzahldichte ist, also die Einheit Teilchen pro Volumen besitzt. Gl. (3.13) kann wie folgt umgeschrieben werden:

$$dN = \frac{dn \cdot A \cdot dx}{dt \cdot A} = dn \frac{dx}{dt} = dn \cdot v_x \tag{3.14}$$

Die Gesamtzahl N aller Teilchen, die pro Zeit- und Flächeneinheit auf die Wand treffen, ist damit unter Benutzung von Gl. (3.12):

$$N = \int_0^\infty v_x \, dn = \int_0^\infty n v_x \sqrt{\frac{m}{2\pi kT}} e^{-\frac{mv_x^2}{2kT}} dv_x \tag{3.15}$$

N hat die Einheit $1/(\text{m}^2\text{s})$. Das Integral lässt sich mit der Substitution $z = v_x^2$ lösen:

$$N = n\sqrt{\frac{m}{2\pi kT}} \int_0^\infty \frac{1}{2} e^{-\frac{mz}{2kT}} dz \tag{3.16}$$

$$N = n\sqrt{\frac{m}{2\pi kT}} \left[-\frac{1}{2}\frac{2kT}{m} e^{-\frac{mz}{2kT}} \right]_0^\infty = n\sqrt{\frac{m}{2\pi kT}}\frac{kT}{m} = n\sqrt{\frac{kT}{2\pi m}} \tag{3.17}$$

Unter Verwendung des Resultats für die **Durchschnittsgeschwindigkeit** aus Gl. (3.8) folgt das einfache Resultat:

$$N = \frac{n}{4}\sqrt{\frac{16kT}{2\pi m}} \quad \text{bzw.} \quad \boxed{N = \frac{n\bar{v}}{4}} \tag{3.18}$$

Nach diesen Vorüberlegungen lässt sich nun die Abdampfrate von Wolfram ermitteln. Es soll vorerst vereinfachend angenommen werden, dass sich keine Gasfüllung, sondern nur der Wolframdampf in der Lampe befindet. Die Berücksichtigung des Füllgases ist, wie sich später zeigen wird, auf einfache Weise möglich. Angenommen, N_1 Wolframatome pro Zeit- und Flächeneinheit treffen die Oberfläche. Dann wird ein gewisser Teil, nämlich αN_1 Teilchen pro Zeit und Fläche dort verharren, während ein anderer Teil, nämlich $(1-\alpha)N_1$ reflektiert wird. Mit N_1 ist die pro Zeit- und Flächeneinheit kondensierende Menge M (Einheit: kg/(m^{2}s)) an Wolfram:

$$M = \alpha N_1 m = \alpha m \frac{n\bar{v}}{4} = \alpha m n \sqrt{\frac{kT}{2\pi m}} = \alpha n \sqrt{\frac{mkT}{2\pi}} \qquad (3.19)$$

m ist dabei die Masse eines einzelnen Wolframatoms. Fasst man den Wolframdampf als ideales Gas auf, so erhält man mit der Zustandsgleichung $p = nkT$:

$$M = \alpha \frac{p}{kT} \sqrt{\frac{mkT}{2\pi}} = \alpha p \sqrt{\frac{m}{2\pi kT}} \qquad (3.20)$$

Wolframatome, die sich bei einem bestimmten Partialdruck bewegen, stoßen früher oder später mit anderen Wolframatomen zusammen, wobei sie die Geschwindigkeit nach Betrag und Richtung ändern. Für die Weglänge, die die Atome zwischen zwei Stößen zurücklegen, können nur statistische Aussagen gemacht werden. Es kann eine **mittlere freie Weglänge** gefunden werden, für die gilt:

$$\bar{v} = \frac{\bar{l}}{t_m} \qquad (3.21)$$

Dabei ist t_m die mittlere, zwischen zwei Stößen vergehende Zeit. Betrachtet man eine **Teilchenstromdichte** j, also die Zahl der Teilchen, die sich pro Flächen- und Zeiteinheit in eine bestimmte Richtung bewegen, so kann man mit einer zu Gl. (3.13) analogen Betrachtung (t_m ersetzt dt und $\bar{l} \cdot A$ ersetzt dV) schreiben:

$$j = \frac{1}{6} \frac{n \cdot \bar{l} \cdot A}{t_m \cdot A} = \frac{n\bar{l}}{6t_m} \qquad (3.22)$$

n ist die Teilchenzahldichte. Der Faktor 1/6 rührt daher, dass nur 1/6 aller Teilchen im statistischen Mittel in Richtung senkrecht zur Wand fliegen. Wegen $\bar{v} = \dfrac{\bar{l}}{t_m}$ gilt schließlich:

$$\boxed{j = \frac{1}{6} n\bar{v}} \qquad (3.23)$$

Stellt die Fläche A keine reale Wand dar, sondern würde sich auf der anderen Seite von A das gleiche Gas mit gleicher Temperatur und Dichte befinden, so würde im stationären Betrieb der gleiche Teilchenstrom in die Gegenrichtung fließen. Bisher wurde angenommen, in der Lampe befindet sich nur das verdampfte Wolfram. Berücksichtigt man eine eventuell vorhandene Gasfüllung, so führt das nur zu einer **Veränderung der mittleren freien Weglänge** $\bar{l}$.

Um das beobachtete Abdampfen von Wolfram von der Glühwendel zu beschreiben, muss zwangsläufig ein Konzentrationsunterschied innerhalb der Langmuir-Schicht bestehen. Er soll durch eine Größe $\dfrac{dn}{dx}$ beschrieben werden, d.h. durch die Änderung der Teilchenzahldichte pro Längeneinheit. Unter der **Annahme einer linearen Veränderung der Teilchen-zahldichte**, also $\frac{dn}{dx} = konst.$, beträgt am Ort $x - \bar{l}$ die Zahl der Teilchen pro Volumen $n - \bar{l}\frac{dn}{dx}$ (Abb. 3.6). Man beachte, dass $\frac{dn}{dx} < 0$ gilt, d.h. die Teilchenzahldichte ist, wie in Abb. 3.6 durch Blaustufen angedeutet, höher als n. Am Ort $x + \bar{l}$ beträgt sie $n + \bar{l}\frac{dn}{dx}$.

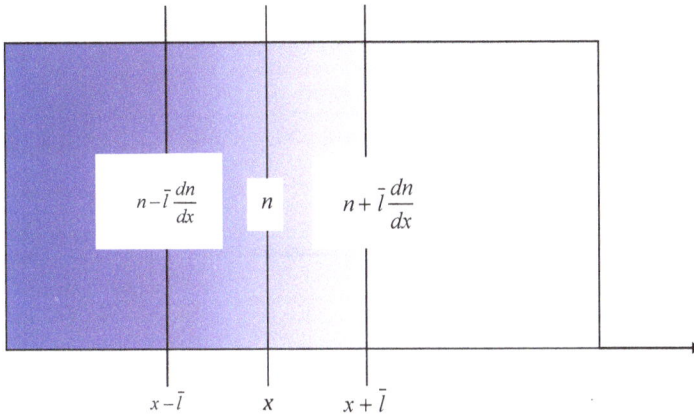

Abb. 3.6: Verlauf der Teilchenzahldichte bei einem Konzentrationsgradienten.

Der Gradient in der Teilchenzahldichte führt dazu, dass die Teilchenstromdichten in positive und negative x-Richtung nicht mehr identisch sind und sich daher nicht mehr zu Null addieren. Es muss unterschieden werden:

$$j_+ = \frac{1}{6}\left(n - \bar{l}\frac{dn}{dx}\right)\bar{v} \quad \text{und} \quad j_- = \frac{1}{6}\left(n + \bar{l}\frac{dn}{dx}\right)\bar{v} \tag{3.24}$$

Die gesamte Teilchenstromdichte wird aus der Differenz erhalten:

$$j = j_+ - j_- = \frac{1}{6}\left(n - \bar{l}\frac{dn}{dx}\right)\bar{v} - \frac{1}{6}\left(n + \bar{l}\frac{dn}{dx}\right)\bar{v} = -\frac{1}{3}\overline{lv}\frac{dn}{dx} \tag{3.25}$$

Ein Vergleich mit dem **ersten Fickschen Gesetz**

$$j = -D\frac{dn}{dx} \tag{3.26}$$

ergibt für die **Diffusionskonstante** D:

$$D = \frac{1}{3}\overline{lv} \tag{3.27}$$

Nun zum eigentlichen Problem, der Langmuir-Schicht, und dem Abdampfen von Wolf-
ramatomen von der Glühwendel. Es soll nun unter Verwendung der bisherigen Resultate die
Anzahl der Wolframatome ermittelt werden, die durch die Langmuir-Schicht wandert. Die
Zahl N_t der Wolframatome, die pro Zeiteinheit durch die Mantelfläche eines gedachten
Zylinders um die Wendel mit der Länge L und mit Radius r strömen, ist $N_t = j2\pi r L$.
Unter Verwendung des Resultats von Gl. (3.25) wird daraus:

$$N_t = j2\pi r L = -\frac{1}{3}\overline{lv}2\pi r L\frac{dn}{dr} \qquad\qquad (3.28)$$

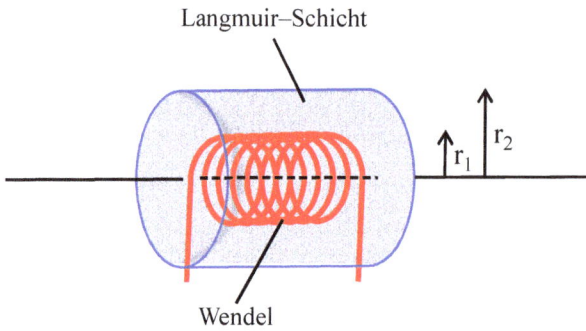

Abb. 3.7: Wendel und Langmuir-Schicht.

N_t kann durch Variablentrennung und Integration gewonnen werden. Bei der Integration ist
über die Variable r von der Wendeloberfläche, also von r_1 ab (Abb. 3.7), bis zum äußeren
Rand der Langmuir-Schicht, also bis r_2, zu integrieren. Bei der Integration über r ist zu be-
denken, dass die Konzentration von Wolframatomen unmittelbar über der Wendeloberfläche
am höchsten ist. Der Wert sei n_1 und er wird später aus dem Dampfdruck des Wolframs zu
bestimmen sein. Am äußersten Rand der Langmuir-Schicht wird die Konzentration verschwindend gering, da hier durch Konvektion die Wolframatome sehr schnell wegtranspor-
tiert werden. Es gilt damit:

$$\int_{r_1}^{r_2}\frac{N_t}{r}dr = -\int_{n_1}^{0}\frac{1}{3}\overline{lv}2\pi L\,dn \quad \text{bzw.}$$

$$N_t\left(\ln(r_2)-\ln(r_1)\right) = -\frac{2}{3}\overline{lv}\pi L(0-n_1) \qquad\qquad (3.29)$$

Nach N_t aufgelöst, erhält man:

$$N_t\ln\left(r_2/r_1\right) = \frac{2}{3}\overline{lv}\pi L n_1 \quad \text{oder} \quad N_t = \frac{2}{3}\frac{L\overline{lv}\pi n_1}{\ln\left(r_2/r_1\right)} \qquad\qquad (3.30)$$

Mit der mittleren Geschwindigkeit $\bar{v}$ der Teilchen aus Gl. (3.8) gilt:

$$N_t = \frac{2L\,\overline{\ln}_1\sqrt{8kT\pi/m}}{3\ln(r_2/r_1)} \qquad (3.31)$$

Dabei ist m die Masse der Wolframatome, L die Länge der Wendel und r_2 der Radius des betrachteten, die Wendel einhüllenden Zylinders der Langmuir-Schicht. Die mittlere freie Weglänge $\bar{l}$ der Wolframatome ist umgekehrt proportional zum Druck bzw. zur Dichte im Gas. Die Zahl N_t der pro Zeiteinheit diffundierenden Wolframatome ist also umgekehrt proportional zur Gasdichte. N_t steigt außerdem mit der Temperatur sehr stark an. Zum einen ist in obiger Gleichung direkt die Proportionalität zu $\sqrt{T}$ erkennbar, andererseits ist die Wolfram-Teilchenzahldichte n_1 proportional zum Wolframdampfdruck unmittelbar auf der Wendeloberfläche, und der ist nach [Alcock 1984] gegeben durch

$$\lg\left(\frac{p}{[atm]}\right) = A + \frac{B}{T} + C \cdot \lg(T) + D \cdot T \cdot 10^{-3} \qquad (3.32)$$

oder, in der Einheit Pascal:

$$\lg\left(\frac{p}{[Pa]}\right) = 5,0056 + A + \frac{B}{T} + C \cdot \lg(T) + D \cdot T \cdot 10^{-3} \qquad (3.33)$$

Mit

$A = 2,945,\quad B = -44094,\qquad C = 1,3677,\qquad D = 0,\quad 298K \le T \le 2350K$

$A = 54,527,\quad B = -57.68712,2231,\quad C = -12,2231,\quad D = 0 \quad \text{für}\quad 2200K \le T \le 2500K$

Die Formel gilt für den Temperaturbereich 2200 bis 2500 K mit einer Genauigkeit von ca. 5% oder besser.

In Abb. 3.8 ist der Dampfdruck als Funktion der Temperatur für Wolfram und zum Vergleich für die Metalle Osmium und Tantal dargestellt. Die Kurven zeigen den sehr steilen Anstieg des Dampfdrucks mit der Temperatur. Das bedeutet, dass auch n_1 äußerst steil mit der Temperatur ansteigt.

Ein realistisches Zahlenbeispiel für eine Glühlampe soll zeigen, dass die Überlegungen den Sachverhalt richtig beschreiben. Eine Glühwendel soll den Radius $r_1 = 0,25mm$ haben. Theoretische Betrachtungen, die hier nicht wiedergegeben werden sollen, zeigen, dass dabei eine Langmuir-Schicht mit Radius von ca. $r_2 = 2mm$ auftritt. Eine mittlere Temperatur des Gases von 1600 K soll angenommen werden und die Länge des Glühfadens sei 2,5 cm. Die mittlere freie Weglänge für ein Wolframatom, das sich im Füllgas Argon bewegt, erhält man nach [Elenbaas 1972] durch:

$$\bar{l} = \frac{1}{\pi(r_W + r_{Ar})^2 n_{Ar}\sqrt{2}} \qquad (3.34)$$

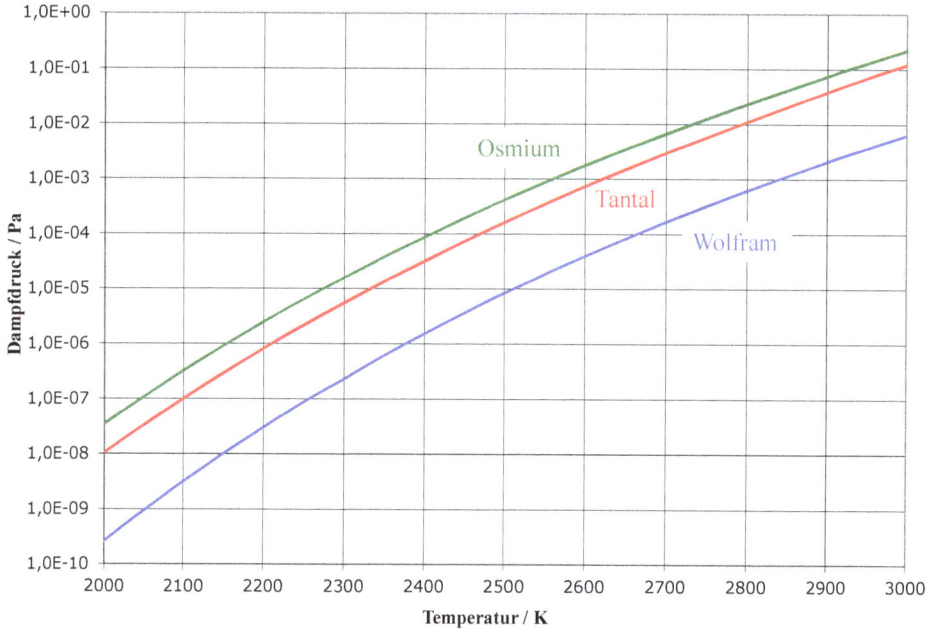

Abb. 3.8: Verlauf des Dampfdrucks als Funktion der Temperatur für die drei Metalle Wolfram, Osmium und Tantal nach [Alcock 1984]. Im gezeigten Temperaturbereich steigt er ca. 7 Größenordnungen an.

Dabei ist $r_W = 0,14 nm$ der Atomradius des Wolframs, $r_{Ar} = 0,19 nm$ der Atomradius des Füllgases Argon und n_{Ar} die Anzahl der Füllgasatome pro Volumeneinheit. Wegen $p_{Ar} = n_{Ar} kT$ gilt mit $n_{Ar} = p_{Ar} kT$:

$$\overline{l} = \frac{kT}{\pi(r_W + r_{Ar})^2 \, p_{Ar} \sqrt{2}} \qquad\qquad (3.35)$$

Bei einem Druck von ca. 125.000 Pa und der oben angenommenen Temperatur von 1600 K erhält man eine Argonteilchenzahldichte von $n_{Ar} = 5,66 \cdot 10^{24} m^3$. Die mittlere freie Weglänge für Wolfram ist also $\overline{l} = 3,65 \cdot 10^{-7} m$. Zur Berechnung der Anzahl der von der Wendel wegdiffundierenden Wolframatome pro Zeiteinheit N_t nach Gl. (3.31) benötigt man noch die Teilchenzahldichte n_1 des Wolframs. Diese lässt sich wiederum nach $n_1 = p / kT$ gewinnen. p ist der Dampfdruck des Wolframs an der Wendel. Hierbei ist die Temperatur der Glühwendel ausschlaggebend, die zu 2770 K angenommen werden soll, so dass sich nach Gl. (3.33) ein Wert von $4,3 \cdot 10^{-4} Pa$ für den Dampfdruck ergibt. [Elenbaas 1972] gibt einen Wert von $5,0 \cdot 10^{-4} Pa$ an. Die Teilchenzahldichte des Wolframs (Atommasse $m = 3,053 \cdot 10^{-25} kg$) ist unter Verwendung des ersten Wertes $n_1 = 1,12 \cdot 10^{16} m^{-3}$. Mit Gl. (3.31) hat die Zahl der Wolframatome, die pro Zeiteinheit die Oberfläche verlassen den

Wert $4,4 \cdot 10^{10} \frac{1}{s}$. Übrigens ergibt sich in diesem Zusammenhang die durchschnittliche Geschwindigkeit zu $\quad \bar{v} = \sqrt{\frac{8kT}{\pi m}} = 429 \frac{m}{s}$. Die Abdampfrate des Wolframs liegt etwa bei $1,35 \cdot 10^{-14}$ kg/s. Bei einer Lebensdauer von 1000 h bedeutet das einen Verlust von $1,6 \cdot 10^{17}$ Atomen oder einen Masseverlust von $4,9 \cdot 10^{-8}$ kg bzw. 49 µg.

Die wahren Werte liegen deutlich über dieser als Abschätzung zu betrachtenden Kalkulation, jedoch wird die Tendenz und Größenordnung richtig wiedergegeben. Es gibt noch zwei weitere Diffusionsmechanismen, die sich jedoch als so schwach erweisen, dass sie kaum ins Gewicht fallen: die thermische Diffusion und die thermische Diffusion von Wolfram-Clustern. Die thermische Diffusion beruht darauf, dass schwerere Teilchen sich von heißen Bereichen in kältere bewegen. Die thermische Diffusion von Wolfram-Clustern kann erst bei Temperaturen über 3000 K wirksam werden, darunter ist die Wolframkonzentration für die Clusterbildung zu gering.

Ein Mechanismus, der das in der Praxis beobachtete schnellere Abdampfen von Wolfram erklären könnte, betrifft das möglicherweise bei der Fertigung in Spuren in den Lampenkolben eingebrachte Wasser. Die Wassermoleküle dissoziieren aufgrund der hohen Temperaturen in Wendelnähe. Der frei gewordene Sauerstoff oxidiert Wolfram. Die auftretenden Oxide haben einen viel höheren Dampfdruck als das elementare Wolfram. Dies führt zu einer höheren Diffusionsrate durch die Langmuir-Schicht. In kühleren Bereichen der Lampe reduziert der Wasserstoff die Wolframoxide, so dass sich elementares Wolfram auf dem Lampenkolben niederschlägt und zur Schwärzung und damit zur Verringerung der Lichtausbeute führt. Das Wasser steht wieder zur Verfügung und der Prozess kann von vorne beginnen. Wasser wirkt also wie eine Pumpe, die das Abdampfen des Wolframs begünstigt und beschleunigt.

Da nach Gl. (3.35) die mittlere freie Weglänge $\bar{l}$ umgekehrt proportional zum Druck des Füllgases ist, ist nach Gl. (3.31) auch N_t umgekehrt proportional zum Füllgasdruck. Je höher der Druck, desto weniger Wolframatome diffundieren durch die Langmuir-Schicht [Covington 1968, Coaton 1969]. Die Verdampfungsrate des Wolframs sinkt mit steigendem Druck.

Ein Füllgas mit großer Atommasse verhindert nicht nur die Wärmeableitung, sondern verringert auch noch die Verdampfung von Wolfram. Daher wird in Glühlampen ein schweres Edelgas verwendet, meist Argon. In manchen Fällen kommt auch Krypton zum Einsatz. Der Gesamtfülldruck der Lampen liegt bei etwas unter 10^5 Pa. Um Verunreinigungen, die vom Fertigungsprozess her stammen wie z.B. Sauerstoff oder Wasserdampf unschädlich zu machen, werden schließlich Getter zugefügt. Das sind Feststoffe wie z.B. Barium, Tantal oder Titan, die durch Sorption oder direkte chemische Reaktion diese schädlichen Stoffe binden.

Glas für den Lampenkolben

Der wichtigste **Glasbildner** ist das in der Natur als Quarzsand vorkommende **Siliziumdioxid** (SiO_2). Seine hohe Erweichungstemperatur (1700°C) und seine Unempfindlichkeit gegen Thermoschocks machen es zum Spezialglas und damit zum Werkstoff der Wahl beim Bau von leistungsstarken Lampen wie z.B. Bogenlampen. Bei Allgebrauchslampen genügen niedrigschmelzende Gläser. Wird dem Quarzsand **Soda** (Natriumcarbonat, Na_2CO_3), **Pottasche** (Kaliumcarbonat, K_2CO_3) oder **Glaubersalz** (Mirabilit, $Na_2SO_4 \cdot 10H_2O$) zugefügt, so schmilzt das Gemenge schon bei ca. 850°C. Diese Stoffe heißen daher Flussmittel. Das erschmolzene Glas wäre wasserlöslich, würden nicht Stabilisatoren wie Erdalkalimetalle, Blei und Zink zugegeben.

Das für Kolben von Lampen niederer Leistung meistverwendete Glas ist das **Kalknatronglas**: für seine Herstellung werden Quarzsand, Soda (als Flussmittel) und Kalk (liefert Calcium als Stabilisator) verwendet. Für die inneren Bauteile einer Glühlampe wird in der Regel **Bleiglas** verwendet.

Stromzuführungen

Besonders wichtig ist die Haltbarkeit der Einschmelzungen der Stromzuführungen. Hier wird bevorzugt ein Verbundwerkstoff verwendet, der den Namen **Dumet** trägt. Es ist ein Drahtmaterial aus 42% Nickel und 58% Eisen, das mit einem Kupfermantel umgeben ist. Die Stromzuführungen leiten Wärme von der Glühwendel ab. Diese Wärmeableitung kann durch die empirische Formel [Coaton 1978]

$$W = T_W^{1,3} I \sqrt{1,29 - 2,49 \left(\frac{T_A}{T_W}\right)^{2,6} + 1,2 \left(\frac{T_A}{T_W}\right)^{5,4}} \cdot 10^{-5} W \qquad (3.36)$$

beschrieben werden, die auf Langmuir zurückgeht. T_W ist dabei die absolute Temperatur der Wendel zwischen den Aufhängungen, T_A die absolute Temperatur am Befestigungspunkt der Wendel an der Aufhängung. I ist der in der Wendel fließende Strom in Ampere. Wegen des Wärmeverlustes wäre eine Reduzierung der Aufhängepunkte auf zwei ideal, allerdings erfordert die mechanische Stabilität oft mehr Aufhängepunkte.

Das Phänomen der Wendelkühlung durch die Aufhängungen ist in Abb. 3.9 am Beispiel der Wendel einer 300 W-Hochvolthalogenlampe deutlich erkennbar. Die Lampe wurde in gedimmtem Zustand aufgenommen. Im Bereich der vier Aufhängepunkte ist die Wendel jeweils dunkel.

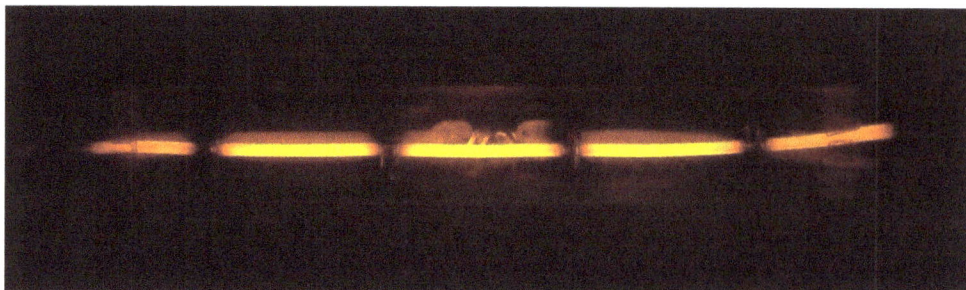

Abb. 3.9: Abkühlung der Glühwendel an den Aufhängepunkten bei einer stabförmigen 300 W-Hochvolthalogenlampe im gedimmten Betrieb.

Betriebsparameter und Lebensdauer

Zwischen den Betriebsparametern Lampenspannung U, Lampenstrom I, Leistung P, Lichtstrom Φ_v, Lichtausbeute η sowie Lebensdauer L können, sofern nur wenig von den Nennwerten abgewichen wird, nach [Horn 1965] die folgenden Proportionalitäten hergestellt werden:

Tab. 3.2: Zwischen Lampenparametern bestehende Proportionalitäten nach [Horn 1965].

Zusammenhang	Parameterwert für evakuierte Lampe bei der Temperatur T=2400 K	Parameterwert für gasbefüllte Lampe bei der Temperatur T=2800 K
$L \propto U^{-d}$	$d = 13{,}7...15{,}3$	$d = 12{,}9...14{,}3$
$\Phi_v \propto U^{k}$	$k = 3{,}58$	$k = 3{,}4$
$I \propto U^{t}$	$t = 0{,}554$	$t = 0{,}585$
	Parametergleichung	
$\eta \propto U^{g}$	$g = k - t - 1$	
$\Phi_v \propto P^{s}$	$s = \dfrac{k}{t+1}$	

Die Parameter d, k und t sind fundamental und beschreiben noch weitere, in der Tabelle nicht aufgeführte Proportionalitäten zwischen den genannten Betriebsparametern. Sie werden maßgeblich durch die Wendeltemperatur, aber auch durch den Spannungsbereich und die Gasfüllung bestimmt. Beim Wert von t differieren die Werte von [Horn 1965] benutzter unterschiedlicher Quellen.

Abb. 3.10 zeigt Lichtstrom, Lichtausbeute und Lampenstrom für eine typische Allgebrauchslampe. In dem engen Gültigkeitsbereich der Zusammenhänge in obiger Tabelle erscheinen die Kurven fast als Geraden. Eine starke Abhängigkeit von der Lampenspannung zeigt der Lichtstrom Φ_v, der bei Reduzierung der Lampenspannung auf 95% auf etwa 84% einbricht.

Ebenfalls eine deutliche Abhängigkeit von der Lampenspannung zeigt die **Lebensdauer** der Lampe, die in Abb. 3.11 für Wendeltemperaturen von 1800 K bis 3000 K dargestellt ist. Ausgehend von einer Wendeltemperatur von ca. 2800 K, einem für Allgebrauchslampen typischen Wert, sinkt die Lebensdauer etwa auf die Hälfte, wenn die Lampe mit 5% Überspannung betrieben wird. Andererseits lebt die Lampe fast doppelt so lange, wenn man nur 95% der Nennspannung anlegt. Bei einer Veränderung der Spannung von mehr als 10% ist die Proportionalität $L \propto U^{-d}$ nicht mehr anwendbar.

Die drei Parameter d, k und t sind nicht für alle Lampentypen und Leistungen gleich, sondern müssten für genauere Berechnungen speziell bestimmt werden. Auch sind die Parameter streng genommen selbst eine Funktion der Spannung U.

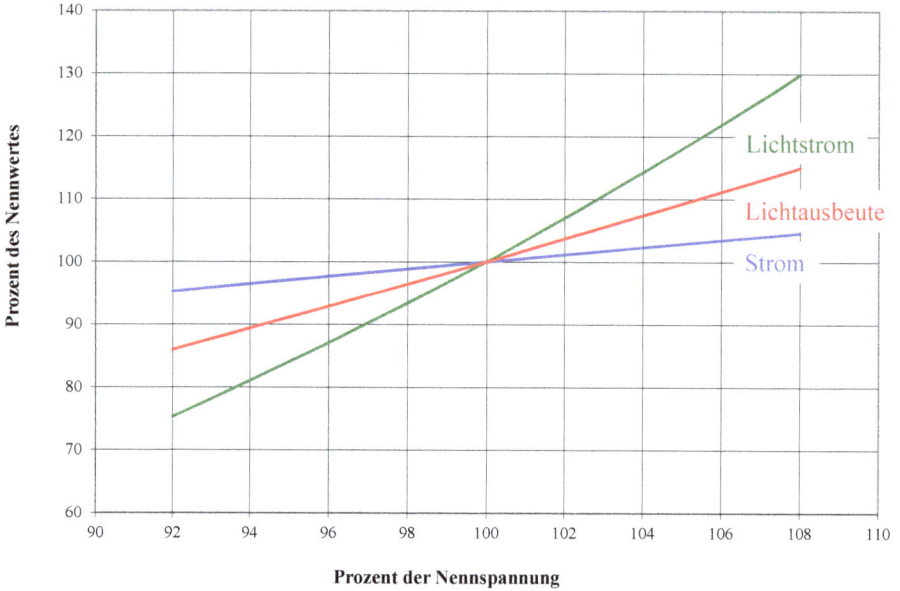

Abb. 3.10: Veränderung von Lichtstrom, Lichtausbeute und Lampenstrom bei Änderung der Nennspannung. Die Werte gelten für eine Wendeltemperatur von 2800 K bei gasgefüllten Lampen. Die Lampenparameter sind nach [Horn 1965] k = 3,4; t = 0,585; und g = 1,815.

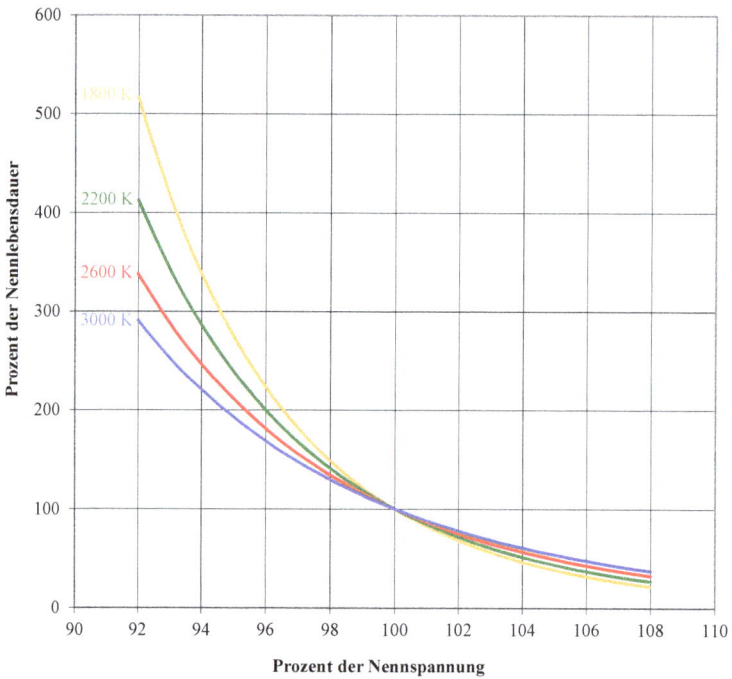

Abb. 3.11: Verhalten der Lampenlebensdauer in Abhängigkeit von der Nennspannung. Die Werte für den Parameter d waren 19,7 für 1800 K, 17 für 2200 K, 14,6 für 2600 K und 12,8 für 3000 K.

Eine Standardhaushaltsglühlampe hat eine mittlere Lebensdauer von 1000 Stunden. In aller Regel tritt das Ende ein, wenn die Glühwendel bricht. Der Keim für das spätere Versagen der Lampe am Ende der Lebensdauer wird meist schon bei der Herstellung gelegt. Kein Draht hat über seine gesamte Länge überall exakt den gleichen Durchmesser. Es gibt immer minimale Verengungen. An diesen Stellen wird der Draht aufgrund seines höheren Widerstandes etwas heißer („hot spot"). Das bewirkt ein verstärktes Abdampfen von Material und damit eine weitere Schwächung des Drahtes. Ein dünner Draht hat eine geringere Oberfläche und damit auch eine geringere Abstrahlung, was die Temperatur an der Engstelle weiter erhöht. Schließlich brennt der Draht an dieser Stelle durch. Die Wendel selbst hat nicht an allen Stellen exakt die gleiche Steigung. An Stellen, an denen die Windungen etwas enger liegen, wird mehr Strahlung durch die benachbarten Wendelgänge absorbiert und daher steigt an diesen Stellen die Temperatur. Auch das erhöht die Abdampfrate.

Handelsübliche Allgebrauchslampen in Tropfen- und Kerzenform (Sockel E27 und E14) mit einer mittleren Lebensdauer von 1000 h erreichen bei höheren Leistungen Lichtausbeuten von etwa 15–18 lm/W, während diese bei niedrigen Leistungen deutlich unter 10 lm/W liegen. Eine Erhöhung der Lichtausbeute kann durch Erhöhung der Wendeltemperatur erreicht werden. Da die Abdampfrate aber exponentiell mit der Temperatur wächst, sinkt damit zwangsläufig die Lebensdauer. Eine Lampe mit einer Leistung von 200 W erreicht so bei einer Lebensdauer von 750 h eine Lichtausbeute von ca. 20 lm/W.

Glühwendeln geben den größten Teil der Strahlung im infraroten Spektralbereich ab. Ein Teil davon kann im Rahmen der spektralen Durchlässigkeit des Lampenkolbens die Glühlampe verlassen. Der größte Teil des sichtbaren Lichtes wird im gelben und roten Spektralbereich abgegeben. Die Farbtemperatur einer innenmatten Standard-60 W-Glühlampe liegt bei 2530 K. Das Licht erscheint im Vergleich zum Tageslicht gelblich. Trotzdem liegt der Farbwiedergabeindex bei $R_a = 100$.

3.1.2   Halogenlampen

Die Entwicklung der ersten kommerziell erhältlichen **Halogenglühlampe** geht auf das Ende der Fünfziger Jahre des vorigen Jahrhunderts zurück, obgleich die Idee, die **Kolbenschwärzung** durch **Halogene** zu verringern, schon sehr viel älter war. Die ersten Versuche wurden mit Jod unternommen, heute verwendet man Brom für den **Halogenkreisprozess**. Die grundsätzliche Idee ist, dass man das von der Wendel abdampfende Wolfram chemisch bindet, bevor es an der Innenwand des Glaskolbens kondensiert. Dafür sind die Halogene gut geeignet, da sie folgende Reaktionsgleichgewichte bilden:

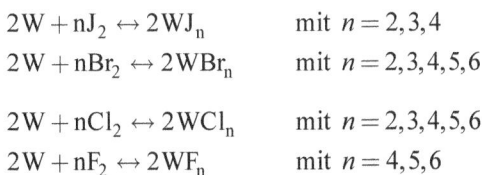

$$2W + nJ_2 \leftrightarrow 2WJ_n \qquad \text{mit } n = 2,3,4$$
$$2W + nBr_2 \leftrightarrow 2WBr_n \qquad \text{mit } n = 2,3,4,5,6$$

$$2W + nCl_2 \leftrightarrow 2WCl_n \qquad \text{mit } n = 2,3,4,5,6$$
$$2W + nF_2 \leftrightarrow 2WF_n \qquad \text{mit } n = 4,5,6$$

Der **Dissoziationsgrad** wird durch die Temperatur bestimmt. Bei hohen Temperaturen liegen Wolfram und Halogene getrennt vor, der Schwerpunkt liegt also auf der linken Seite. Bei niedrigeren Temperaturen bilden sich die **Wolframhalogenide** auf der rechten Seite der

Reaktionsgleichungen. Die Temperatur, bei der 50% der Moleküle dissoziiert sind, heißt **Umwandlungstemperatur T_u**. Die Umwandlungstemperatur (Tab. 3.3) steigt von schweren Halogenen zu leichten hin an.

Tab. 3.3: Umwandlungstemperaturen von Metallhalogenverbindungen nach [Heinz 2006].

Verbindung	WF_6	WCl_4	WBr_4	WJ_4
Umwandlungstemperatur T_u	2650 K	2300 K	1600 K	950 K

Die Wolframatome, die sich der Kolbenwand nähern, werden also durch das Halogen gebunden (Abb. 3.12). Ein Kondensieren von Wolfram wird dadurch verhindert, allerdings muss die Temperatur in Wandnähe höher sein als bei einer normalen Glühlampe, damit das Wolframhalogenid dampfförmig bleibt. Die Wolframkonzentration in Wandnähe ist praktisch Null. Dagegen ist sie in der Nähe der heißen Wendel erhöht. Da die Umwandlungstemperaturen deutlich niedriger sind als die Wendeltemperatur, findet ein Kondensieren auf der Wendel nicht statt, sondern das Wolfram wird an kühlen Stellen wie den Stromzuführungen abgeschieden. Lediglich dem **Wolframfluorid** wird die Fähigkeit zur echten „Reparatur" von überhitzten Stellen der Wendel (hot spots) nachgesagt, denn seine Umwandlungstemperatur kommt in die Nähe der Wendeltemperatur.

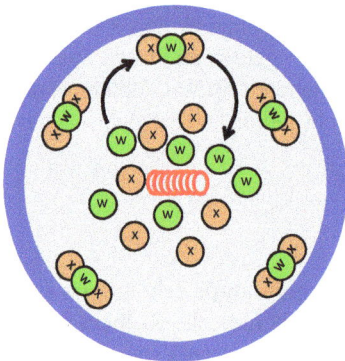

Abb. 3.12: Beim Halogenkreisprozess wird abdampfendes Wolfram in Kolbennähe durch ein Halogen gebunden, das auch bei der kühleren Wandtemperatur gasförmig bleibt. Erst wenn die Verbindung sich der Wendel nähert, wird durch die hohen Temperaturen wieder elementares Wolfram freigesetzt.

Der grundsätzliche Vorteil des Halogens besteht darin, dass eine Kolbenschwärzung durch kondensiertes Wolfram unterbleibt und dadurch die Lampe keine Einbuße an Lichtstärke über die Lebensdauer hat. Eine Verlängerung der Lebensdauer ist dadurch noch nicht erreicht. Allerdings können durch die Reduzierung der Kolbenschwärzung deutlich **kleinere Lampenkolben** realisiert werden, die wiederum einen höheren Fülldruck des Inertgases ermöglichen. Wie in Gl. (3.31) ausgeführt, reduziert ein hoher Druck infolge einer geringeren freien Weglänge $\overline{l}$ das Abdampfen von Wolfram. Außerdem ist wegen des geringeren Volumens eine Nutzung des teuren Kryptons als Inertgas wirtschaftlich möglich. Da die Wärmeleitung in der Langmuir-Schicht gemäß $\kappa \propto \sqrt{\dfrac{kT}{m}}$ proportional $m^{-1/2}$ ist, verringert sich die Abfuhr von Wärme durch die Gasfüllung. Das ermöglicht einen besseren Wirkungsgrad der Lampe.

Durch die geringere Abdampfrate stehen dem Lampenbauer nun zwei Optionen offen: entweder er nutzt dies zur Erhöhung der Wendeltemperatur, was einen höheren Wirkungsgrad der Lampe bei gleichbleibender Lebensdauer zur Folge hat, oder er bleibt bei der alten Temperatur und gewinnt dadurch Lebensdauer.

Der kleinere Lampenkolben ist übrigens eine Notwendigkeit für das Aufrechterhalten des Halogenkreisprozesses. Denn nur dadurch lassen sich die hohen Wandtemperaturen erreichen, die nötig sind, um das Wolframhalogenid am Kondensieren zu hindern. Der Halogenkreisprozess ist weitaus komplexer, als hier dargestellt und auch nicht vollständig verstanden. Als sicher gilt, dass in Spuren vorhandener Sauerstoff den Prozess unterstützt bzw. gar erst möglich macht. Beim **Wolframjodid** etwa geht man von folgender Reaktion aus:

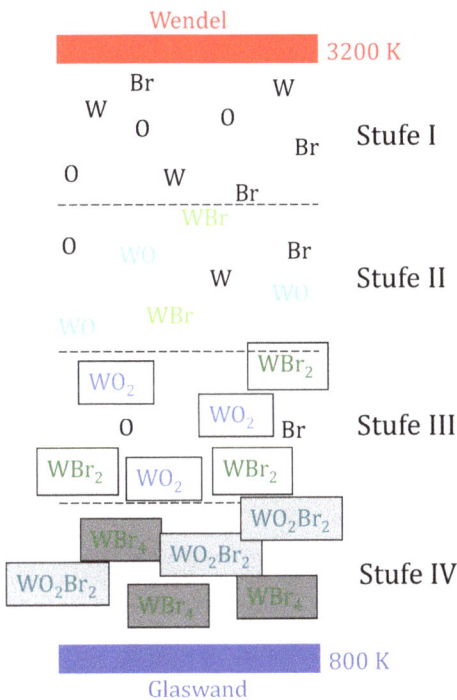

$$W + O_2 + J_2 \leftrightarrow WO_2J_2 \qquad\qquad (3.37)$$

Abb. 3.13: In dem Halogenkreisprozess spielt neben dem Halogen auch Sauerstoff eine wichtige Rolle.

In der Praxis wird häufig Brom als Halogen verwendet. Jod scheidet aus fertigungstechnischen Gründen aus, denn es hat einen zu geringen Dampfdruck, um es als Gas dem Inertgas zuzusetzen. Brom wird in Form von **Brommethan (CH$_3$Br)**, **Dibrommethan (CH$_2$Br$_2$)** oder **Bromwasserstoff (HBr)** zugegeben. Die Größenordnung der Zugabe liegt bei etwa 1%. An der heißen Wendel wird Brom freigesetzt und der Kreisprozess kann beginnen. Abb. 3.13 zeigt in etwa den Ablauf. In den vier Zonen wandelt sich Wolfram zunächst in die Wolframoxide WO und WO$_2$ um, bevor es über Wolfram(VI)Dioxidbromid in Wolfram(IV)Bromid umgewandelt wird.

Die Verwendung von Fluor erweist sich in der Praxis wegen der Korrosion an den durch die Stromzuführungen gekühlten Wendelenden als schwierig. Eine dem Halogenkreisprozess entgegenlaufende Reaktion ist

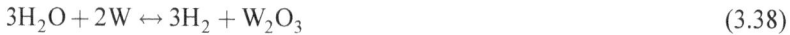

$$3H_2O + 2W \leftrightarrow 3H_2 + W_2O_3 \tag{3.38}$$

Dieser Prozess führt dazu, dass Wolfram zur kälteren Kolbenwand transportiert wird, wo es schädlicherweise kondensiert. Das Wasser kann durch Unvorsichtigkeiten beim Produktionsprozess in die Lampe gelangen. Überhaupt stellen Halogenlampen höchste Anforderungen an die Reinheit der Materialien. Das für die Wendel verwendete Wolfram muss von höchster Qualität sein, Verunreinigungen durch andere Metalle wirken sich nachteilig aus, da das Halogen durch Reaktion mit dem Fremdmetall gebunden wird und für den eigentlichen Kreisprozess nicht mehr zur Verfügung steht.

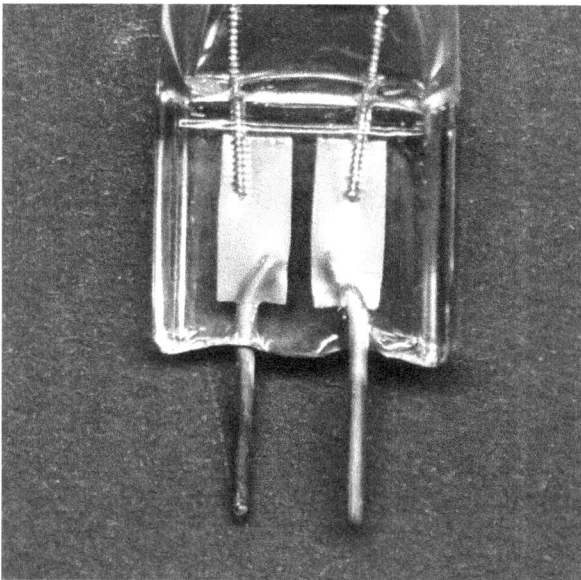

Abb. 3.14: Einschmelzung einer Molybdän-Folie als Stromdurchführung bei einer Halogenlampe mit Quarzkolben.

Die Gasbefüllung von Lampen, die im kalten Zustand bereits Überdruck haben, erfolgt, indem die Lampe mit flüssigem Stickstoff gekühlt wird. In einem angeschlossenen Vorratsgefäß befindet sich das fertig gemischte Füllgas, mit dem die Lampe mit einem genau festgelegten Druck befüllt wird. Dieser ist niedriger als der spätere Fülldruck. Das System hat aufgrund der niedrigen Temperaturen Unterdruck gegenüber der Atmosphäre, so dass beim Abschmelzen des Pumpstengels die Außenluft das zähflüssige Glas in die Öffnung drückt und diese verschließt. Wenn sich die Lampe samt Füllgas auf Raumtemperatur erwärmt hat, entwickelt sich im Innern Überdruck.

Da wegen der hohen Temperatur bei leistungsstärkeren Lampen fast ausschließlich Quarzkolben Verwendung finden, entsteht bei Halogenlampen das Problem der Einschmelzung von Stromdurchführungen. Quarz hat einen so niedrigen Längenausdehnungskoeffizienten, dass dazu kein Metall mit ähnlichem Koeffizienten gefunden werden kann. Die Lösung liegt in einer ca. 25 µm dünnen **Molybdänfolie** mit elliptischem Querschnitt, die in das geschmolzene Quarzglas eingequetscht wird (Abb. 3.14). Für Lampen mit einer Leistung von weniger als 100 W kann Hartglas verwendet werden. Hier ist ein Einschmelzen oder Einquetschen von Molybdänstiften möglich.

Die Lichtausbeute von **Niedervolt-Halogenlampen** ist merklich höher als die von **Hochvolt-Halogenlampen** (230V-Lampen). Bei den handelsüblichen Halogenlampen für spezielle Anwendungen wie Scheinwerfer, Beleuchtungssysteme in der Optik etc. liegt die Lichtausbeute von Niedervolt-Halogenlampen bei ca. 37 lm/W. Der gleiche Wert für Hochvolthalogenlampen beträgt nur ca. 26 lm/W. Begründet ist dies durch die elementaren Zusammenhänge

$$U = RI \quad \text{(Ohmsches Gesetz) und} \quad P = UI \qquad (3.39)$$

woraus folgt:

$$P = RI^2 \qquad (3.40)$$

Bei konstanter Leistung P der Lampe kann also ein niedriger Strom I und ein entsprechend hoher Widerstand R gewählt werden oder ein hoher Strom I und ein niedriger Widerstand R. Wegen $P = UI$ erhält man im ersten Fall eine Hochvolt-Lampe, im zweiten Fall eine Niedervolt-Lampe. Bei letzterer muss also die Glühwendel niederohmiger ausgelegt werden. Das ermöglicht die Verwendung kürzerer und dickerer Wendeln, die aufgrund ihrer kompakteren Form geringere Wärmeverluste haben.

Warum gibt es dann überhaupt Hochvolt-Halogenlampen? Das liegt u.a. daran, dass man für Niedervolt-Halogenlampen einen Trafo oder ein Schaltnetzteil benötigt, um sie am Netz betreiben zu können. Das verursacht Kosten, stellt eine Quelle möglicher Defekte dar und reduziert den Gesamtwirkungsgrad der Anordnung. Bei sehr leistungsstarken Lampen wären außerdem nach Gl. (3.40) extreme Lampenströme nötig. Die dafür nötigen Netzteile wären groß und teuer.

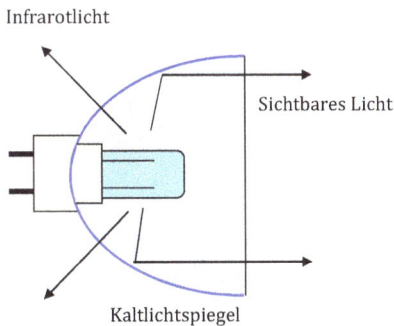

Abb. 3.15: Lampe mit Kaltlichtspiegel.

Speziell für die Beleuchtung wärmeempflindlicher Objekte wurde die **Reflektorlampe** mit **Kaltlichtspiegel** entwickelt. Diese hat einen zumeist parabolischen Reflektor (Abb. 3.15), der eine dielektrische Beschichtung trägt, die sichtbares Licht zu 100% reflektiert. Infrarotes Licht und in manchen Fällen auch UV-Licht wird jedoch durchgelassen. Das bedeutet, dass sich **Wärmestrahlung** fast ungehindert in alle Raumrichtungen ausbreiten kann und nicht, wie bei einem metallischen Reflektor, auf das zu beleuchtende Objekt gebündelt wird. Abb. 3.16 zeigt eine Reihe handelsüblicher Halogenlampen. Neben zwei Kaltlichtspiegellampen ist auch eine zweiseitig gesockelte, stabförmige Lampe zu sehen, wie sie bei der flächigen Anstrahlung im Innen- (Verkaufsflächen) und Außenbereich Verwendung finden.

Abb. 3.16: Halogenlampen unterschiedlicher Bauart. Die Reflektoren der beiden Kaltlichtspiegellampen reflektieren selektiv vor allem sichtbares Licht, aber wenig Wärmestrahlung. Die Wärmebelastung im Lichtbündel sinkt dadurch erheblich. Foto: OSRAM

3.1.3   Glühlampen für Sonderanwendungen

Die Lichtausbeute einer Glühlampe steigt mit wachsender Wendeltemperatur. Es steigt damit aber leider auch die Abdampfrate des Wolframs. Ein Sinken der Lebensdauer der Lampe ist die Folge. Es muss für die verschiedensten Anwendungen jeweils entschieden werden, was wichtiger ist: Lebensdauer oder Lichtausbeute. Bei **Signallampen** in **Lichtzeichenanlagen** etwa wird die Entscheidung in Richtung Lebensdauer getroffen. Hier ist etwa eine mittlere Lebensdauer von 8000 h üblich, d.h. innerhalb der ersten 8000 h Brennstunden dürfen weniger als 50% der Lampen ausgefallen sein. Ein Ausnutzen dieser mittleren Lebensdauer ist meist nicht ratsam, da Signallampen bei Ausfall sofort getauscht werden müssen. Die Einzelauswechselkosten stehen in keinem Verhältnis zu den Kosten eines Gesamtaustauschs aller Lampen im Rahmen der Regelwartungen.

Bei **Hochvolt-Signallampen** ist etwa ein Ausfall von weniger als 2% aller Lampen innerhalb der ersten 3000 Betriebsstunden üblich. Dies wird erreicht durch Kryptonbefüllung,
durch Reduzierung der Wendeltemperatur unter Inkaufnahme verringerter Lichtausbeute
oder durch Überdruckbefüllung. In besonderen Fällen, etwa beim Rotsignal, sind auch **Glühlampen mit doppelter Glühwendel** gebräuchlich.

Der umgekehrte Weg wird beschritten, wenn hohe Lichtausbeute und damit verbunden eine
hohe Farbtemperatur verlangt werden. So erreicht eine 1000 W-Halogen-Netzspannungs-
lampe für **Film- und Fernsehaufnahmen** bei einer Farbtemperatur von 3400 K zwar eine
Lichtausbeute von 33 lm/W, die Lebensdauer ist aber auf 15 h begrenzt. Kurze Lebensdauern
zugunsten höherer Farbtemperatur werden auch bei **Projektionslampen** in Kauf genommen.
Hier kommt es vor allem darauf an, möglichst eine Punktlichtquelle zu realisieren. Die
Glühwendel soll also möglichst kompakt sein. Abb. 3.17 zeigt eine Niedervolt-Halogen-
lampe für Projektionszwecke, die einen Lichtstrom von 16000 lm bei einer Nennleistung von
400 W liefert. Die Lichtausbeute liegt damit bei 40 lm/W, die Farbtemperatur bei 3400 K.
Diese hohen Werte bedeuten natürlich Einbußen bei der Lebensdauer: es wird eine solche
von 50 Stunden (50%-Ausfall) angegeben.

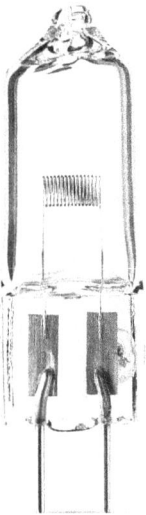

Abb. 3.17: Niedervolt-Halogenglühlampe PHILIPS 7787XHP 400W
GY6.35 36V 1CT, die hauptsächlich für Projektionszwecke eingesetzt wird.
Foto: Philips Lighting

Ein hoher Lichtstrom bedeutet letztlich eine längere Glühwendel. Bei Scheinwerferlampen
hoher und höchster Leistung kommt der Lage und Faltung der Glühwendel eine entscheidende Bedeutung zu. Die Wendel muss möglichst eng geführt werden, die Wendelschenkel
dürfen sich bei Hochvolt-Lampen aber nicht zu nahe kommen, damit es nicht zu elektrischen
Überschlägen kommt. Auch dürfen sich die Schenkel in der Hauptstrahlrichtung nicht gegeneinander abschatten. In Abb. 3.18 sind zwei Ausführungsformen angegeben. Bei der **Mono-
plantechnik** wird die Wendel in einer Ebene geführt, entsprechende Zwischenräume verhindern Überschläge. Bei der **Biplanwendel** wird die Leuchtdichte dadurch gesteigert, dass die
Wendel in Zick-Zack-Form angeordnet wird, wobei sich die Gesamtbreite der Anordnung
senkrecht zur Projektionsrichtung verringern und damit die Leuchtdichte steigern lässt.

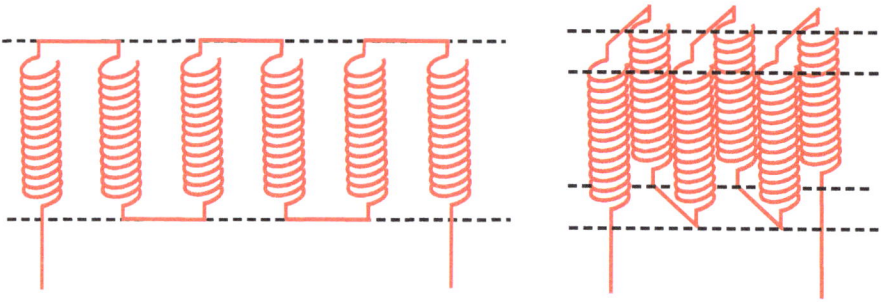

Abb. 3.18: Anordnung von Glühwendeln in Scheinwerferlampen, links die Monoplanwendel, rechts die Biplanwendel.

In Abb. 3.19 ist eine Scheinwerferlampe mit Biplanwendel abgebildet. Bei einer Lichtausbeute von ca. 21 lm/W und einer Farbtemperatur von 3000 K erreicht die Lampe eine Lebensdauer von 750 Stunden.

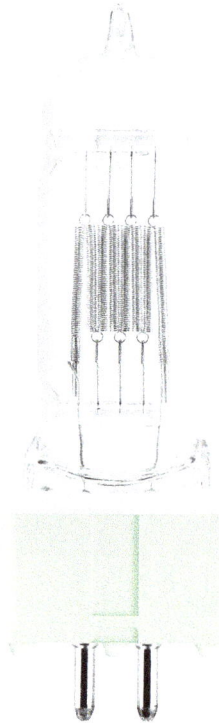

Abb. 3.19: Halogenlampe OSRAM T/19 1000W für eine Brennspannung von 230 V. Sie besitzt eine Biplanwendel und liefert einen Lichtstrom von 21.150 lm bei einer Farbtemperatur von 3000 K. Foto: OSRAM

Eine gewisse Bedeutung haben Niedervolt-Halogenlampen noch als Leuchtmittel in Autoscheinwerfern. Hier sind auch Lampen mit Interferenzbeschichtungen im Handel, die dem

Licht leichte Färbungen in gelbliche oder bläuliche Richtung geben. Für Schwerlastfahrzeuge gibt es besonders robuste und langlebige Varianten.

Abb. 3.20: Reflektorlampe PAR® 64 mit einer Leistung von 1000 W bei einer Brennspannung von 230 V. Foto: OSRAM

Eine Kombination von Lampe und Reflektor wird auch bei der **PAR®-Lampenserie** verwendet. Dies sind Lampen, die bei preisgünstigen Scheinwerfern zum Einsatz kommen. Bei ihnen sitzt die Halogenlampe in einem hermetisch dichten **Pressglaskolben**, der gleichzeitig als Reflektor geformt ist. Vorteil dieser Anordnung ist die präzisestmögliche Justierung der Glühwendel relativ zum Reflektor. Außerdem ist der Reflektor durch die Schutzgasfüllung des Kolbens vor Korrosion und Beschädigung geschützt. Nachteilig sind allerdings der höhere Preis sowie die Tatsache, dass das abgegebene Lichtbündel eine fest eingestellte Divergenz besitzt. Eine Veränderung derselben, wie sie bei hochwertigen Scheinwerfern möglich ist, scheidet hier aus. Die in Abb. 3.20 gezeigte PAR®64 Classic erreicht eine Farbtemperatur von 3200 K bei einer Lebensdauer von ca. 300 Stunden. Lampen dieses Typs gibt es mit verschiedenen Abstrahlwinkeln.

3.2   Niederdruck-Entladungslampen

3.2.1   Leuchtstofflampen

Die Entwicklung einer brauchbaren **Leuchtstofflampe** gelang in den Dreißigerjahren des vergangenen Jahrhunderts. Schon 1926 beschreibt Edmund Germer eine Gasentladungsröhre mit einer Leuchtstoffbeschichtung, die das UV-Licht einer Gasentladung in sichtbares Licht umwandelt. Mit dieser „Strahlungsumwandlung" beschäftigten sich auch Pirani und Rüttenauer [Pirani 1935]. Die erste kommerziell erfolgreiche Lampe kam 1938 auf den Markt. Der Siegeszug dieses Lampentyps begann und heute liefert er in den Industrienationen den größten Teil des künstlichen Lichtes.

Eine Leuchtstofflampe besteht aus einer Röhre aus Kalknatronglas (Abb. 3.21), in der eine Niederdruckgasentladung zwischen zwei Elektroden mittels Wechselspannung betrieben wird. Die Wendeln werden nur zum Starten der Lampe vorgeglüht, im späteren Betrieb behalten sie durch Elektronen- bzw. Ionenbeschuss ihre Betriebstemperatur. Die Füllung besteht größtenteils aus Argon mit einer kleinen Menge Quecksilber (bei neueren Lampen sind es ca. 2–3 mg). Letzeres ist für die Lichterzeugung verantwortlich. Allerdings liefert es den größten Teil der Strahlung im ultravioletten Spektralbereich, so dass das Licht über einen Leuchtstoff auf der Innenseite der Glasröhre erst in sichtbares Licht umgewandelt werden muss.

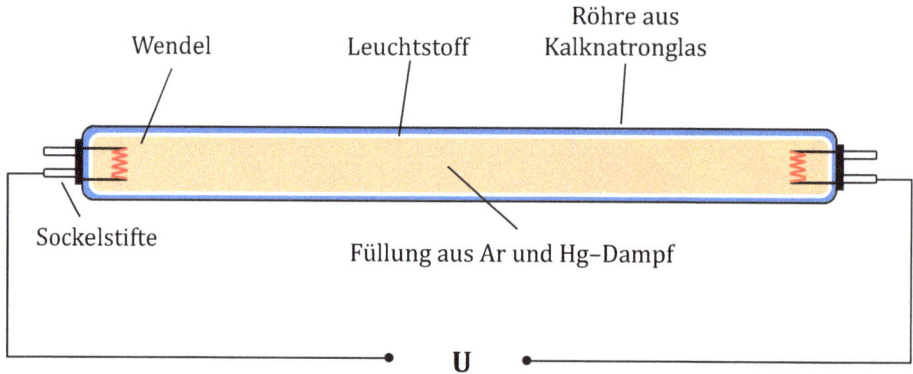

Abb. 3.21: Eine Leuchtstofflampe im Schnitt. Die Elektroden werden nur vor dem Zünden elektrisch zum Glühen gebracht, im Betrieb werden die Wendeln als einseitig kontaktierte Elektroden verwendet. Die Lampe wird in der Regel mit Wechselspannung betrieben.

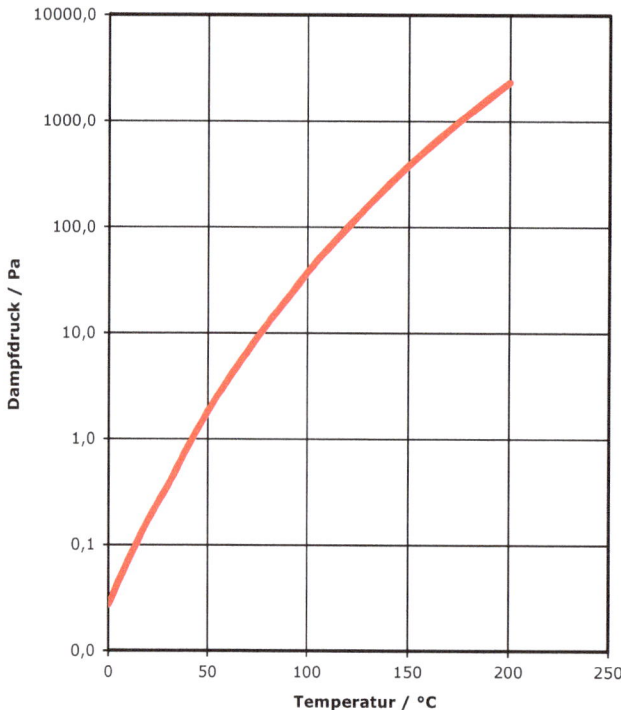

Abb. 3.22: Dampfdruckkurve des Quecksilbers.

Die Gasfüllung

Für eine wirkungsvolle Konversion der emittierten UV-Strahlung in sichtbares Licht bedarf es eines Gases oder Dampfes mit Emissionslinien, die nicht zu weit vom sichtbaren Spektralbereich entfernt sind und außerdem Strahlung mit genügend hoher Ausbeute liefern. Die Edelgase haben ungeeignete Linien im fernen UV. Die Auswahl ist sehr begrenzt und die Wahl fällt auf Quecksilber, entwickelt es doch schon bei Zimmertemperatur den erheblichen Dampfdruck von 0,17 Pa (Abb. 3.22). Beim Betrieb einer Leuchtstofflampe darf der Quecksilberdampfdruck allerdings auch nicht zu hoch werden. Es gibt nämlich einen optimalen Druck: einerseits muss er hoch genug sein, damit die Zahl der für die Anregung geeigneter Energieniveaus notwendigen Stöße groß genug ist, andererseits darf er nicht so hoch sein, dass Selbstabsorption (siehe hierzu die Erläuterungen zu Abb. 1.11) eintritt. Außerdem ist es so, dass einmal von Quecksilber emittierte Strahlung nicht sofort die Entladung verlässt, sondern sie wird von einem anderen Quecksilberatom absorbiert und auch wieder emittiert [Coaton 2001]. Dieser Vorgang wiederholt sich ca. 100-mal, bevor die Strahlung die Rohrwand erreicht und wäre im Großen und Ganzen verlustfrei, wenn es nicht gelegentlich Stöße mit Elektronen gäbe, die einen Verlust der Anregungsenergie zur Folge haben. Bei hohen Drücken steigt die Zahl der Stöße und damit der Verlust der Anregungsenergie. Der optimale Quecksilberpartialdruck liegt etwa bei 0,65 Pa. Nach Abb. 3.22 entspricht das einer Temperatur von etwa 36°C, was bedeutet, dass die kälteste Stelle der Lampe diese Temperatur haben muss, denn der Quecksilberdampf ist gesättigt.

Als **Zünd- und Puffergas** wird bei Leuchtstofflampen noch ein Edelgas zugesetzt. In vielen Fällen ist es Argon mit einem Partialdruck von 500 Pa, manchmal kommt auch ein Gemisch aus Argon und Krypton zum Einsatz. Argon liefert eine geringere Zündspannung als Krypton. Das Edelgas hat außerdem als Puffergas die Funktion, die Elektroden vor zu heftigen Ioneneinschlägen zu schützen und damit die Lebensdauer der Lampe beträchtlich zu steigern.

Anregung der Quecksilberatome

Die physikalischen Eigenschaften einer Niederdruckgasentladung wurden bereits in Kap. 1.2 besprochen. Zur Lichtemission kommt es, wenn geeignete Energieniveaus des Quecksilbers durch Elektronenstöße besetzt werden und anschließend das Elektron wieder in den Grundzustand relaxiert. Das Energieniveauschema ist in Abb. 3.23 vereinfacht dargestellt. Die rot gezeichneten Übergänge sind für die Lichterzeugung in Leuchtstofflampen relevant. Welche der Niveaus besetzt werden, hängt von der **Elektronenenergie** ab. Diese wiederum wird durch die elektrische Feldstärke maßgeblich bestimmt. Solange die Elektronenenergie niedriger ist als die Energie des niedrigsten Quecksilberniveaus, stoßen die Elektronen elastisch mit den Atomen. Sie geben also keine Energie ab. Erst wenn die Energie gleich oder höher wird als das niedrigstliegende Quecksilberniveau, kann durch den Stoß ein Elektron in diesen Zustand gehoben werden. Das stoßende Elektron setzt seinen Weg mit entsprechend geringerer kinetischer Energie fort und wird im elektrischen Feld wieder beschleunigt. Hat das Elektron hohe kinetische Energie, können auch höhere Niveaus besetzt werden, wobei gleichzeitig die Wahrscheinlichkeit der Besetzung niedriger Niveaus wieder sinkt. Für eine optimale Emission auf den Linien 435,8 nm, 546,1 nm und 404,7 nm ist eine Elektronenenergie von ca. 9 eV günstig [Elenbaas 1972].

Sind die Elektronen hinreichend energiereich, so ist eine Ionisierung des Quecksilbers möglich. Die hierfür nötige Ionisierungsenergie liegt bei 10,43 eV. Die Ionisierung ist ein durchaus gewünschter Effekt, denn sie erzeugt freie Elektronen und Ionen, die für die **Leitfähigkeit des Plasmas** wichtig sind. Die Erzeugung freier Ladungsträger spielt insbesondere beim Kaltstart der Lampe eine wichtige Rolle. Hier müssen die wenigen vorhandenen freien Elektronen beschleunigt werden, um zu ionisieren. Es ist klar, dass in einem Vakuum keine Atome vorhanden sind, die ionisierbar wären. Bei sehr hohen Drücken dagegen sind zwar ausreichend Atome für die Ionisierung vorhanden, dafür ist aber die mittlere freie Weglänge, die ein Elektron zwischen zwei Stößen zurücklegen kann, sehr gering. Das Elektron kann auf den kurzen Strecken nicht genügend kinetische Energie gewinnen, um ionisieren zu können. Das lässt sich nur durch sehr hohe Spannungen ausgleichen. Die **Paschen-Kurve**, die die Abhängigkeit der Zündspannung vom Druck beschreibt, hat also bei dem Druck ein Minimum, bei dem einerseits genügend Atome für die Ionisierung zur Verfügung stehen, aber andererseits die mittlere freie Weglänge noch lang genug ist.

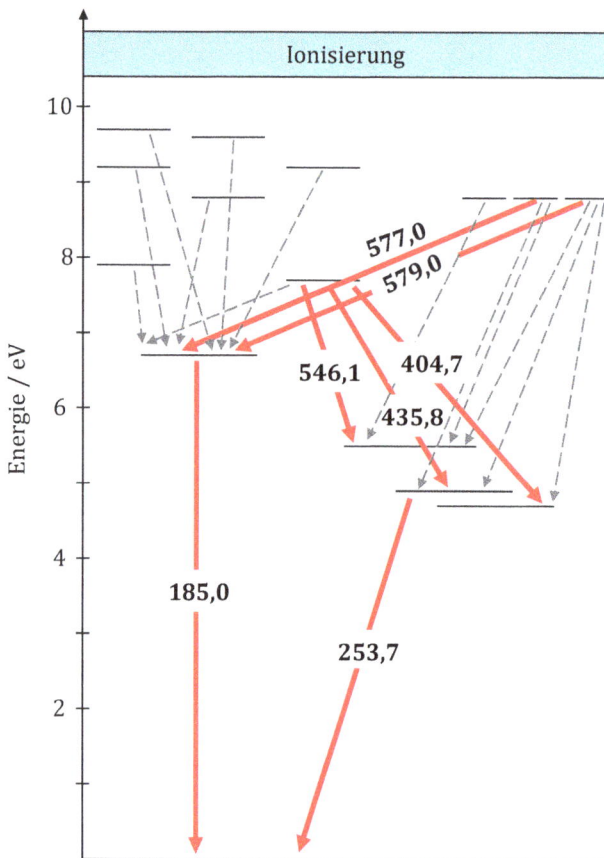

Abb. 3.23: Vereinfachtes Energieniveauschema des Quecksilbers. Die wichtigsten Übergänge sind rot gezeichnet. Die Zahlen geben die bei der Relaxation auftretenden Wellenlängen in nm an. Der Anteil des bei der Leuchtstofflampe im Sichtbaren emittierten Lichtes ist gering. Die stärksten Linien sind die beiden UV-Linien bei 185 nm und 253,7 nm.

Bei einem Gasgemisch liegen die Dinge noch einmal komplizierter. Das für die Leuchtstofflampe günstige Gemisch aus Argon und wenig Quecksilber erweist sich hier als sehr hilfreich, denn die Zündspannungen sind wesentlich niedriger als bei Verwendung von reinem Argon. Das liegt am sogenannten **Penning-Effekt** [Penning 1927, 1928], der Tatsache nämlich, dass Argon im metastabilen Zustand in der Lage ist, Quecksilber zu ionisieren. Der Penning-Effekt tritt immer dann ein, wenn das metastabile Niveau des mengenmäßig überlegenen Gases über der Ionisierungsenergie des beigemischten Gases liegt. Eine Ionisierung von Argon selbst ist wegen der hohen nötigen Energie von 15,76 eV unwahrscheinlich.

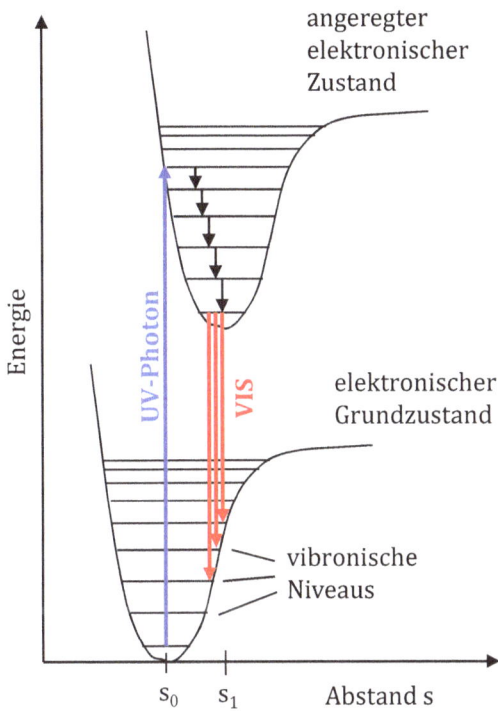

Abb. 3.24: Umwandlung eines UV-Photons in ein Photon des sichtbaren Lichtes (VIS). Die Anregung erfolgt in ein höheres vibronisches Niveau des angeregten elektronischen Zustandes. Die Emission erfolgt aus dem vibronischen Grundzustand des angeregten Niveaus in höhere vibronische Niveaus des Grundzustandes.

Erzeugung sichtbaren Lichtes durch Leuchtstoffe

Nur ca. 3% der der Entladung zugeführten Energie werden direkt in sichtbares Licht umgewandelt, ca. 63% werden in Form von Strahlung der Wellenlängen 185,0 nm und 253,7 nm abgegeben. So gesehen wäre die Lichterzeugung mit einer Leuchtstofflampe eine unerfreuliche Angelegenheit, gäbe es nicht geeignete Leuchtstoffe, die die UV-Strahlung in sichtbares Licht umwandeln können. Dieser physikalische Effekt wird **Fluoreszenz** genannt, und zwar weil er u.a. in dem natürlich vorkommenden Mineral **Fluorit** (CaF_2) beobachtet wurde.

Es gibt Leuchtstoffe, die am besten fluoreszieren, wenn sie möglichst rein sind. Andere wiederum zeigen erst dann Fluoreszenz, wenn sie mit kleinen Mengen anderer Elemente versetzt werden. Die Fremdsubstanz wird **Aktivator** genannt. In Abb. 3.24 ist der Verlauf der potentiellen Energie E eines Aktivatoratoms als Funktion des Abstandes s für den elektronischen Grundzustand sowie für einen elektronisch angeregten Zustand dargestellt. Der Abstand s ist als eine Art effektiver Abstand des Aktivators zu den umgebenden Atomen zu verstehen. Der Verlauf der Energie für die beiden elektronischen Zustände entspricht jeweils dem **Morse-Potential**. Das gilt zwar eigentlich nur für ein isoliertes, zweiatomiges Molekül, das in Gasform vorliegt. Hier dagegen sind Feststoffe zu betrachten, deren Atome untereinander mannigfache Bindungen eingehen. Die Verhältnisse sind also wesentlich komplexer. Eine direkte Übertragung auf das hier vorliegende Phänomen ist nicht möglich. Trotzdem kann ein Potential dieser Form verwendet werden. Der Energieverlauf wird um die Ruhelage s_0 des Atoms herum gut mit einer Parabel angenähert. Für Abstände $s \ll s_0$ ist der Energieverlauf wesentlich steiler als der Verlauf einer Parabel. Das liegt daran, dass sich bei kleinsten Abständen die Atome sehr nahe kommen und starke Abstoßungskräfte wirksam werden. Bei sehr großen Abständen $s \gg s_0$ werden die Bindungen stark gedehnt und reißen – die Energie entspricht der Ionisierungsenergie. Die Gleichgewichtsabstände für die beiden elektronischen Zustände sind unterschiedlich. In Abb. 3.24 sind außerdem die diskreten **vibronischen Niveaus** der elektronischen Zustände eingezeichnet.

Bei Temperaturen wenig über 20°C befindet sich das Aktivatoratom im vibronischen Grundzustand des unteren elektronischen Niveaus. Absorbiert es nun ein UV-Photon, geschieht das so schnell, dass die umgebenden Ionen des Gitters sich an die neuen Abstände nicht so schnell anpassen können. Im angeregten elektronischen Zustand wird also ein höheres, vibronisches Niveau eingenommen. Man kann sich das im klassischen Bild wie folgt vorstellen: durch die Anregung wird ein äußeres Elektron auf eine weiter außen liegende Bahn gehoben. Dadurch vergrößert sich das Molekül und es verändert sich natürlich der effektive Gleichgewichtsabstand der Atomschwerpunkte (Abb. 3.25a und 3.25b). Der Übergang erfolgt nach dem **Franck-Condon-Prinzip** so schnell, dass der Gleichgewichtsabstand nicht so schnell wieder hergestellt werden kann.

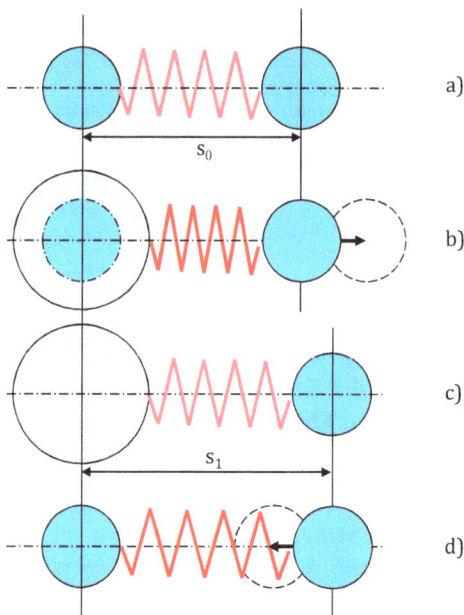

Abb. 3.25: Einfaches mechanisches Modell der Anregung elektronischer und vibronischer Niveaus in einem Leuchtstoff.

Im klassischen Bild würde das der Stauchung einer Feder entsprechen. Das System wird solange schwingen, bis die Energie ans Gitter abgegeben worden ist, was weniger als eine Pikosekunde dauert. Der neue Gleichgewichtsabstand ist jetzt s_1 (Abb. 3.25c). Mit einer

Relaxationszeit, die je nach Aktivatoratom im Nano- bis Millisekundenbereich liegen kann, geht das System schließlich in den elektronischen Grundzustand zurück. Die Relaxation erfolgt unter Emission eines sichtbaren Lichtquants nach Abb. 3.24 in ein vibronisch ange-regtes Niveau des elektronischen Grundzustandes. Im einfachen mechanischen Modell heißt das wiederum, dass die verbindende Feder gedehnt wird (Abb. 3.25d). Eine Schwingung ist die Folge, die vibronische Energie wird nach und nach ans Gitter abgegeben. Wie man aus Abb. 3.24 leicht erkennt, hat das emittierte Photon eine deutlich geringere Energie als das aufgenommene. Es kann also z.B. UV-Licht in sichtbares Licht umgewandelt werden. Bei der Emission gibt es außerdem mehrere Möglichkeiten der Relaxation in höhere oder weni-ger hohe vibronische Niveaus. Die Emissionslinie ist daher sehr breit und hat etwa Gauß-Form.

Es sei noch einmal betont, dass dieses vereinfachte mechanische Modell nur der Veranschau-lichung dient und den schwierigen, quantenmechanisch zu beschreibenden Gegebenheiten nicht voll gerecht wird.

In der Praxis wurden anfangs **Halophosphate** als Leuchtstoffe verwendet. Die Leuchtstoffe werden innen auf die Glasröhre aufgetragen und kommen mit dem Plasma in Kontakt. Wich-tig ist, dass möglichst das ganze UV-Licht von der Leuchtschicht absorbiert wird. Anderer-seits darf die Schicht auch nicht unnötig dick sein, denn sonst wird das entstandene sichtbare Licht möglicherweise in der Schicht wieder absorbiert. Für Halophosphate wird ein **Absorp-tionskoeffizient** α von etwa 1500 cm^{-1} angegeben [Elenbaas 1962], was bei einer 99%-igen Absorption des UV-Lichtes (also $\psi / \psi_0 = 0,01$) nach dem **Beerschen Gesetz**

$$\psi(x) = \psi_0 e^{-\alpha x} \quad \text{bzw.} \quad x = -\frac{1}{\alpha}\ln\left(\frac{\psi}{\psi_0}\right) \qquad (3.41)$$

eine Schichtdicke x von 31 μm bedeuten würde. Dies kann nur ein Anhaltswert sein, denn bei Leuchtstoffen spielt die Korngröße der Schicht eine wichtige Rolle. Ein Teil der UV-Strahlung wird nämlich in die Lampe zurückreflektiert. Günstig ist es bei Halophosphaten, eine Korngröße von mehr als 6 μm zu verwenden. Die Rückreflexion ist damit auf etwa 10% begrenzt.

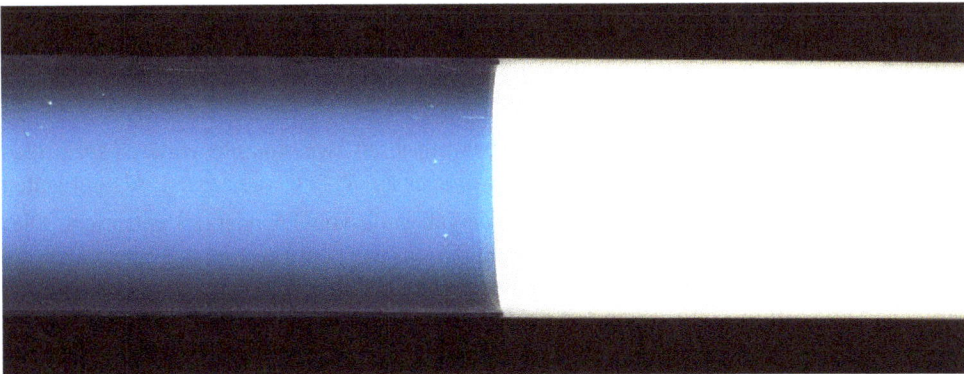

Abb. 3.26: Leuchtstofflampe ohne Leuchtstoff (links) und mit einem Halophosphat-Leuchtstoff (rechts). Die zuge-hörigen Spektren zeigt Abb. 3.27.

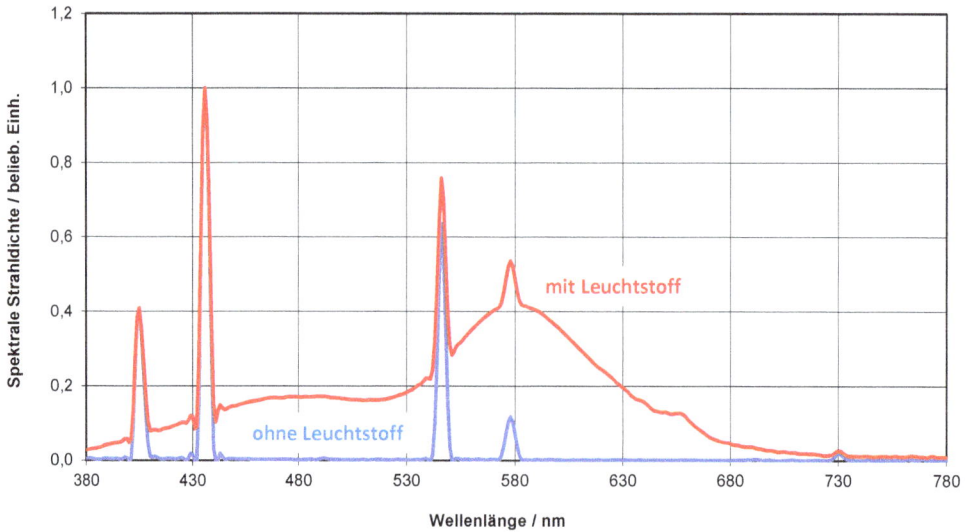

Abb. 3.27: Spektrale Leistungsverteilung einer Leuchtstofflampe mit und ohne Halophosphat-Leuchtstoff. Die Lampe wurde im warmen Zustand gemessen. Der Farbwiedergabeindex liegt mit Leuchtstoff bei $R_a = 67$. Ohne Leuchtstoff liegt er bei 5. Man beachte, dass die Breite der Quecksilberlinien durch die Auflösung des Messgerätes bedingt ist und nicht die tatsächliche Breite darstellt.

Das bei Einführung der Leuchtstofflampen häufig verwendete Kalzium-Halophosphat $Ca_5(PO_4)_3(Cl,F):(Sb^{3+},Mn^{2+})$ liefert halbwegs weißes Licht. Antimon emittiert breitbandig bei 480 nm, Mangan bei 580 nm. Betrachtet man die Positionen der beiden monochromatischen Strahlungen in der Normfarbtafel Abb. 2.14, so erkennt man leicht, dass die Verbindungslinie der beiden Farborte nahe am Weißpunkt verläuft. Das bedeutet, dass man bei geeigneter Wichtung der beiden Emissionen weißes Licht erzeugen kann. Dies geschieht durch Veränderung der Verhältnisse $Sb^{3+}:Mn^{2+}$ und Cl:F. Abb. 3.26 zeigt das Rohr einer Leuchtstofflampe im Betrieb, links ohne Beschichtung, rechts mit einem Halophosphat-Leuchtstoff.

Abb. 3.27 zeigt den sichtbaren Teil des Spektrum einer Leuchtstofflampe mit und ohne Leuchtstoff. Ohne Leuchtstoff sind nur die Quecksilberlinien bei 404,7 nm, 435,8 nm, 546,1 nm und 577,0 nm / 579,0 nm erkennbar. Mit Halophosphat-Leuchtstoff sind ein schwach ausgeprägtes, breites Maximum bei 480 nm und ein stärker ausgeprägtes bei 580 nm zu erkennen.

Der **Farbwiedergabeindex** von Halophosphaten mit ihren zwei komplementären spektralen Emissionen ist unbefriedigend. In Abb. 3.27 wurde er zu $R_a = 67$ gemessen. Als gut gelten Wiedergabeindizes ab 80, was einer Farbwiedergabestufe von 1A oder 1B entspricht. Dies lässt sich nur mit drei Banden im Spektrum realisieren, wie zum Beispiel mit einem **Deluxe-Leuchtstoff**, der aus einem Gemisch aus **Strontium-Halophosphat** $Sr_5(PO_4)_3(F,Cl):(Sb^{3+}, Mn^{2+})$ und **Strontium-Orthophosphat** $Sr_3(PO_4)_2:Sn^{2+}$ besteht. Das Strontium-Halophosphat liefert dabei Banden um 480 nm und 560 nm, während Strontium-Orthophosphat eine Bande bei 630 nm beisteuert.

Für die **Farbwiedergabestufe 1A** ($100 > R_a \geq 90$) werden **bis zu fünf Leuchtstoffe** gemischt.

In modernen Lampen bestehen die Leuchtstoffe aus **Barium-Magnesium-Aluminaten**, **Cer-Lanthan-Phosphaten**, **Cer-Terbium-Magnesium-Aluminaten** und **Yttriumoxid**. Als Aktivatoren dienen **Terbium**, **Europium** und **Mangan**. Die Leuchtstoffe werden in der Regel durch **Beschlämmen** der Rohre mit einer Leuchtstoff-Suspension in einem organischen Binder bzw. in Wasser mit einem Eindickungsmittel aufgebracht. Danach wird die Schicht vorsichtig getrocknet und der Binder oder das Eindickungsmittel durch Ausheizen bei ca. 500°C entfernt.

Die Elektroden

An die Elektroden werden im Falle einer Leuchtstofflampe grundsätzlich andere Anforderungen gestellt als an die Glühwendel bei einer Glühlampe. Es kommt darauf an, viele Elektronen aus der Elektrodenoberfläche abzulösen und im elektrischen Feld zu beschleunigen. Grundsätzlich gibt es für die Freisetzung von Elektronen die folgenden Mechanismen:

- Photonen geeigneter Energie können Elektronen aus dem Metallverbund ablösen. Hierfür ist es wichtig, dass die Photonenenergie $E = hf$ mindestens so hoch ist wie die für das Auslösen des Elektrons nötige Ablösearbeit W_A. Dieser Vorgang wird **Photoeffekt** genannt.
- Bei der **Glühemission** bekommen die Elektronen die für das Verlassen der Metalloberfläche nötigen Energien aus der thermischen Energie des Metalls. Hierfür sind also hohe Temperaturen nötig.
- Bei der **Feldemission** können Elektronen durch hohe Potentialdifferenzen aus der Oberfläche gerissen werden. Die zur Überwindung der Austrittsarbeit nötigen Feldstärken liegen in der Größenordnung von 1 GV/m.
- Durch **Aufprall von Ionen** auf die Metalloberfläche. Wie viele Elektronen herausgeschlagen werden, hängt von der Art des Ions, seiner Geschwindigkeit sowie der Beschaffenheit der Oberfläche ab. Meist ist es im Mittel weniger als ein Elektron.
- Durch Aufprall freier Elektronen hoher Energie können aus einer Elektrode weitere Elektronen herausgeschlagen werden. Bei diesem als **Sekundärelektronenemission** bezeichneten Effekt kann bei bestimmten Halbleitermaterialien das Sekundärelektronenemissionsvermögen, das ist das Verhältnis aus der Anzahl der ausgelösten Elektronen zur Anzahl der auftreffenden Teilchen, bis zu 15 betragen.
- Mitunter können **angeregte Atome Elektronen freisetzen**, wenn ihre Anregungsenergie gleich oder höher ist als die Austrittsarbeit. Die Energie, die frei wird, wenn das Atom bei Kollision mit der Elektrode in seinen Grundzustand übergeht, wird zur Ablösung eines Elektrons aus dem Metall verwendet.

Bei Leuchtstofflampen spielen die **Glühemission** sowie der **Aufprall von Ionen** auf die Kathode eine große Rolle. Die Elektroden werden beim Kaltstart der Lampe vorgeheizt, so dass durch thermische Emission freie Elektronen bereitgestellt werden. Der Heizstrom endet mit dem Start der Entladung. Von da an werden die Elektroden durch den Beschuss mit Ionen beheizt.

Für die Emission von Elektronen spielt die **Austrittsarbeit** eine entscheidende Rolle. Sie liegt bei reinem Wolfram bei etwa 4,5 eV und damit sehr hoch. Gesenkt werden kann sie durch **Beschichtung der Elektroden** mit Oxiden der Erdalkalimetalle **Calcium**, **Strontium** und **Barium**. Verwendung finden zwei- und dreifach gewendelte Elektroden. Die Erdalkalimetalle werden in Form von **Karbonaten** aufgetragen und im Laufe der Pumpvorgänge an der Lampe durch Abspaltung von CO_2 oxidiert. Die aufgebrachte Emittermenge bestimmt innerhalb gewisser Grenzen die **Lebensdauer der Lampe**. Ist der Emitter verbraucht, wird das Zünden der Lampe schwierig und schließlich unmöglich. Eine beliebige Menge kann nicht aufgebracht werden, da es zu **Ablösungen der Schicht** und zu **Kolbenschwärzungen** kommt. Abb. 3.28 zeigt eine der Elektroden einer Leuchtstofflampe, im Bereich der oberen Stromzuführung leicht rötlich glühend.

Abb. 3.28: Wolframwendel einer Leuchtstofflampe während des Betriebs. Die Entladung setzt hier im Wesentlichen im oberen Bereich der Wendel an.

Das Zünden der Lampe

Der Betrieb einer Leuchtstofflampe setzt eine **Glühemission** voraus. Das ist bei einer brennenden Lampe kein Problem, da die Glimmentladung die Elektroden auf Temperatur hält. Problematisch wird die Sache nur beim **Kaltstart** der Lampe. Hier ist es nötig, die Elektroden vorzuheizen, bevor die Glimmentladung in Gang kommen kann. Hierzu dient die in Abb. 3.29 dargestellte Schaltung.

Nach dem Schließen des Schalters fließt über die beiden Lampenelektroden ein geringer Strom, der im **Starter** zu einer **Glimmentladung** (Abb. 3.29a) zwischen den beiden **Bimetall-Elektroden** führt. Die Elektroden verbiegen sich infolge der Erwärmung und verursachen schließlich einen Kurzschluss. Ein relativ hoher Strom fließt über die beiden Leuchtstofflampen-Elektroden und bringt diese zum Glühen (Abb. 3.29b). Da die Glimmentladung im Starter erloschen ist, hat er sich während des Stromflusses wieder abgekühlt und daher öffnen die Bimetall-Elektroden den Kontakt wieder. Das abrupte Abreißen des Stroms führt in der Spule durch **Selbstinduktion** zu einem **Spannungsstoß** (Abb. 3.29c). Die hohe Spannung führt bei den noch heißen Elektroden der Leuchtstofflampe zum Start der Glimmentladung und zum kontinuierlichen Betrieb (Abb. 3.29d).

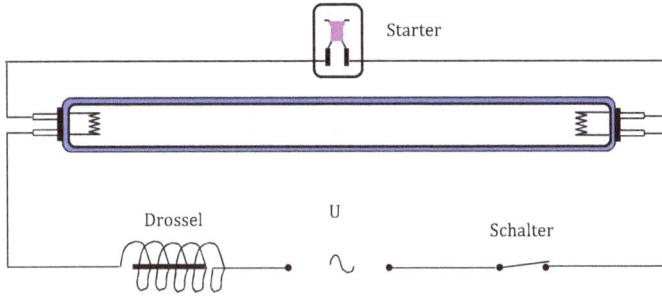

Abb. 3.29a: Nach dem Schließen des Schalters kommt es im Starter zu einer Glimmentladung, die die Bimetall-Elektroden des Starters so erhitzt, dass sie sich bis zum Kurzschluss verbiegen.

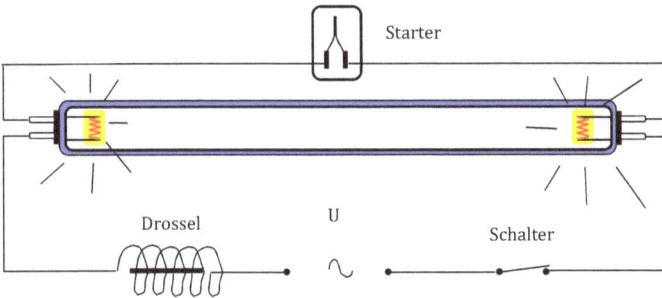

Abb. 3.29b: Der Kurzschluss im Starter lässt im Stromkreis einen relativ hohen Strom fließen, der die Elektroden der Leuchtstofflampe erhitzt.

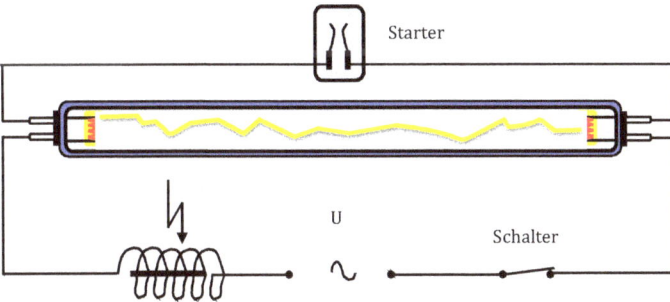

Abb. 3.29c: Das Öffnen des Schalters führt in der Drossel zu einem Spannungsstoß.

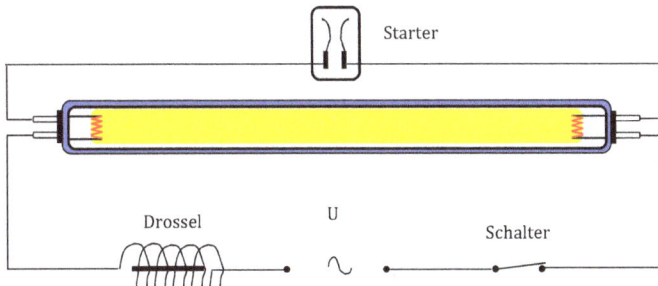

Abb. 3.29d: Die Glimmentladung ist stabil, die Elektroden behalten ihre hohe Temperatur durch den Ionen- und Elektronenbeschuss.

Beim Betrieb der Lampe kommt der Drossel die Aufgabe der Strombegrenzung zu. Eine solche Begrenzung wäre auch mit einem einfachen Ohmschen Widerstand möglich, allerdings würde in diesem Fall ein hoher Spannungsabfall zu einem beträchtlichen Leistungsverlust im Widerstand führen.

Außerdem führen ohmsche Widerstände, wie in Abb. 3.30a gezeigt, nach dem Nulldurchgang der Versorgungsspannung zu einer kurzen, beinahe stromlosen Phase [Coaton 2001, Elenbaas 1962]. Dies führt zu einer etwas höheren Wiederzündspannung und Instabilitäten im Lampenbetrieb. Dagegen hat eine Drossel keine stromlosen Phasen (Abb. 3.30b). Der Verlauf des Lampenstroms ist gegenüber dem Eingangsspannungsverlauf leicht verformt.

Die Drossel ist dem Ohmschen Widerstand überlegen, da sie als Induktivität selbst keine Energieverluste verursacht. In der Praxis treten natürlich doch einige Verluste auf, z.B. bedingt durch den ohmschen **Widerstand des Kupferdrahtes**, aus dem die Spule gewickelt ist, oder durch die **Hysterese des Eisenkerns**. Alles in allem ist der Verlust dieser als **konventionelles Vorschaltgerät (KVG)** bezeichneten Anordnung 10 bis 20%.

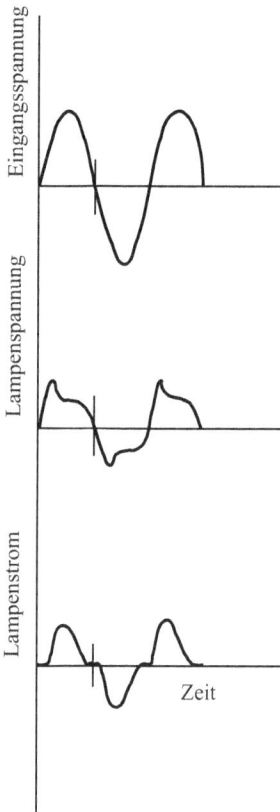

Abb. 3.30a: Eingangsspannung, Lampenstrom und Lampenspannung für einen Widerstand.

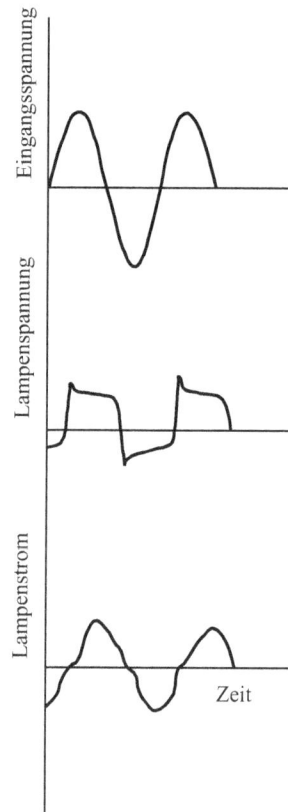

Abb. 3.30b: Eingangsspannung, Lampenstrom und Lampenspannung für eine Drossel.

Da ein KVG im Grunde nur aus einer Spule und einem Starter besteht, ist es sehr robust und langlebig. Es gibt jedoch auch Nachteile: bei einem Betrieb an der 50Hz-Wechselspannung erlischt die Entladung 100mal pro Sekunde. Das Kathodenglimmlicht wechselt im 50Hz-Takt zwischen den Elektroden. Obwohl eine 100Hz-Modulation des Lichtes nicht bewusst wahrgenommen werden kann, soll sie Studien zufolge zu schnellerer Ermüdung und Unkonzentriertheit führen und damit zu dem mit dem englischen Begriff „**sick building syndrome**" belegten Phänomen beitragen.

Unabhängig davon ist bereits seit den 60er Jahren des vorigen Jahrhunderts bekannt, dass der Betrieb einer Leuchtstofflampe mit einer höheren Frequenz einen höheren Wirkungsgrad der Lampe zur Folge hat. Leider waren damals die elektronischen Möglichkeiten sehr begrenzt und die Vorteile bei der Lichtausbeute wurden durch Leistungsverluste in der Elektronik mehr als aufgezehrt. Inzwischen sind durch die Fortschritte auf dem Gebiet der Halbleitertechnik sogenannte **EVG**s (**elektronische Vorschaltgeräte**) möglich, mit denen nicht nur die höhere Lichtausbeute der höheren Frequenzen realisiert werden kann, sondern die noch einige weitere Vorteile bieten: da bei Frequenzen in der Größenordnung von 10^4 Hz die Dauer des Nachleuchtens der Entladung deutlich länger ist als eine Periodendauer, besitzt das emittierte Licht nur noch eine **geringe Welligkeit**. Ein weiterer Vorteil sind deutlich kleinere Vorschaltgeräte, da Drosseln für hohe Frequenzen bei gleicher Wirkung deutlich kleiner gebaut werden können. Abb. 3.31 zeigt die grundlegende Funktion eines EVGs.

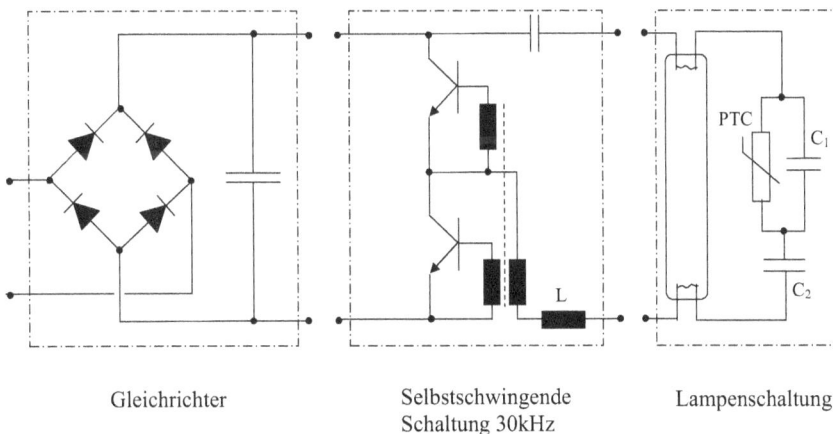

| Gleichrichter | Selbstschwingende Schaltung 30kHz | Lampenschaltung |

Abb. 3.31: Vereinfachte Funktionsgruppen eines elektronischen Vorschaltgerätes für Leuchtstofflampen.

Die Netzspannung wird zunächst gleichgerichtet und geglättet. In einer Zerhackerschaltung wird die Gleichspannung wieder in eine Rechteckspannung von etwa 30 kHz umgewandelt, die am Ausgang vermittels eines Kondensators als symmetrische Rechteckspannung zur Verfügung steht. Nach dem Einschalten der Netzspannung, aber noch vor dem Zünden der Lampe, bilden die Induktivität L, die Kondensatoren C_1 und C_2 sowie die Wendelwiderstände zusammen mit dem PTC-Widerstand einen resonant schwingenden LRC-Kreis.

Die Lampenwendeln und der PTC-Widerstand erwärmen sich, durch den hohen Widerstandswert des PTC-Widerstandes wird der Schwingkreis zunehmend entdämpft. Dadurch steigt die Spannung, bis schließlich die Zündspannung der Lampe erreicht ist. Mit der Zündung bricht die Spannung zwischen den Kondensatoren C_1 und C_2 auf die normale Brennspannung zusammen. Von da an liegt nur noch ein hochfrequent betriebener LR-Kreis vor, bestehend aus dem Widerstand der Lampe und der Induktivität L. In Abb. 3.31 nicht dargestellt ist die in jedem Fall notwendige Funkentstörschaltung. Auch kann eine **Sicherheitsabschaltung** bei defekter Lampe integriert sein.

Das EVG verursacht dadurch, dass die Entladung während der gesamten Periodendauer in Gang bleibt, geringere Elektrodenverluste und erhöht damit die Lichtausbeute. Die Restwelligkeit des Lichtes ist minimal. Ein weiterer Vorteil besteht darin, dass das bei Drosseln mitunter hörbare 50Hz-Brummen („Netzbrumm") verschwindet bzw. durch ein 30kHz-Brummen ersetzt wird, das weit außerhalb des menschlichen Hörvermögens liegt. Die Lebensdauer von Lampen, die mit EVGs betrieben werden, kann gegenüber der Verwendung von KVGs deutlich höher sein. KVGs belasten die Lampe beim Einschalten stark, da der Spannungsimpuls der Drossel so groß sein muss, dass er die Lampe auch im ungünstigsten Fall zünden kann. In günstigen Fällen werden die Elektroden damit aber unnötig belastet. Bei EVGs steigt die Spannung durch die langsame Entdämpfung des LRC-Kreises nur so lange kontinuierlich an, bis der für das Zünden nötige Wert erreicht ist. Das schont die Elektroden.

Die Lichtausbeute und spektrale Eigenschaften

In der Nähe der Elektroden kommt es zu den in Kap. 1.2.1 besprochenen Spannungsabfällen, dem **Kathoden-** und **Anodenfall**. Da Licht im Wesentlichen nur in der positiven Säule erzeugt wird, ist die im Kathoden- und Anodenfall verbrauchte Leistung verloren. Da der Spannungsabfall an der positiven Säule zu ihrer Länge proportional ist, sind lange Röhren hinsichtlich der Lichtausbeute günstiger als kurze. Das Verhältnis des Spannungsabfalls an der positiven Säule zum Spannungsabfall an der gesamten Lampe ist umso höher, je länger die Lampe ist. Die Kathoden- und Anodenfälle liegen zusammen bei ca. 15–25 V bei thermischer Emission [Elenbaas 1962].

Bei den Rohrdurchmessern haben sich 16 mm, 26 mm und 38 mm als Standard etabliert, wobei die Tendenz zu dünneren Lampen geht. Lampen mit 38 mm Durchmesser sind kaum noch erhältlich. Legt man die durch die Lampe fließende Stromstärke und den Quecksilberdampfdruck fest, ist der optimale Rohrdurchmesser ebenfalls festgelegt. Wird er unterschritten, wird die Stromdichte und damit die mittlere Elektronenenergie zu hoch, was zu einer Anregung höherer Quecksilberniveaus führt. Wird er überschritten, kommt es wegen des verlängerten Weges der UV-Lichtquanten des Quecksilbers zur Selbstabsorption.

Abb. 3.32 zeigt die spektrale Strahldichte als Funktion der Wellenlänge für eine einfach gefaltete Leuchtstofflampe mit einem **Dreibanden-Leuchtstoff**. Die blaue Kurve wurde unmittelbar nach dem Kaltstart gemessen, die rote Kurve acht Minuten nach dem Einschalten. Man erkennt deutlich, dass die Lampe nach dem Einschalten noch nicht die volle Strahldichte liefert. Dies liegt daran, dass es einige Zeit dauert bis die Lampe Betriebstemperatur hat, so dass der erforderliche Quecksilberpartialdruck erst nach einigen Minuten erreicht ist. Bei der gemessenen Lampe ist das nach etwa drei bis vier Minuten der Fall. Der Farbwiedergabeindex der warmen Lampe war $R_a = 82$, ihre **ähnlichste Farbtemperatur** betrug 2757 K.

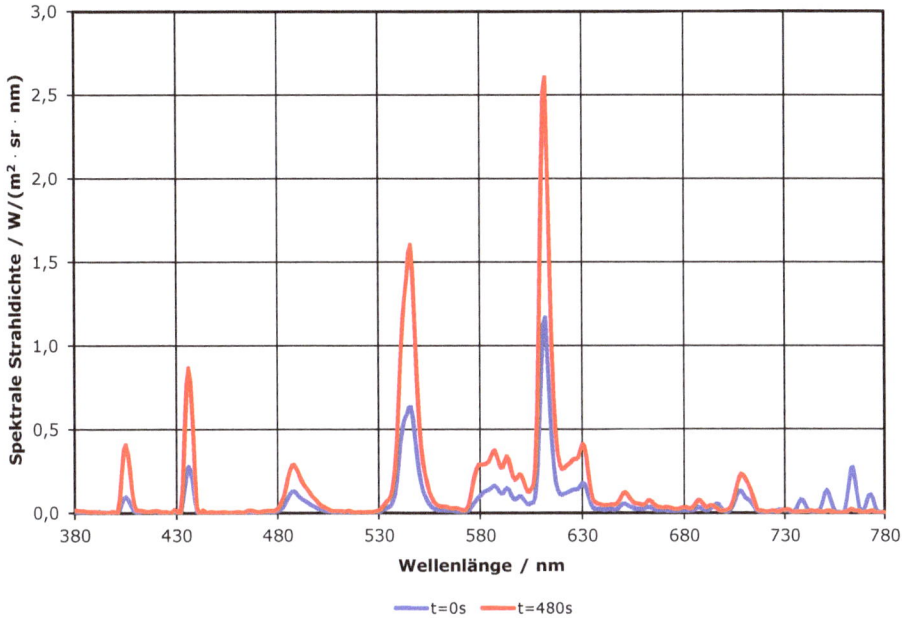

Abb. 3.32: Spektrale Strahldichte einer einfach gefalteten Leuchtstofflampe mit einem Dreibanden-Leuchtstoff unmittelbar nach dem Einschalten (blaue Kurve) und im warmen Zustand (480 s nach dem Einschalten, rote Kurve). Die spektrale Auflösung beträgt 5 nm.

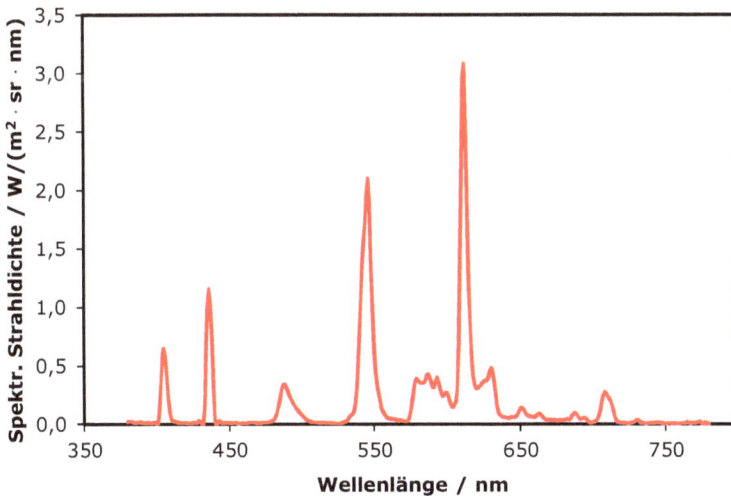

Abb. 3.33: Spektrale Strahldichte als Funktion der Wellenlänge für eine gefaltete Leuchtstofflampe mit der Farbtemperatur 2700 K (spektrale Auflösung 5 nm).

Die Abb. 3.33 bis 3.35 zeigen die spektrale Strahldichte gefalteter Leuchtstofflampen gleichen Typs, aber mit verschiedenen Farbtemperaturen. Bei der Lampe in Abb. 3.33 handelt es sich um eine Lampe mit der ähnlichsten Farbtemperatur von 2700 K. Der Farbton ist dem der Glühlampe ähnlich. Bei der zweiten Lampe (Abb. 3.34) handelt es sich um eine hellweiße Lampe der Farbtemperatur 4000 K, die im Vergleich zur vorigen Lampe eine niedrigere Strahldichte bei der 610 nm-Linie, also im Roten, besitzt, dafür aber ein gewisses Kontinuum um 445 nm hat. Das sowie die höhere Linie bei 545 nm verschiebt die Farbkoordinaten etwas ins Blaue. Die Lampe bei Abb. 3.35 schließlich ist eine Tageslicht-Lampe mit der Farbtemperatur 6000 K. Bei ihr ist die 610 nm-Linie noch niedriger, dafür das Kontinuum bei 445 nm sowie die 545 nm-Linie noch stärker ausgeprägt, was das Licht noch „kälter" macht. Die Lampen sind mit einem Farbwiedergabeindex 1B ($R_a = 80...90$) spezifiziert.

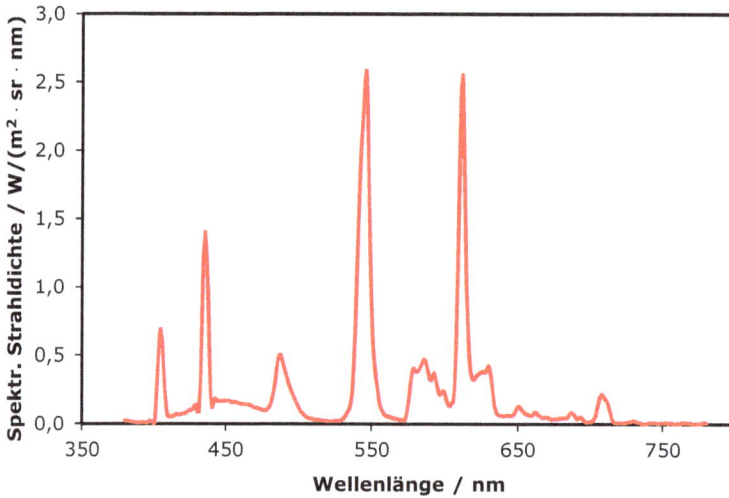

Abb. 3.34: Spektrale Strahldichte als Funktion der Wellenlänge für eine gefaltete Leuchtstofflampe mit der Farbtemperatur 4000 K (spektrale Auflösung 5 nm).

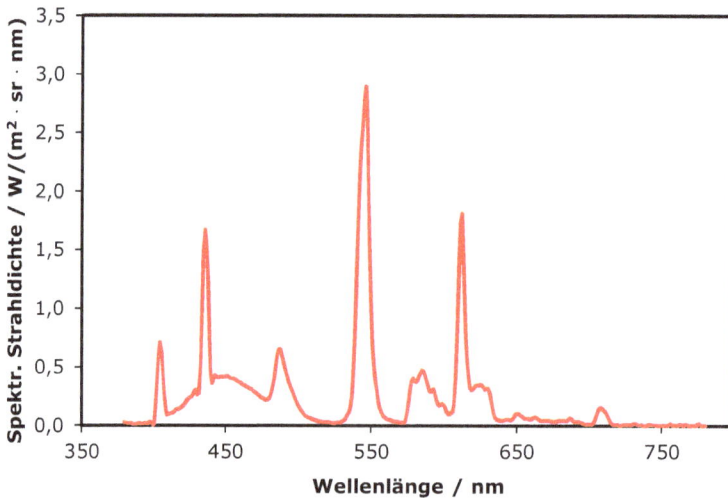

Abb. 3.35: Spektrale Strahldichte als Funktion der Wellenlänge für eine gefaltete Leuchtstofflampe mit der Farbtemperatur 6000 K (spektrale Auflösung 5 nm).

Kompaktleuchtstofflampen

Leuchtstoffröhren eignen sich im industriellen Umfeld und im Großraumbüro hervorragend für eine wirtschaftliche Beleuchtung. Im privaten Bereich gestattet die große Baulänge kaum ein ansprechendes Leuchtendesign, so dass man schon früh bestrebt war, kompaktere Bauformen der Leuchtstofflampe zu entwickeln. Ein erster Schritt war die Entwicklung der einfach gefalteten Leuchtstofflampe (Abb. 36). Sie sind häufig sowohl im Drossel/Starterbetrieb (KVG) als auch im Betrieb mit EVGs verwendbar. Das Vorschaltgerät ist dabei Teil der Leuchte, in der die Lampe betrieben wird. Die Leuchte ist also sowohl von der Technik her als auch bezüglich der Lichtführung speziell für diese Lampe ausgelegt. Ein Vorteil dieser Anordnung ist es, dass nach Ende der Lebensdauer wie bei der Leuchtstoffröhre nur das gefaltete Entladerohr und nicht das ganze Vorschaltgerät ausgetauscht werden muss. Im Laufe der Zeit kamen dann auch zweifach gefaltete Versionen auf den Markt.

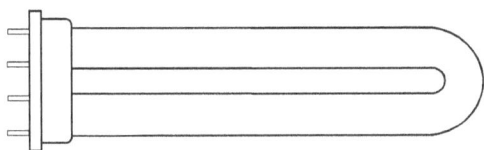

Abb. 3.36: Einfach gefaltete Leuchtstofflampe ohne integriertes Vorschaltgerät.

Der Wunsch, einen energiesparenden Ersatz für die Glühlampe zu entwickeln, führte zur **Kompaktleuchtstofflampe** (CFL, Compact Fluorescent Lamp), die allgemein als „**Energiesparlampe**" bekannt ist. Da Leuchten, in denen Glühlampen betrieben werden, kein Vorschaltgerät zum Betrieb von Leuchtstofflampen besitzen, musste dieses zusammen mit dem Entladerohr als Einheit geliefert werden. Die ersten Typen waren groß und schwer, denn neben einem KVG mit schwerer Drossel hatten die Lampen noch ein Schutzglas um das gefaltete Entladerohr. Heute wird das Entladerohr mehrfach gefaltet oder als Spirale geformt und grundsätzlich mit einem leichten, kompakten EVG betrieben, das in den Sockel der Lampe eingebaut ist (Abb. 37). Die Kompaktleuchtstofflampen erreichen nicht ganz die Lichtausbeute der Leuchtstoffröhren, da infolge der kompakten Bauweise Lichteinbußen durch Abschattungen auftreten. Die meisten **Kompaktleuchtstofflampen** liegen in der **Energieeffizienzklasse A**, während **Leuchtstofflampen in Röhrenform** häufig die **Effizienzklasse A+** erreichen (siehe Abb. 3.2). Trotzdem führen Kompaktleuchtstofflampen im Vergleich zu Glühlampen zu einer beträchtlichen Energieeinsparung. Tab. 3.4 vergleicht die elektrische Leistungsaufnahme von Glühlampen und Kompaktleuchtstofflampen in Abhängigkeit der Lichtströme. Kompaktleuchtstofflampen erreichen ab einer Lampenleistung von ca. 6–7 W Lichtausbeuten von 50–60 lm/W. Das ist etwa das Fünffache von Standardglühbirnen. Dieser Leistungseinsparung stehen allerdings auch einige Nachteile gegenüber: die aufwändige Entsorgung des Elektronikschrotts und des Quecksilbers im Entladerohr am Ende der Lebensdauer sowie das verzögerte Anlaufen der Lampe nach dem Einschalten.

Glühlampen werden in Leuchten in den unterschiedlichsten Brennstellungen betrieben, also stehend, liegend oder hängend. Da Kompaktleuchtstofflampen ein vollwertiger Ersatz für Glühlampen sein sollen, müssen sie natürlich in all diesen Stellungen betrieben werden können. Grundsätzlich ist das von der Entladung her kein Problem, allerdings können die unterschiedlichen Lampentemperaturen zur Veränderung von Lampenparametern führen. So kann ein **Wärmestau im Sockelbereich einen vorzeitigen Ausfall der Elektronik** bewirken.

Außerdem beeinflusst die Brennstellung möglicherweise die **Lage des Cold Spots** in der Lampe und diese wiederum den Quecksilberdampfdruck in der Entladung. Damit ändert sich auch der abgegebene Lichtstrom.

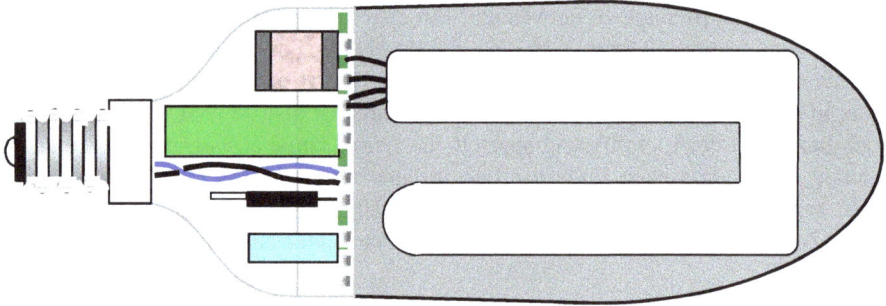

Abb. 3.37:. Mehrfach gefaltete Kompaktleuchtstofflampe mit integriertem Vorschaltgerät.

Tab. 3.4: Lichtströme von 230 V-Allgebrauchsglühlampen mit E27-Sockel und die für Ihren Ersatz nötige Leistung von Kompaktleuchtstofflampen. Es handelt sich um ca.-Werte, die von den jeweiligen Lampenformen (mit oder ohne Hüllkolben, Sockelung, Rohrquerschnitt etc.) abhängen.

	Glühlampe		Kompaktleuchtstofflampe	
Lichtstrom Φ_v / lm	**Leistung** P / W	**Lichtausbeute** η / lm/W	**Leistung** P / W	**Lichtausbeute** η / lm/W
90	15	6	3,5	25,7
200–230	25	8–9,2	5,3	37,7–43,4
400–430	40	10–10,75	8	50–53,8
710–730	60	11,8–12,2	12,5	56,8–58,4
960	75	12,8	15,8	60,8
1380–1400	100	13,8–14	21,9	63–63,9

Die bei der Glühlampe beobachtete starke Abhängigkeit des Lichtstroms von der Betriebsspannung beobachtet man bei Kompaktleuchtstofflampen nicht. In der Regel verändert sich der Nennlichtstrom bei Veränderungen der Betriebsspannung von $\pm10\%$ nur um etwa $\pm10\%$. Bei steigender Versorgungsspannung sinkt allerdings die Lichtausbeute geringfügig.

Kompaktleuchtstofflampen haben sich mittlerweile das gesamte Leistungsspektrum der Standardglühlampen bis etwa 200 W erschlossen. Abb. 3.38 zeigt eine Lampe, die bei einer Nennleistung von 60 W einen Lampenlichtstrom von ca. 4000 lm liefert.

Amalgame in der Leuchtstofflampe

Ein Schwachpunkt der Leuchtstofflampen ist die starke Temperaturabhängigkeit des Lichtstroms. Die Lichtausbeute der Röhre hängt stark vom Quecksilberdampfdruck in der Lampe ab. Dieser wiederum schwankt wie in Abb. 3.22 dargestellt stark mit der Temperatur. Da wegen der dünnen Glasröhre die Außentemperatur einen starken Einfluss auf die Innentemperatur der Lampe hat, beeinflusst sie auch die Lichtausbeute. Das führt bei quecksilberbefüllten Lampen dazu, dass 90% der maximalen Lichtausbeute nur in einem Umgebungstemperaturbereich von 25°C bis 55°C erreicht werden. Bei niedrigen Temperaturen sinkt sie rapide, bei 0°C beträgt sie nur noch ca. ein Viertel des Maximalwertes.

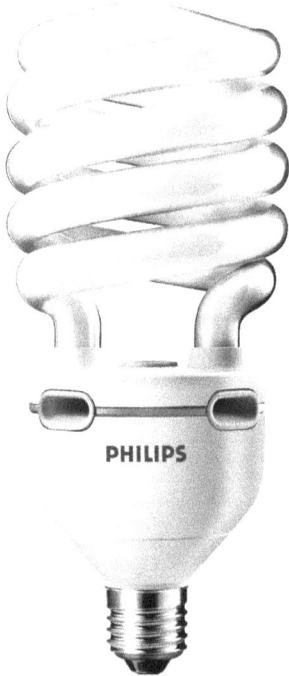

Abb. 3.38: Kompaktleuchtstofflampen wie die Tornado High Lumen 60W CDL E27 1CT erreichen sehr hohe Lichtströme und ersetzen mittlerweile Glühlampen hoher Leistung. Foto: Philips Lighting

Verwendet man anstelle flüssigen Quecksilbers in der Lampe ein **Amalgam**, d.h. eine **Quecksilberlegierung** mit einem anderen Metall, dann liegt die Temperatur bei der ein optimaler Quecksilberdampfdruck erreicht wird, deutlich höher. Bei den üblicherweise verwendeten Amalgamen beträgt diese Temperatur ca. 100°C. Bei Raumtemperatur liegt das Amalgam als Feststoff vor, der beim Einschalten der Lampe erst verflüssigt und verdampft werden muss. Die Anlaufzeit der Lampe verlängert sich also. Dafür verbreitert sich allerdings der Umgebungstemperaturbereich, in dem 90% der maximalen Lichtausbeute erreicht werden, auf ca. 5 bis 70°C. Wegen der höheren Betriebstemperatur ist es günstig, einen Hüllkolben zu verwenden, um die Wärmeabfuhr zu minimieren.

Ein Vorteil der Verwendung von Amalgam ist auch die **genauere Dosierbarkeit des Amalgams** und damit die Verwendung einer **geringeren Gesamtmenge an Quecksilber**. Auch ist das Quecksilber bei Lampenbruch im Kaltzustand in einem Feststoff gebunden und die Quecksilberbelastung der Umgebung wird verringert. Allerdings sind mit Amalgam befüllte Lampen weniger für hohe Schalthäufigkeit geeignet.

3.2.2   Kaltkathodenlampen

Die im allgemeinen Sprachgebrauch als „**Neonröhre**" bezeichnete Lampe ist durch ihre Anwendung bei Leuchtreklamen bekannt geworden. Es handelt sich um eine **Kaltkathodenlampe**, deren Licht im Wesentlichen in der positiven Säule der Entladung erzeugt wird. Der

Name deutet schon darauf hin, dass die Elektroden „kalt" sind, also nicht beheizt werden. Die Elektronen werden von der Kathode abgelöst, indem positive Ionen im Bereich des Kathodenfalls, der im Vergleich zur Leuchtstofflampe mit etwa 100V sehr hoch ist, beschleunigt werden und dann mit hoher kinetischer Energie auf die Elektrode prallen. In der Strom-Spannungs-Charakteristik (siehe Abb. 1.4) fällt die Entladung in den Bereich der normalen Glimmentladung.

Kaltkathodenlampen erreichen eine sehr hohe Lebensdauer, solange man den Strom nicht so hoch wählt, dass die Lampe in den Bereich der anomalen Glimmentladung kommt. Die Entladerohrquerschnitte sind mit 1–2 cm im Vergleich zur Leuchtstofflampe eher eng. Bei **Reklameleuchten** werden in der Regel keine geraden Rohre verwendet, sondern es werden Schriftzüge aus gekrümmten Rohren geformt (Abb. 3.39). Wegen der hohen Anoden- und Kathodenfälle ist die Lichterzeugung eher uneffizient. Da Rohrlängen von mehreren Metern Verwendung finden, kann die Brennspannung einige kV betragen. In der Regel werden die Lampen mit Wechselspannung betrieben.

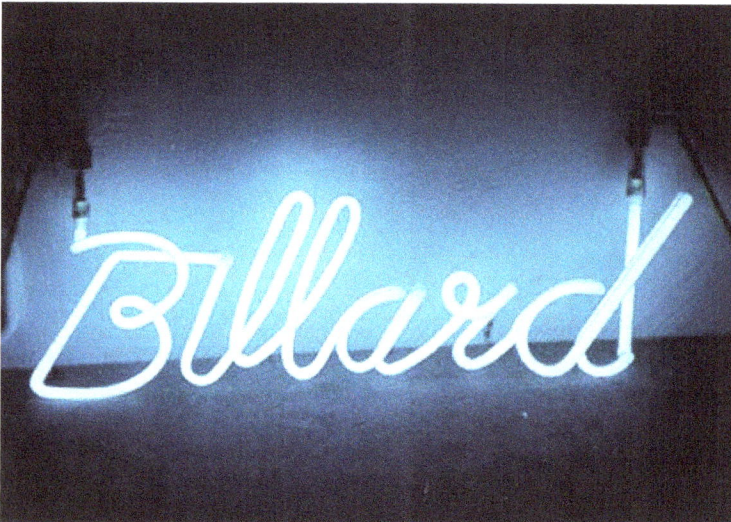

Abb. 3.39: Kaltkathodenröhre als Schriftzug. Foto: Formlicht

Neben der klassischen Neonfüllung, die ein intensiv gelbes Licht abgibt, kommen auch die anderen Edelgase in Frage: Helium ergibt ein blasses pinkfarbenes Licht, Argon leuchtet hellblau, Krypton unspektakulär weißlich und Xenon blauviolett. In den letzten Jahren hat die Kaltkathodenlampe als Hintergrundbeleuchtung bei LCD-Bildschirmen eine neue Anwendung gefunden. LCD, also Flüssigkristallanzeigen (liquid crystall display), sind im Grunde farbige Filter, die auf eine Beleuchtung von hinten angewiesen sind. Diese Hintergrundbeleuchtung geschieht in der Regel durch sogenannte **Kaltkathodenfluoreszenzlampen** (CCFL, Cold Cathode Fluorescent Lamp). Diese Lampen haben häufig eine Quecksilber-Argonfüllung, ähnlich den Leuchtstofflampen, und wie diese auch eine **Fluoreszenzschicht**, um weißes Licht mit einer guten Farbwiedergabe zu erzeugen. Die Röhre wird mit einem EVG betrieben, das die hohe Betriebsspannung von ca. 1200 V zur Verfügung stellen kann.

Auch Lampen mit Kaltkathodenröhren für die Allgemeinbeleuchtung werden hergestellt. Sie ähneln den Kompaktleuchtstofflampen, haben aber eine dünnere und längere Entladeröhre und ein EVG, dass eine Hochspannung liefern muss. Wegen des oben schon erwähnten hohen Kathodenfalls ist eine hohe Lichtausbeute nur möglich, wenn das Verhältnis der am Kathodenfall abfallenden Leistung zur Gesamtleistung gering ist. Das erfordert eine hohe Betriebsspannung bzw. eine große Rohrlänge. Die Lichtausbeuten erreichen aus diesen Gründen auch nicht ganz die Werte der Kompaktleuchtstofflampen. Überlegen sind sie aber in der Lebensdauer. Es werden Werte bis zu 50.000 Betriebstunden erreicht.

3.2.3   Natriumdampf-Niederdrucklampen

Aufgrund der spektralen Lage der sogenannten **Natrium-D-Linie** (Natrium-Doppellinie) bei ca. 589 nm ist Natriumdampf schon frühzeitig in den Fokus des Interesses der Lampenbauer geraten. Die Nähe dieser Wellenlänge zum **Empfindlichkeitsmaximum des Auges**, dem Maximum der V(λ)-Kurve bei 555 nm, lässt eine hohe Lichtausbeute erwarten. Von der in Abb. 3.40. dargestellten Linienvielfalt des Natriumatoms ist die Doppellinie bei 589,0 nm und 589,6 nm bei weitem die stärkste Linie. Deutlich schwächer schon, aber immer noch deutlich stärker als alle anderen Linien, ist die Doppellinie bei 818,3 nm und 819,5 nm. Dies belegt auch das bereits in Abb. 1.9 dargestellte Spektrum. Die **Oszillatorenstärken** sind 0,655 (589,0 nm) und 0,327 (589,6 nm) bzw. 0,830 (818,3 nm) und 0,750 (819,5 nm) [Wiese 1969].

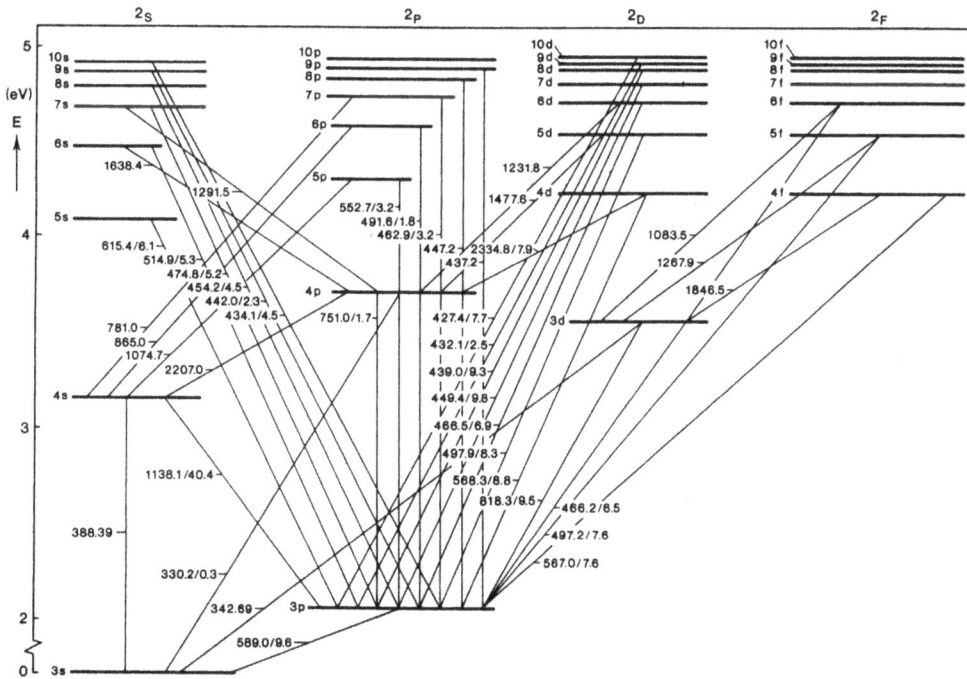

Abb. 3.40: Energieniveauschema des Natriumatoms. Die Zahlen bei den Übergängen sind die Wellenlängen der beim Übergang absorbierten bzw. emittierten Strahlung. Aus: [Groot 1986]

Der Bau einer brauchbaren Lampe erwies sich dennoch als nicht ganz einfach, denn normales Glas wird vom Natrium angegriffen, verfärbt sich braun und absorbiert schließlich. In Frage kämen Boratgläser, die allerdings schwer zu verarbeiten und außerdem empfindlich gegen Luftfeuchtigkeit sind. Die Lösung wurde schließlich darin gefunden, dass man einen Kolben aus normalem **Kalknatronglas** formt, der innen eine 50–100 μm starke **Boratglasschicht** trägt.

Die optimale Lichtausbeute wird bei einer Natriumdampf-Niederdrucklampe bei einem Natriumdampfdruck von etwa 0,4 Pa erreicht. Da bei diesem Lampentyp wie auch bei der Leuchtstofflampe der Dampf gesättigt ist, bestimmt der kälteste Punkt der Lampe den Dampfdruck. Dieser lässt sich bis zu einer Temperatur von ca. 2500 K gemäß Gl. (3.33) [Alcock 1984] in der Form

$$\lg\left(\frac{p}{[Pa]}\right) = 5{,}0056 + A + \frac{B}{T} + C \cdot \lg(T) + D \cdot T \cdot 10^{-3} \tag{3.42}$$

mit $A = 4{,}704$; $B = -5377$; $C = 0$; $D = 0$ errechnen. Die Dampfdruckkurve ist für den Temperaturbereich von 400 K bis 2400 K in Abb. 3.41. dargestellt. Durch Einsetzen in Gl. (3.42) kann man sich leicht davon überzeugen, dass sich der gewünschte Dampfdruck von 0,4 Pa bei einer Temperatur von 532 K bzw. 259°C einstellt.

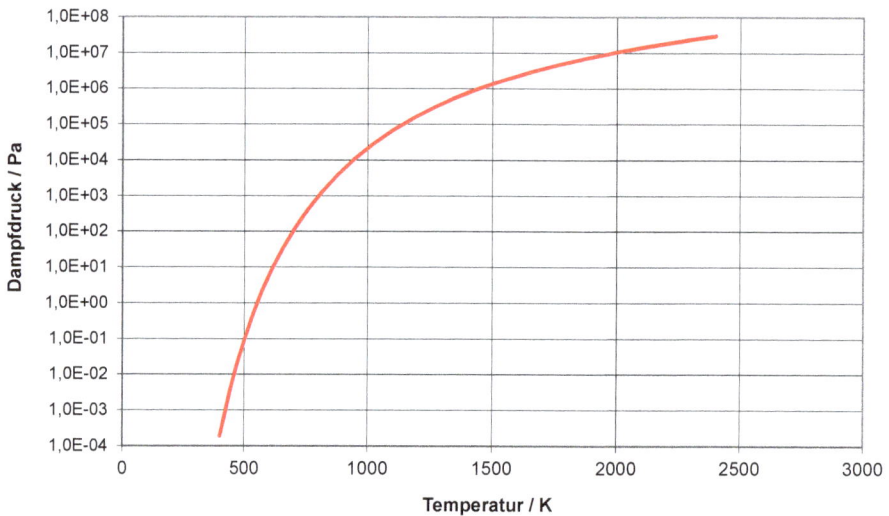

Abb. 3.41: Dampfdruckkurve für flüssiges Natrium nach Gl. (3.42).

Da der kälteste Punkt in der Regel am Lampenkolben erreicht wird, muss die Lampe also im Vergleich zur Leuchtstofflampe sehr viel heißer werden, damit sich der richtige **Natriumdampfdruck** einstellt. Der damit verbundene hohe Temperaturgradient zur Umgebung hätte einen starken Leistungsverlust zur Folge. Abhilfe schafft man, indem man den Lampenkolben in einen **Hüllkolben** einschließt. Der Zwischenraum wird evakuiert, um Wärmeleitung nach außen zu verhindern. Zudem wird auf der Innenseite des Hüllkolbens eine dünne Indium-Zinnoxid-Schicht aufgebracht, die Infrarotstrahlung in den Lampenkolben zurückreflektiert und damit den Leistungsverlust gering hält.

Der Hüllkolben hat noch eine weitere Funktion. Ohne ihn würden Schwankungen in der Umgebungstemperatur stark auf die Temperatur im Lampenkolben zurückwirken. Da die Dampfdruckkurve im Bereich des optimalen Dampfdrucks sehr steil verläuft (Abb. 3.41), wirken sich geringe Schwankungen der Gastemperatur sehr stark auf den Dampfdruck und damit auf die Lichtausbeute aus. Man kann sich mittels Gl. (3.42) leicht davon überzeugen, dass bereits ein Absinken der Temperatur um 15 K eine Halbierung des Dampfdrucks auf 0,2 Pa bewirkt.

Unter den beschriebenen Bedingungen wird mit Neon als weiterem Gas die beste Lichtausbeute erzielt. Es wird ein **Penning-Gemisch** aus Neon mit 1% Argon mit einem Fülldruck von 400 bis 2000 Pa verwendet. Das Natrium wird überdosiert, in der Regel 100.000- bis 1.000.000-fach [Meyer 1988]. Im Entladungsrohr stets vorhandene Temperaturgradienten führen dazu, dass der Natriumdampf an den kälteren Stellen kondensiert. In den heißeren Stellen der Entladung kommt es damit zu einem Mangel an Natrium, so dass die Entladung vorwiegend durch das Neon getragen wird. Eine verringerte Lichtausbeute ist die Folge. Dem kann entgegengewirkt werden, indem man eine Reihe von **Vertiefungen**, also kontrollierte „**Cold Spots**" entlang des Entladungsrohres anbringt. Sie führen zu einer homogeneren Verteilung des Natriums in der Entladung und verhindern zudem die Ausbildung einer dünnen Natriumschicht auf der Innenwand beim Abschalten der Lampe. Diese Schicht würde den Lichtaustritt behindern. Nach dem Abschalten der Lampe muss gewährleistet werden, dass das Natrium auch wirklich in den Vertiefungen kondensiert. Es dürfen daher keine weiteren kalten Stellen auftreten. Dies wird oft verhindert, indem man den Innenkolben im Bereich der Elektroden und der Biegestelle mit **Indiumoxid** beschichtet. Abb. 3.42 zeigt das Beispiel einer Natriumdampf-Niederdrucklampe.

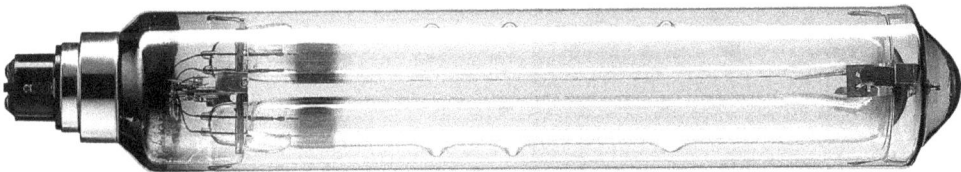

Abb. 3.42: Niederdruck-Natriumdampf-Lampe MASTER SOX-E 131W BY 22d 1SL der Firma Philips. Das Entladungsrohr ist U-förmig gefaltet und befindet sich in einem röhrenförmigen Außenkolben. Foto: Philips Lighting

Die **Natriumdampf-Niederdrucklampe ist die effizienteste künstliche Lichtquelle**, die hergestellt wird. Etwa 40% der elektrischen Leistung werden in sichtbares Licht umgewandelt [Flesch 2006]. Der theoretische Wert der Lichtausbeute der Natrium-D-Linien liegt bei 525 lm/W [Coaton 2001]. Praktisch erreicht wurden mit einer von außen beheizten Lampe über 300 lm/W [Elenbaas 1972], während die im Handel befindlichen Serienlampen etwa 200 lm/W erreichen. Das ist etwa das 23-fache von dem, was eine 25 W-Standardglühlampe mit E27-Sockel erreicht. Der Nachteil, der dieser hohen Lichtausbeute gegenübersteht, ist die sehr schlechte Farbwiedergabe, genaugenommen kann man gar nicht von Farbwiedergabe sprechen, denn das Licht ist fast „einfarbig". Für die Lampe spricht aber ihre Wellenlänge, die auch bei Nebel und Dunst ein kontrastreiches Sehen ermöglicht, was sie zur idealen Lichtquelle der Straßenbeleuchtung macht. Außerdem ist ihre Lebensdauer beeindruckend: für die Lampe in Abb. 3.42 werden 18.000 Stunden (50%-Ausfallrate) angegeben.

3.2.4   Spektrallampen

Wenngleich der Laser der **Spektrallampe** den Rang abgelaufen hat, so werden Spektrallampen nach wie vor benötigt. Sie kommen überall dort zum Einsatz, wo monochromatische Strahlung verwendet wird, etwa für Kalibrierzwecke oder in der Spektroskopie. Es werden Spektrallampen mit Edelgasfüllung angeboten, aber auch solche, die Spektrallinien eines Metalls liefern. Letztere enthalten neben dem Metall noch ein geeignetes Grundgas, um überhaupt eine Gasentladung starten und den Metalldampf erzeugen zu können. Die Entladung brennt in einem Glas- oder Quarzglasbrenner, der sich in einem Außenkolben befindet. Dieser dient als Wärmeschutz und auch als mechanischer Schutz.

Angeboten werden neben Edelgasen vor allem die Metalle Cadmium, Cäsium, Quecksilber, Kalium, Natrium, Rubidium, Thallium und Zink. Für Eichzwecke eignet sich besonders eine Mischung aus Quecksilber und Cadmium. Bei den Metalldampflampen wird die volle Strahlungsleistung erst nach einigen Minuten erreicht. Diese Lampen sind dann nicht heißzündfähig. Der Betrieb der Lampen kann nur über spezielle Vorschaltgeräte erfolgen. Abb. 3.43 zeigt eine **Quecksilberspektrallampe**.

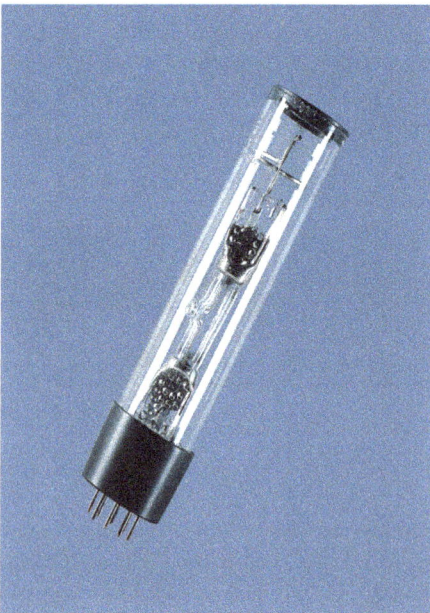

Abb. 3.43: Beispiel einer Hg-Spektrallampe. In der Regel haben Spektrallampen einen Außenkolben, in dem sich der eigentliche Brenner befindet. Foto: OSRAM

3.2.5   Elektrodenlose Lampen

Ein Nachteil aller Entladungslampen ist die Tatsache, dass die elektrische Energie mittels Elektroden ins Plasma eingekoppelt wird. Das schafft Probleme, da Stromdurchführungen ins Glas eingeschmolzen werden müssen. Dazu kommt die Alterung der Elektroden mit entsprechender **Verdampfung des Elektrodenmaterials** und damit **Verunreinigung der Gasfüllung**. Diesen Problemen kann man begegnen, indem man die elektrische Energie

elektromagnetisch einkoppelt. Die Idee ist schon alt, jedoch erst die Fortschritte in der Halbleitertechnik und Elektronik ermöglichten zuverlässige und serientaugliche Lampen.

Da die Alterung der Elektroden entfällt, haben elektrodenlose Lampen eine sehr hohe Lebensdauer. Die große Entladerohrlänge ist aufgrund geänderter physikalischer Anforderungen nicht mehr nötig, es lässt sich eine kompakte Leuchtenform realisieren. Die meisten kommerziell hergestellten elektrodenlosen Lampen sind **Induktionslampen**, d.h. die Einkopplung der Energie in das Gas erfolgt magnetisch. In Abb. 3.44 sind zwei Konstruktionsprinzipien dargestellt. Bei Abb. 3.44a wird eine Magnetspule in einen Hohlraum eines hermetisch abgeschmolzenen, gasbefüllten Lampenkolbens geschoben. Sie wird von einem Wechselstrom mit der Frequenz einiger MHz durchflossen. Das so erzeugte, schnell veränderliche Magnetfeld erzeugt gemäß den Maxwell-Gleichungen ein elektrisches Wirbelfeld. Dieses beschleunigt die Elektronen in der Gasfüllung. Bei der Anordnung in Abb. 3.44b wird eine in sich geschlossene Leuchtstoffröhre verwendet, in die die Energie über zwei Magnetspulen eingekoppelt wird.

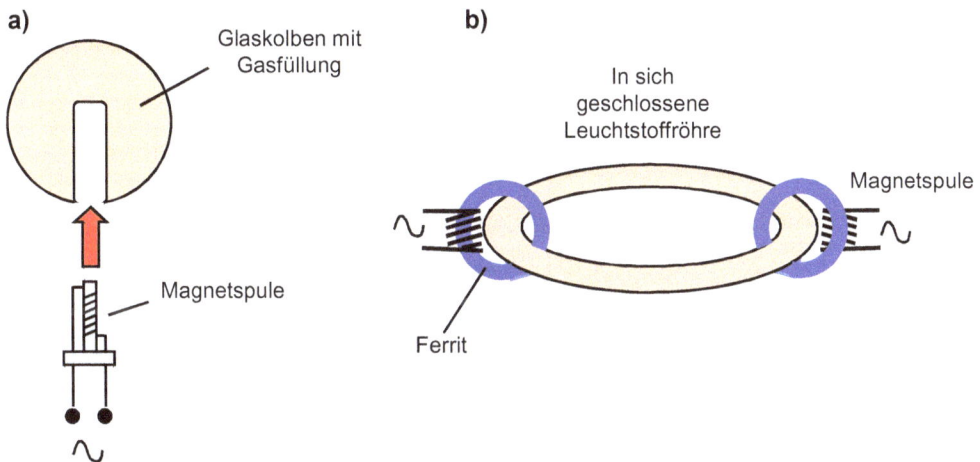

Abb. 3.44: Prinzipieller Aufbau von Induktionslampen

Die Lampen enthalten **Quecksilber** bzw. **Amalgam**. Da keine Elektrodenkorrosion stattfinden kann, sind aber auch Metalle möglich, die sonst die Elektroden angreifen würden. In der Regel werden **Leuchtstoffe** verwendet, um entstehendes UV-Licht in sichtbares Licht zu verwandeln. Elektrodenlose Induktionslampen erreichen Lebensdauern von 60.000 bis 100.000 Stunden. Die Lampe zeigt im Laufe ihrer Lebensdauer einen nachlassenden Lichtstrom, bis schließlich die Versorgungselektronik versagt. Induktionslampen finden ihre Anwendung dort, wo ein Lampenaustausch nur schwer möglich und damit sehr teuer ist. Hier wären vor allem Außenbeleuchtungen an Hochhäusern, auf Türmen oder Innenbeleuchtungen in hohen Hallen zu nennen. Abb. 3.45 zeigt eine elektrodenlose Lampe der Firma IMT. Sie stellt eine Kombination aus Induktions- und Leuchtstofflampentechnologie dar.

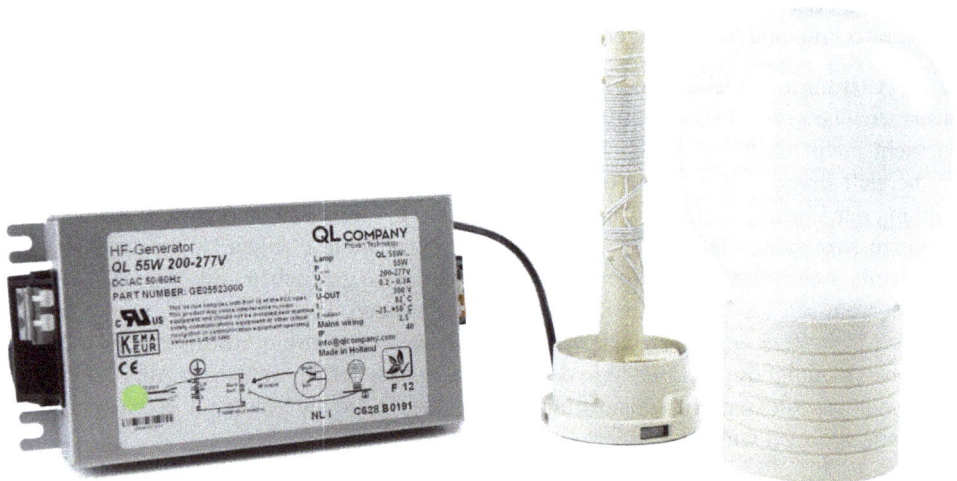

Abb. 3.45: Induktionslampe QL Twist Base von IMT mit der Leistung von 55W. Foto: www.imt-deutschland.de

3.3   Hochdruckentladungslampen

3.3.1   Die Bogenentladung bei der Quecksilberhochdrucklampe

Bei den Leuchtstofflampen werden Nichtgleichgewichtsplasmen zur Lichterzeugung verwendet. Wie in Kap. 1.2.2 ausgeführt, liegt dabei die Elektronentemperatur bei etwa 11.000 K, während die Temperatur der Ionen sowie der neutralen Atome bei etwa 40–60°C liegt. Eine Steigerung des Drucks führt bei einer Quecksilberentladung bei konstantem Entladestrom zu einem starken Anstieg der Ionen- bzw. Atomtemperatur im Druckbereich von 50 Pa bis 5000 Pa [Elenbaas 1935]. Gleichzeitig sinkt die Elektronentemperatur, so dass schließlich beide Temperaturen etwa gleich sind. Dies hat seinen Grund darin, dass die Elektronen bei wachsendem Druck und damit wachsender Atomdichte immer häufiger Stöße erleiden und damit immer mehr Energie an die Atome und Ionen abgeben. In elektrisch betriebenen Entladungen ist die Elektronentemperatur immer geringfügig höher als die Ionentemperatur, da der Strom im Wesentlichen durch die Elektronen getragen und die Energie erst durch Stöße an die Ionen weitergegeben wird.

Nach [Krefft 1938] nimmt die Lichtausbeute bei einer Entladung in Quecksilberdampf für eine Röhre mit 2,7 cm Durchmesser bei konstantem Strom in Höhe von 4 A als Funktion des Quecksilberdampfdrucks etwa den folgenden Verlauf: Bei etwa 1 Pa ist die Lichtausbeute mit ca. 10 lm/W sehr gering, denn hier wird – wie bei Leuchtstofflampen – im Wesentlichen UV-Strahlung abgegeben, da die Elektronenenergie für eine Anregung der entsprechenden Niveaus günstig ist. Mit wachsendem Druck werden zunehmend höhere Energieniveaus besetzt, aus denen eine Relaxation unter Abgabe von sichtbarem Licht erfolgen kann (siehe hierzu Abb. 3.23 in Kap. 3.2.1). Die Lichtausbeute steigt demzufolge an. Bei etwa 13 Pa sinkt die Lichtausbeute als Folge des angestiegenen Drucks und des damit einhergehenden Anstiegs der Anzahl der Stöße. Der hohe Energieübertrag äußert sich in einem Anstieg der Temperatur in der Röhre, wobei sich durch Wärmeleitung ein Temperaturgradient zur Wandung einstellt.

Schließlich, zwischen 130 und 1300 Pa beginnt sich die Entladung, die vorher den gesamten Rohrquerschnitt ausgefüllt hat, einzuschnüren. Hier liegt der Übergangsbereich von der Niederdruck- zur Hochdruckentladung. Im Bereich der Hochdruckentladung steigt die Lichtausbeute mit wachsendem Druck schnell an und geht schließlich gegen einen Sättigungswert von ca. 70 lm/W. Praktisch werden bei Quecksilber-Hochdruckentladungen auf der Achse der Entladung Temperaturen von etwa 5500 K erreicht, wobei sich theoretische Abschätzungen mit experimentellen Beobachtungen decken. Der Temperaturverlauf ist nur in vertikaler Brennstellung der Lampe achsensymmetrisch, bei horizontaler Lage steigt das warme Gas in der Lampe nach oben und führt – wie in Abb. 3.46 gezeigt – bei der Entladung zu einer bogenförmigen Wölbung nach oben, die dem **Lichtbogen** seinen Namen gab.

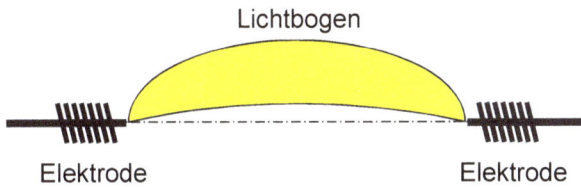

Abb. 3.46: In waagrechter Brennstellung steigt das heiße Gas des Lichtbogens nach oben, so dass sich dieser nach oben wölbt. Dies hat der Bogenentladung ihren Namen gegeben.

In vertikaler Brennstellung bildet sich, wie in Abb. 3.47 gezeigt, eine Gasströmung aus, die in unmittelbarer Nachbarschaft zur Mittel- bzw. Bogenachse aufgrund der hohen Temperatur nach oben gerichtet ist. In der Nähe des Glaskolbens, wo die Temperatur des Gases etwa 1000 K beträgt, strömt das Gas wieder nach unten. Mit dieser Konvektion ist kein großer Energieverlust verbunden, da das radiale Temperaturprofil über die gesamte Höhe der Entladung etwa gleich bleibt. Gas, das an der Entladung nach oben strömt, behält praktisch auf dem ganzen Weg nach oben die gleiche Temperatur. Lediglich am unteren Umkehrpunkt muss das von der Wandung kommende Gas wieder auf die Temperatur in Bogennähe gebracht werden. Elektronen und Ionen verlassen den Bogen nicht in Richtung Kolben, so dass hierdurch keine Energie an die Wandung abgegeben wird. Die Entladung verliert Energie also nur durch Strahlung und durch Wärmeleitung.

Die Einschnürung des Bogens beim Übergang zur Hochdruckentladung ist eine Folge des sich ausbildenden Temperaturgradienten. Nach [Elenbaas 1972] gilt für die Stromdichte folgende Proportionalität:

$$j \propto \frac{n_e E}{nA\sqrt{T}} \tag{3.43}$$

n_e ist die Anzahldichte der Elektronen, E das elektrische Feld, n die Teilchendichte und T die absolute Temperatur. A ist der Wirkungsquerschnitt für die Kollision eines Elektrons mit einem Quecksilberatom. Er hat die Einheit einer Fläche und gibt an, wie wahrscheinlich eine Kollision eines Elektrons mit einem Quecksilberatom ist. Je größer die Fläche, desto größer die Stoßwahrscheinlichkeit.

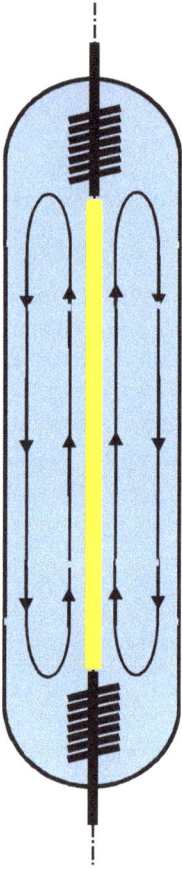

Abb. 3.47: Gasströmung in einer Quecksilberhochdrucklampe. Heißes Gas in Bogennähe strömt nach oben, das kalte Gas in Wandnähe sinkt nach unten.

Die Zustandsgleichung $pV = NkT$ für das ideale Gas kann mit $N = m / m_a$ und $\rho = m/V$ in die Form

$$p = \rho \frac{kT}{m_a} \quad \text{bzw.} \quad \frac{pm_a}{k} = \rho T \tag{3.44}$$

gebracht werden. ρ ist dabei die Dichte des Quecksilberdampfes, p sein Druck und m_a die atomare Masse des Quecksilbers. Im Lampenkolben ist also ρT konstant. Da die Teilchendichte n des Quecksilbers proportional zur Dichte ρ ist, gilt also $\rho \propto n \propto \dfrac{1}{T}$, so dass für die Stromdichte nach Gl. (3.43) wiederum gilt:

$$j \propto \frac{n_e ET}{A\sqrt{T}} \quad \text{bzw.} \quad \boxed{j \propto \frac{n_e E\sqrt{T}}{A}} \tag{3.45}$$

Die Stromdichte j ist also proportional zu $\sqrt{T}$. Wegen des hohen Temperaturgradienten von der Bogenachse zur Wandung ist also die Stromdichte auf der Bogenachse am höchsten. Das führt wiederum zu einer Erhöhung der dortigen Temperatur und zu einer weiteren Erhöhung der Stromdichte. Es bildet sich zwischen dem Lichtbogen und der Wandung schließlich ein Dunkelraum aus, in dem keine Strahlung erzeugt wird.

Die bisherigen Betrachtungen bezogen sich auf eine reine Quecksilberfüllung der Lampe. In der Praxis werden 2400–4800 Pa Argon zugegeben, denn beim Zünden der Lampe entsteht zunächst eine Quecksilber-Niederdruckentladung. Hier ist Argon nötig, um die Zahl der Stöße zwischen Elektronen und Quecksilberatomen zu erhöhen. Nach Ausbildung einer Hochdruckentladung wäre das Argon entbehrlich. Es hilft aber, die Lichtausbeute über die Lebensdauer zu erhalten, reduziert letztere aber auch etwas. Der Einfluss von Argon auf die Lichtausbeute im Hochdruck-Betrieb ist gering. Zuviel Argon erschwert das Zünden der Lampe. Außerdem erhöht die Beimischung von Argon die Wärmeleitfähigkeit des Gases und damit den Wärmeverlust an die Rohrwand. Hier wären die nächst schwereren Edelgase Krypton und Xenon zwar geringfügig besser, scheiden aber aus Kostengründen aus. Außerdem zeigen sie nicht den unter 3.2.1 schon beschriebenen **Penning-Effekt**, das Phänomen nämlich, dass Argon im metastabilen Zustand Quecksilber ionisieren und damit das Zünden der Entladung erleichtern kann. Das Gemisch wird daher **Penning-Gemisch** genannt. Die leichteren Edelgase scheiden wegen ihrer zu guten Wärmeleitfähigkeit aus.

Der Durchmesser des Entladerohres beeinflusst die Lichtausbeute nur wenig. Ebenso schwach ist die Abhängigkeit der Lichtausbeute von der pro Längeneinheit des Bogens eingebrachten Quecksilbermasse. Eine starke Abhängigkeit existiert aber von der Leistung, die pro Längeneinheit des Bogens in die Entladung eingekoppelt wird.

Die Brennspannung der Lampe wird durch den herrschenden Quecksilberpartialdruck festgelegt. Steigt nach dem Einschalten der Lampe der Druck, steigt auch die Betriebsspannung der Lampe. Die Quecksilberdosierung muss also so bemessen werden, dass beim Erreichen der gewünschten Betriebsspannung alles Quecksilber verdampft ist. Eine typische Dosis ist 36 mg für eine 250 W-Lampe [Coaton 2001]. Da der Anoden- und Kathodenfall zusammen etwa 15 V Spannungsabfall bewirken, aber kaum Strahlung liefern, ist eine hohe Betriebsspannung wirkungsvoll.

3.3.2   Die Sättigungsstromdichte

Von den in Kap. 3.2.1 aufgeführten Mechanismen der Ablösung von Elektronen aus metallischen Elektroden ist bei Hochdruckentladungslampen eine Kombination aus **Glühemission** und **Feldemission** von Bedeutung. Die Sättigungsstromdichte j_e, also der abgegebene Strom pro Flächeneinheit der Elektrode, wird durch die **Richardson-Dushman-Gleichung** beschrieben:

$$j_e = KT^2 e^{-\frac{W_A}{kT}}$$ (3.46)

mit dem theoretischen Wert von $K = 120{,}17 \frac{\text{A}}{\text{cm}^2 \text{K}^2}$ [Flesch 2006]. Benannt ist die Gleichung nach dem britischen Physiker Owen Williams Richardson (1879–1959) und dem amerikanischen Physikochemiker Saul Dushman (1883–1954). K ist eine universelle Konstante. Man beachte, dass es sich bei j_e um eine **Sättigungsstromdichte** handelt, d.h. der Strom aus einer gegebenen Elektrode kann auch bei Erhöhung der Anodenspannung nicht mehr größer werden. Berücksichtigt man die Austrittsarbeit $W_A = 4,5\,\text{eV}$ von Wolfram, so bekäme man bei Raumtemperatur eine Sättigungsstromdichte von etwa $4 \cdot 10^{-71}\,\text{A/cm}^2$, also einen verschwindend geringen Wert. Selbst eine Wolframfläche von einem Quadratmeter würde nur einen Strom von $4 \cdot 10^{-67}\,\text{A}$ liefern. Im statistischen Mittel würde es $4 \cdot 10^{47}\,\text{s}$ dauern, bis ein Elektron emittiert würde. Bei Raumtemperatur ist die Elektronenemission ohne weitere Maßnahmen also eine ziemlich aussichtslose Angelegenheit. Besser sieht es da schon bei Temperaturen aus, die in die Nähe der Arbeitstemperatur von Glühwendeln kommen. Für eine Sättigungsstromdichte von $1\,\text{A/cm}^2$ bräuchte man eine Temperatur von ca. 2550 K. Brächte man Wolfram an seinen Schmelzpunkt von $T = 3653\,\text{K}$, so ergäbe sich bei reiner Glühemission dann immerhin schon eine Stromdichte von $1000\,\text{A/cm}^2$. Dieser starke Anstieg mit der Temperatur kommt durch den Exponentialfaktor zustande.

Zu der eben beschriebenen reinen Glühemission kommt bei Entladungslampen stets noch eine gewisse Feldemission, da ja zur Aufrechterhaltung eines Stroms zwischen den Elektroden eine Potentialdifferenz und demzufolge ein elektrisches Feld bestehen muss. Neben der Kraft, mit der das Elektron ans Metall gebunden ist, wirkt also noch eine zusätzliche, durch das Feld verursachte Kraft. Die erste Kraft lässt sich, wie in Abb. 3.48 skizziert, durch eine **Spiegelladung** berechnen. Ein abgelöstes Elektron im Abstand r von der Wolframoberfläche erzeugt dasselbe Feldlinienbild wie zwei gegensätzliche Ladungen e im Abstand von $2r$. Das bedeutet wiederum, dass die Coulombkraft zwischen Elektron und Oberfläche gegeben ist durch:

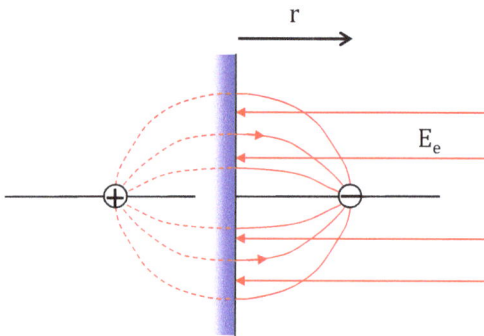

Kathodenoberfläche
aus Wolfram

Abb. 3.48: Abgelöstes Elektron vor einer Wolframoberfläche.

$$F_C(r) = -\frac{1}{4\pi\varepsilon_0}\frac{e^2}{(2r)^2} \qquad (3.47)$$

Die Kraft zeigt, wie aus Abb. 3.48 ersichtlich wird, in negative r-Richtung. Das zugehörige elektrische Feld wäre also

$$E_C(r) = \frac{1}{4\pi\varepsilon_0}\frac{e}{(2r)^2} \qquad (3.48)$$

und somit auf der Kathodenoberfläche in Richtung r orientiert. Zusammen mit dem durch die Anodenspannung verursachten externen Feld E_e erhält man also:

$$E(r) = \frac{1}{4\pi\varepsilon_0} \frac{e}{(2r)^2} - E_e \qquad (3.49)$$

Man beachte, dass das externe elektrische Feld E_e dem Feld E_C entgegengerichtet ist. Während das durch die Spiegelladung scheinbar positiv aufgeladene Metall das Elektron anzieht, versucht die externe Spannung das Elektron von der Metalloberfläche zu entfernen. Aus dem Feld $E(r)$ lässt sich nun ein Potential Φ ableiten:

$$\Phi(r) = -\int\left(\frac{1}{16\pi\varepsilon_0}\frac{e}{r^2} - E_e\right)dr = \frac{1}{16\pi\varepsilon_0}\frac{e}{r} + E_e r \qquad (3.50)$$

Bei der Ausführung des unbestimmten Integrals ist die Integrationskonstante so gewählt, dass bei gedachter Abwesenheit des externen elektrischen Feldes ein Elektron in dem Potential die Energie Null hätte, wenn es unendlich weit von der Oberfläche entfernt wäre. Ein Elektron der Ladung –e besitzt also in diesem Feld die potentielle Energie

$$E_{pot}(r) = -e\Phi(r) = -\frac{1}{16\pi\varepsilon_0}\frac{e^2}{r} - eE_e r \qquad (3.51)$$

Wie im Diagramm der Abb. 3.49 dargestellt, besitzt der Verlauf dieser Energie ein Maximum, das das Elektron überwinden muss, wenn es sich vom Metall entfernen will. Es wird aber aus dem Diagramm auch ersichtlich, dass ein Ablösen nicht mehr die Ablösearbeit W_A erfordert, sondern einen um ΔE geringeren Energiebetrag. Zur Berechnung von ΔE muss lediglich die Lage des Maximums von Gl. (3.51) ermittelt werden:

$$\frac{dE_{pot}}{dr} = \frac{1}{16\pi\varepsilon_0}\frac{e^2}{r^2} - eE_e \qquad (3.52)$$

Ist r_m die Lage des Maximums, gilt:

$$\frac{1}{16\pi\varepsilon_0}\frac{e^2}{r_m^2} - eE_e = 0 \qquad (3.53)$$

Man erhält:

$$r_m = \sqrt{\frac{e}{16\pi\varepsilon_0 E_e}} \qquad (3.54)$$

Die potentielle Energie bei r_m beträgt also:

$$E_{pot}(r_m) = -\frac{1}{16\pi\varepsilon_0}e^2\sqrt{\frac{16\pi\varepsilon_0 E_e}{e}} - eE_e\sqrt{\frac{e}{16\pi\varepsilon_0 E_e}} = -2e\sqrt{\frac{E_e e}{16\pi\varepsilon_0}} \qquad (3.55)$$

Damit ist nach Abb. 3.49 die Energieabsenkung ΔE gegeben durch

$$\Delta E = \sqrt{\frac{E_e e^3}{4\pi\varepsilon_0}} \qquad (3.56)$$

Eine Abschätzung zeigt, dass bei Feldern von $10^7 V/m$ ein ΔE von ca. 0,12 eV resultiert. Dieser Feldstärkewert entspricht einer Abschätzung, die für Natriumdampf-Hochdrucklampen für eine Schicht in unmittelbarer Kathodennähe gemacht wurde [Waymouth 1982]. Die Absenkung der Austrittsarbeit durch ein externes Feld wird **Schottky-Effekt** genannt und die zugehörige Gleichung für die Sättigungsstromdichte demzufolge **Richardson-Schottky-Gleichung**:

$$j_e = KT^2 e^{-\left(W_A - e\sqrt{eE_e/(4\pi\varepsilon_0)}\right)/kT} \quad \text{mit} \quad K = 120,17\frac{A}{cm^2 K^2} \qquad (3.57)$$

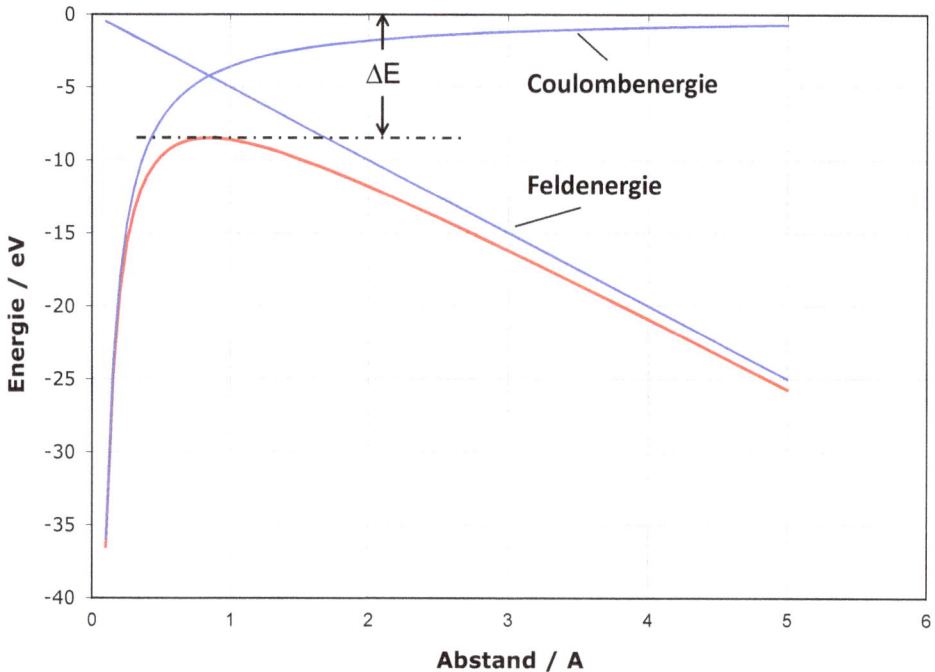

Abb. 3.49: Verlauf der potentiellen Energie eines Elektrons als Funktion des Abstandes vom Kern bei einem externen Feld E_e von $5\cdot 10^{10}\frac{V}{m}$.

3.3.3   Eigenschaften der Quecksilberhochdrucklampe

Da die Entladung – wie oben bereits ausgeführt – mit einer Niederdruckentladung startet, kommt es nach dem Kaltstart der Lampe durch den hohen Kathodenfall zu einem starken Bombardement der Kathode mit Ionen. Ein Herausschlagen von Atomen ist die Folge. Die Zeit bis zum Einsetzen der thermischen Emission sollte also möglichst kurz sein. Bei Gleichstrombetrieb ist das der Fall. Problematischer ist Wechselstrombetrieb, da es aufgrund periodischen Wiederzündens der Lampe deutlich länger dauert, bis die Phase der Bogenentladung erreicht ist [Elenbaas 1965]. Günstig wirken sich hohe Ströme und eine geringe Elektrodenmasse aus. Die Elektroden werden meist aus Wolfram gefertigt. Um die Austrittsarbeit W_A zu erniedrigen, werden **Emitter** verwendet. Meist bestehen die Emitter aus einem Gemisch aus BaO, SrO, CaO und ThO$_2$. Der Emitter darf nicht in die Nähe der Ansatzstelle des Bogens gelangen, um ein schnelles Verdampfen zu verhindern. Er wird deshalb in kühleren Stellen der Elektrode „versteckt“. Häufig wird die in Abb. 3.50 gezeigte Version verwendet, bei der der Emitter in den Hohlräumen zwischen einer einlagigen Wolframwicklung und einem stärkeren Wolframstift sitzt. Wichtig bei der Wirkung des Emitters ist besonders das **Bariumoxid**, das bei heißer Elektrode zu metallischem Barium reduziert wird und an der Oberfläche entlang in Richtung Bogen wandert und dort die Austrittsarbeit deutlich verringert.

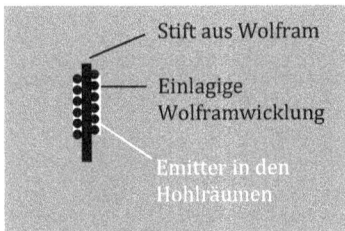

Abb. 3.50: Prinzipieller Aufbau der Elektrode einer Quecksilberhochdrucklampe.

Die normale Betriebsspannung reicht nicht aus, um die Lampe zu zünden. Als Zündhilfe kann eine **Hilfelektrode** dienen, die, wie in Abb. 3.51 dargestellt, mit ins Entladerohr eingeschmolzen ist. Nach dem Einschalten der Spannung liegt zwischen der rechten Hauptelektrode und der darunter liegenden Hilfelektrode die volle Betriebsspannung, so dass eine Glimmentladung einsetzt. Ein Widerstand R verhindert den Übergang zur Bogenentladung. Die entstandenen Ladungsträger ermöglichen jetzt ein Zünden der Hauptentladung. Der Widerstand R muss so bemessen sein, dass der Widerstand des Lichtbogens dagegen klein ist. Wie bei der Leuchtstofflampe muss auch bei den Bogenlampen der Strom extern begrenzt werden. In der Regel werden hierfür Induktivitäten eingesetzt. Die Einschmelzung der Elektroden ins Quarzglas wird wie schon bei den Halogenlampen über **Molybdänfolien** (Kap. 3.1.2) realisiert. Die Quecksilberhochdrucklampen sind meist nicht heißzündfähig. Nach dem Abschalten benötigt die Lampe einige Minuten zum Abkühlen, bis sie wieder gezündet werden kann.

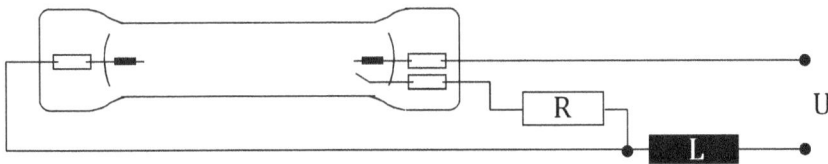

Abb. 3.51: Entladerohr einer Quecksilberhochdrucklampe. Unter der rechten Hauptelektrode ist eine Hilfelektrode, so dass vor dem Zünden der Lampe zwischen diesen beiden Elektroden eine Entladung in Gang kommt, die freie Ladungsträger für das Zünden der Hauptentladung liefert.

Von der Lichtausbeute her muss eine möglichst hohe elektrische Leistung pro Längeneinheit des Bogens eingekoppelt werden. Die obere Grenze hierfür wird durch die Temperaturbeständigkeit des Lampenkolbens gesetzt. Das Material der Wahl ist daher Quarzglas. Wie schon bei der Leuchtstofflampe entsteht viel Strahlung im UV-Bereich des Spektrums. Bei den Hochdrucklampen ist es jedoch so, dass wegen der höheren Elektronenenergie auch Übergänge zwischen angeregten Zuständen erfolgen können. Nach Abb. 3.23 sind das Übergänge mit den Wellenlängen 404,7 nm, 435,8 nm, 546,1 nm, 577,0 nm und 579,0 nm. Es treten im Spektrum also mit wachsendem Druck Linien im sichtbaren Spektralbereich auf (Abb. 3.52). Hinzu kommt bei hohen Drücken ein anwachsendes **Kontinuum**, verursacht durch **Bremsstrahlung** und **Rekombinationsstrahlung**. Grundsätzlich kann eine Quecksilberhochdruckentladung für Beleuchtungszwecke verwendet werden, allerdings erscheint das Licht bläulich-grün, da Linien im roten Spektralbereich fehlen. Die Farbwiedergabe ist schlecht, rote Gegenstände erscheinen dunkel. Abhilfe ist auf zweierlei Weise möglich: entweder man steigert den Druck so lange, bis das Kontinuum so stark ist, dass sich das Spektrum „füllt", oder man hilft wie bei der Lampe in Abb. 3.52 mit **Leuchtstoffen** nach.

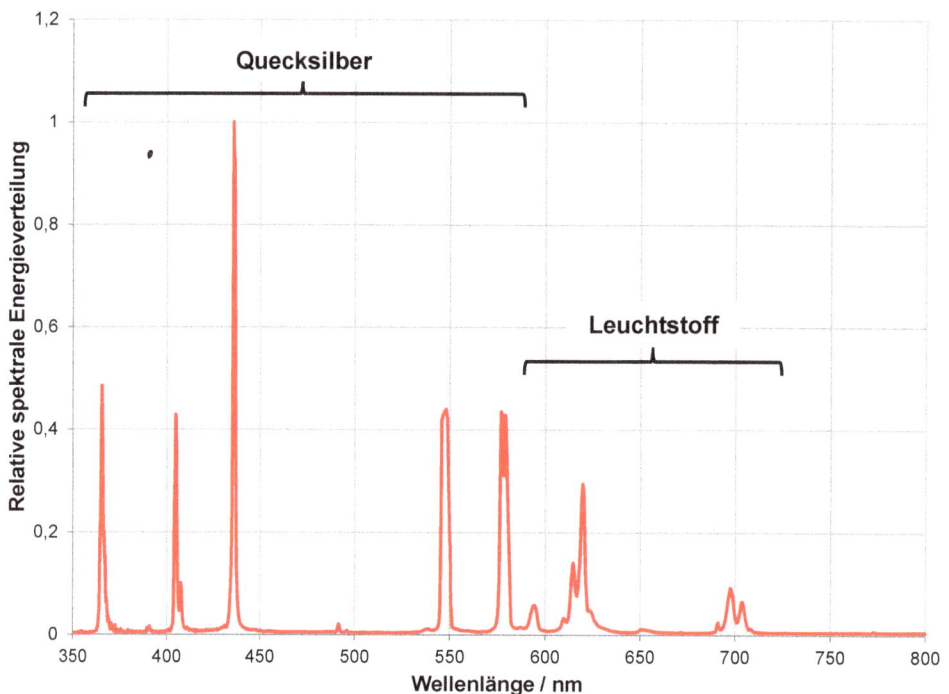

Abb. 3.52: Typisches Spektrum einer Quecksilberdampf-Hochdrucklampe.

Die gängigere Variante für Beleuchtungszwecke ist die zweite. Die Leuchtstoffe können aus Temperaturgründen nicht innerhalb des Entladerohres aufgebracht werden. Insofern muss das Entladerohrmaterial für die UV-Strahlung transparent sein. Das Brennerrohr wird in einen **Hüllkolben** (Abb. 3.53) eingebaut, der auf der Innenseite den Leuchtstoff trägt und der verhindert, dass die restliche UV-Strahlung nach außen gelangt. Gleichzeitig ist der Hüllkolben auch ein Berührschutz für die Stromzuführungen zum Brennerrohr.

Die **Wandtemperatur** des Quarzkolbens sollte für eine lange Lebensdauer nicht höher als 800°C sein. Der Außenkolben erreicht auf der Innenseite eine Temperatur von 150–250°C, eine Temperatur, bei der der aufgebrachte Leuchtstoff noch eine hinreichende Quanteneffizienz besitzt. In jedem Fall muss er UV-beständig sein. Häufig verwendet wird hier **europiumdotiertes Yttriumphosphorvanadat** (Y(P,V)O$_4$:Eu).

Grundsätzlich ist es möglich, die Quecksilberhochdrucklampe mit einem ohmschen Vorwiderstand zu betreiben. Diese Möglichkeit wird aber normalerweise nicht realisiert, da der Spannungsabfall am Widerstand zu einem hohen Leistungsverlust und damit zu einem geringen Gesamtwirkungsgrad führt. Eine Ausnahme gibt es aber doch: man bildet den **Vorwiderstand als Glühwendel** aus und bringt diese in den Raum zwischen Entladerohr und Hüllkolben. Diese zusätzliche „Glühlampe" mit ihrem bekanntermaßen starken Rotanteil verbessert das Spektrum und die Farbwiedergabeeigenschaften beträchtlich.

QUECKSILBERDAMPFLAMPE

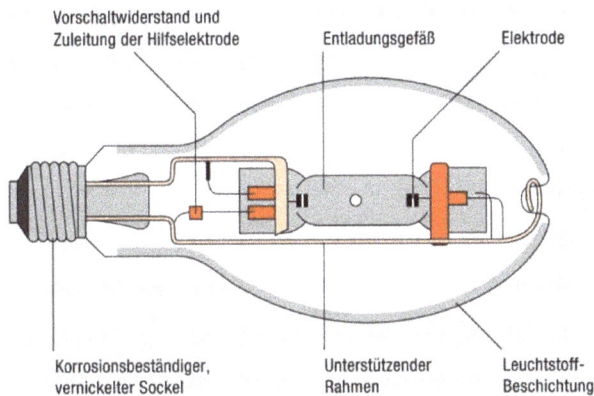

Abb. 3.53: Aufbau einer Quecksilberdampf-Hochdrucklampe. Grafik: OSRAM

Die andere Möglichkeit, die spektralen Eigenschaften zu verbessern, ist die Steigerung des Betriebsdrucks der Lampe. Dieser Weg ist bei der Entwicklung von Lampen für **Fernsehbildprojektoren** („**Beamer**") realisiert worden. Hier sind Serienlampen entwickelt worden, die einen Betriebsdruck von 20 MPa erreichen und die die Hochdruck-Metallhalogendampflampen weitgehend von dieser Anwendung verdrängt haben. In Fernsehbildprojektoren ist bei Verwendung von Quecksilberhöchstdrucklampen eine Filterung des Lichtes nötig, um eine gute Farbwiedergabe zu erreichen, obwohl die Lampe aufgrund des hohen Druckes schon selbst eine gute Farbwiedergabe erreicht. Mit steigendem Betriebsdruck wächst das Kontinuum zwischen den Spektrallinien, während die Intensität der Linien nachlässt. Bei einer Lampe mit einer Bogenlänge von 1 mm und einer Leistung von 120 W steckt oberhalb eines Druckes von 200 bar mehr Energie im Kontinuum als in den Spektrallinien [Derra 2005]. Der Rotanteil über 600 nm steigt stark mit dem Lampendruck.

Nutzt man einen Halogenkreisprozess, wie er in ähnlicher Form schon bei Halogenglühlampen erläutert wurde, so können bei Quecksilber-Höchstdrucklampen Lebensdauern von 10.000 Stunden erreicht werden.

3.3.4   Natriumdampf-Hochdrucklampen

Bei der Behandlung von Natrium-Niederdrucklampen lag der Betriebsdruck für eine optimale Lichtausbeute bei 0,4 Pa. Es mutet daher seltsam an, mit dem gleichen Element eine Hochdrucklampe bauen zu wollen. In der Tat ist es so, dass bei Steigerung des Natriumpartialdrucks über 0,4 Pa die Lichtausbeute erst einmal sinkt. Bei höheren Drücken aber, etwa bei 70–80 Pa [Meyer 1988], steigt sie wieder an, erreicht aber nicht mehr den Wert einer Niederdrucklampe. Wozu also überhaupt über eine Natriumdampf-Hochdrucklampe nachdenken? Der Grund liegt darin, dass die Niederdrucklampe zwar eine hohe Lichtausbeute, aufgrund ihrer fast monochromatischen Strahlung aber eine sehr schlechte Farbwiedergabe hat. Wie in Kap. 1.2.3 ausgeführt, bewirkt ein höherer Arbeitsdruck eine Linienverbreiterung mit Selbstabsorption im Zentrum der Linie. Das führt zu dem in Abb. 1.10 dargestellten Spektrum. Da die spektrale Verteilung der Strahlung breiter wird, steigt auch der Farbwiedergabeindex.

Eine beliebige Steigerung des Drucks ist indes nicht sinnvoll, denn bei etwa 10^4 Pa wird ein Maximum der Lichtausbeute erreicht, darüber sinkt sie wieder. Das liegt daran, dass durch das immer breiter werdende Spektrum auf der langwelligen Seite immer größere Bereiche in die niedrigen Flanken der $V(\lambda)$-Kurve fallen und somit für die menschliche Wahrnehmung nur noch eine geringe Rolle spielen.

Betreibt man eine Bogenentladung in Natrium, ist die Feldstärke in der Entladung, also der **Spannungsabfall**, im Vergleich zu einer Quecksilberhochdruckentladung **gering**. Bei einem Natriumdampfdruck von 15 kPa beträgt sie etwa 0,75 V/mm. Will man den Bogen nicht merklich verlängern, sind **Puffergase** nötig. Hier gibt es zwei Möglichkeiten: Quecksilberdampf oder Xenon. Letzteres wird als **Startergas** ohnehin benötigt, allerdings nur mit geringem Partialdruck. Der niedrige Natrium- bzw. Quecksilber-Partialdruck bei Raumtemperatur würde ein Zünden unmöglich machen. Es liegt also nahe, einfach den Partialdruck des Xenon zu erhöhen. Tut man dies, hat das auch Auswirkungen auf das Spektrum der Lampe. In Abb. 3.54 ist die spektrale Leistungsverteilung für Lampen der Leistung 150 W vergleichend für eine reine Natriumdampflampe (mit 10 kPa Xenon-Partialdruck als Startergas) und eine Lampe mit erhöhtem Xenon-Partialdruck (330 kPa) dargestellt. Man erkennt, dass die Doppelspitzen bei der selbstabsorbierenden Linie in beiden Fällen etwa den gleichen Abstand von 10–11 nm haben. Allerdings führt ein hoher Xenon-Partialdruck zu einer Linienverbreiterung, mit einer leichten Asymmetrie zugunsten des roten Spektralbereiches.

Die Zugabe von Quecksilber statt Xenon (Abb. 3.55) führt ebenfalls zu einer Verbreiterung der Natrium-D-Linie, hier aber vorwiegend im roten Spektralbereich. Zusätzlich ist im Roten noch die Linie eines **NaHg-Quasi-Moleküls** bei ca. 670 nm zu beobachten.

Sowohl Lampen mit Xenon als auch solche mit Quecksilberdampf als Puffergas sind am Markt erhältlich. Bei den quecksilberhaltigen Natriumdampf-Hochdrucklampen wird bei der Herstellung ein **Natrium-Quecksilber-Amalgam** in die Lampe gebracht, das großzügig überdosiert wird. Die eingebrachte Zusammensetzung bleibt allerdings während der Lebensdauer der Lampe nicht konstant, sondern verschiebt sich zugunsten des Quecksilbers. Natrium geht nämlich durch **chemische Reaktionen** mit dem Elektrodenmaterial, mit der Wandung sowie mit dem Glaslot verloren. Die Brennspannung steigt daher an, weiter begünstigt durch Erhöhung der Amalgamtemperatur durch **Kolbenschwärzung** und **Elektrodenverluste**. Schließlich kann die Spannungsversorgung die hohe Betriebsspannung nicht mehr liefern und die Lampe erlischt.

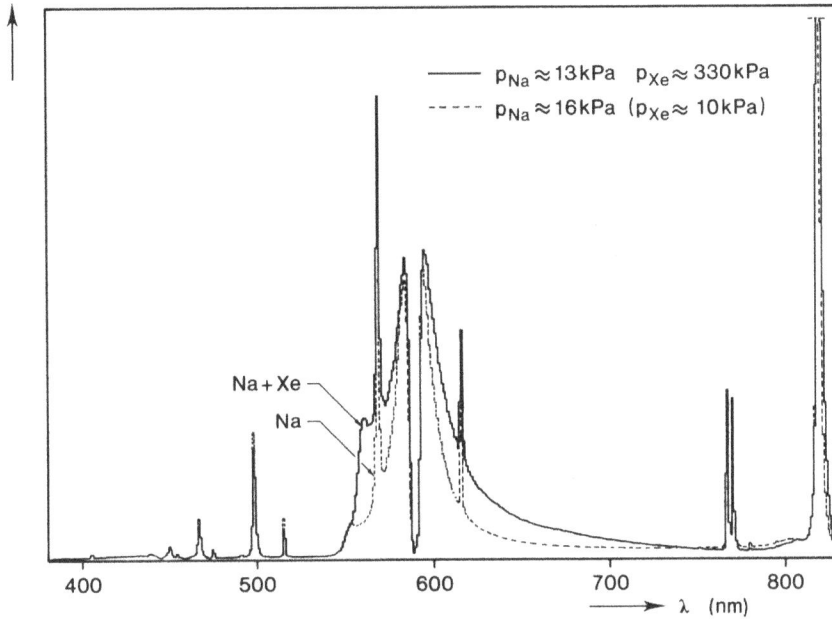

Abb. 3.54: Vergleich der Spektren einer „reinen" Natriumdampfbogenentladung (mit 10 kPa Xenon als Startergas) mit der Entladung mit Xenon als Puffergas. Der Abstand der Doppelspitze bei der Natrium-D-Linie bleibt etwa unverändert, die Linie verbreitert merklich. Aus: [Meyer 1988]

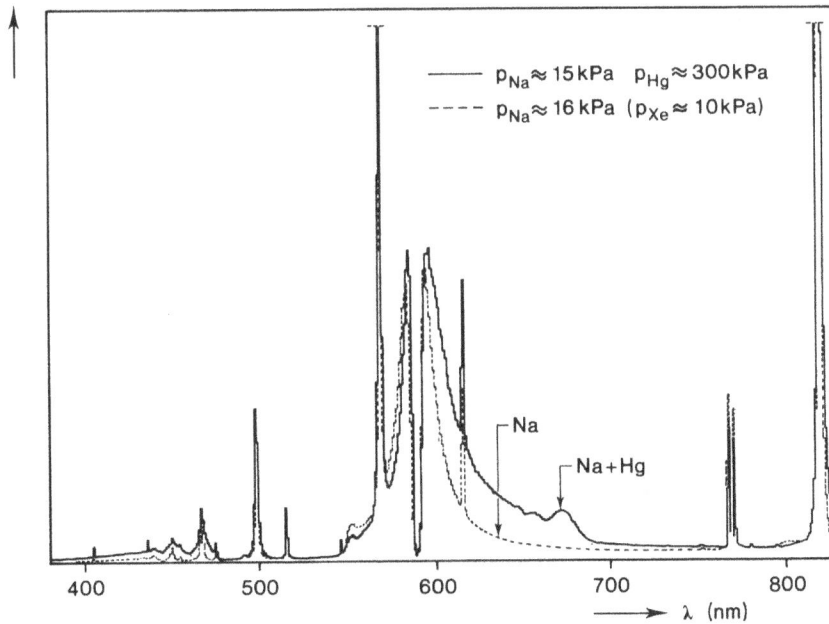

Abb. 3.55: Vergleich der Spektren einer „reinen" Natriumdampfbogenentladung (mit 10 kPa Xenon als Startergas) mit der Entladung mit Quecksilber als Puffergas. Der Abstand der Doppelspitze bei der Natrium-D-Linie bleibt wieder etwa unverändert, die Linie verbreitert merklich in Richtung rotem Spektralbereich. Aus: [Meyer 1988]

Hat die Lampe keine entsprechende Schutzschaltung, wird die Lampe nach dem Abkühlen wieder zünden und wieder auf Betriebstemperatur kommen, bis die Spannung wieder einen Wert erreicht hat, den die Spannungsversorgung nicht mehr liefern kann. Die Lampe erlischt und das Spiel beginnt von vorne. Dieses „Blinken", das mit einer Periodendauer von einigen Minuten erfolgt, bedeutet das Ende der Lampe. Trotzdem ist die Lebensdauer der Lampen vergleichsweise sehr lang, typisch 15.000 Stunden. Allerdings lässt sich bei diesem Lampentyp, wie übrigens bei allen Entladungslampen, der Wert nicht so exakt angeben, da die Lebensdauer sehr **stark von den Betriebsbedingungen abhängt**.

Die Probleme bei der Entsorgung quecksilberhaltiger Lampen haben reine Natrium-Xenon-Lampen verstärkt ins Gespräch gebracht. Wegen des hohen Xenon-Partialdrucks im kalten Zustand benötigen Lampen mit reiner Natrium-Xenon-Füllung eine **Zündhilfe** in Form eines Drahtes oder aufgesinterten Metallstreifens.

Zur besseren thermischen Isolation wird der Außenkolben in der Regel evakuiert. Die Realisierung von Natriumdampf-Hochdrucklampen war erst in den Siebziger Jahren des vorigen Jahrhunderts möglich, nachdem **Keramikmaterialien** sowie spezielle **Glaslote** entwickelt waren, die resistent gegen die bei den gegebenen Druck- und Temperaturverhältnissen sehr aggressiven Natriumdämpfe waren. Wegen des im Vergleich zu Quecksilber viel geringeren Dampfdrucks des Natriums dürfen keine „kalten" Stellen in der Lampe vorhanden sein, was wiederum hohe Wandtemperaturen von etwa 1.500 K zur Folge hat. Die Lösung hierfür stellt eine lichtdurchlässige, polykristalline **Aluminiumoxidkeramik** dar. Mit einem scharfen Schmelzpunkt von 2050 K und mehr als 90% Transmission im sichtbaren Teil des Spektrums ist es das Material der Wahl. Die hohe Lichtdurchlässigkeit wird nur erzielt, wenn man eine **hohe Dichte** bzw. **Porenfreiheit** erreicht. Dies ist möglich, wenn man vor dem Sintern etwas **Magnesiumoxid** zuführt. Bei richtiger Dosierung lassen sich Dichten über 99,5% des theoretischen Grenzwertes erreichen, d.h. das Volumen der Poren macht weniger als 0,5% aus. Für den Bau von Natriumdampf-Hochdrucklampen sind aber auch andere Materialien, wie **Yttriumoxid** oder **Saphir** geeignet. Bei letzterem spielt der hohe Preis eine Rolle, außerdem ist das Einschmelzen der Elektroden schwieriger.

Für die Stromdurchführungen wird heute meist **Niob** mit etwa 1% **Zirkon** verwendet, denn sein Längenausdehnungskoeffizient kommt dem der Aluminiumoxidkeramik am nächsten. Außerdem hält es dem Natriumdampf stand. Ein besonderes Problem stellt die Herstellung der gasdichten Verbindung zwischen Niob und Keramik dar. Hier sind zwei Techniken gebräuchlich. Die eine verwendet dünne Schichten aus **Zirkon**, **Titan** und **Vanadium**, die unter Erhitzung auf ca. 1700 K unter Vakuum und durch Anpressen der zu verbindenden Teile das Aluminiumoxid unter Bildung von **Zirkonoxid** und **Vanadiumoxid** reduzieren und damit eine stabile Verbindung herstellen. Die zweite Möglichkeit sind Keramiklote, z.B. bestehend aus Al_2O_3 oder CaO unter Beigabe von MgO, BaO, B_2O_3, SiO_2, SrO oder Y_2O_3 [Groot 1986] oder aus Sc_2O_3, Y_2O_3, La_2O_3, Al_2O_3. Das Keramiklot wird in Ringform auf die zu schließenden Spalte aufgelegt und läuft bei Temperaturen von 1500 bis 1700 K in den Spalt (Abb. 3.56).

Wie die Spektren in Abb. 3.54 und 3.55 vermuten lassen, ist die **Farbwiedergabe** von Natriumdampf-Hochdrucklampen gegenüber den Niederdrucklampen zwar besser, aber immer noch mäßig: es wird eine Farbwiedergabestufe von 4 ($40 > R_a \geq 20$) bei einer Farbtemperatur von etwa 2000 K erreicht. Die Lichtausbeute beträgt bei diesem Lampentyp ca. 60 bis

150 lm/W. Die Hauptanwendungsgebiete liegen im Bereich der **Außenbeleuchtung** mit geringen Ansprüchen an die Farbwiedergabe, also zum Beispiel bei der Straßen- und Gebäudebeleuchtung.

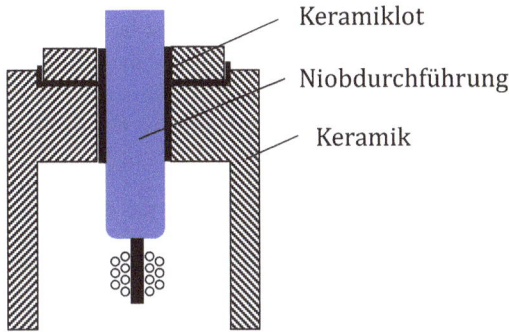

Keramiklot

Niobdurchführung

Keramik

Abb. 3.56: Einschmelzung des Niobstabes.

In Abb. 3.57 ist eine Natriumdampf-Hochdrucklampe abgebildet. Sie erreicht bei einer Leistungsaufnahme von 250W (Leistungsaufnahme der Lampe) einen Lichtstrom von 32.000 lm. Die Nennlichtausbeute (EM 25°C) wird mit 125 lm/W angegeben (Vergleich: 60W-Standard-glühlampe E27: 12 lm/W). Dieser hohe Wert und die lange Lebensdauer von 38.000 Stunden (Mittelwert der Brennstunden, nach denen 50% der Lampen ausgefallen sind) werden erkauft durch einen sehr schlechten Farbwiedergabeindex von ≤ 25 bzw. eine Farbwiedergabestufe von 4. Lampen dieses Typs eignen sich gut für Anwendungen bei tiefen Temperaturen, da der Lichtstrom unabhängig von der Temperatur ist. Je nach Leistung erreichen Natriumdampf-Hochdrucklampen ihren vollen Lichtstrom erst 5 bis 10 Minuten nach dem Einschalten. Nicht alle Natriumdampf-Hochdrucklampen sind heißzündfähig. Falls ja, können erhebliche Spannungsstöße (25 kV) nötig sein.

Abb. 3.57: Quecksilberfreie Natriumdampf-Hochdrucklampe PHILIPS MASTER SON-T APIA Plus Hg Free 250W E40 1SL. Foto: Philips Lighting

3.3.5   Halogenmetalldampflampen

Die bisher betrachteten Entladungslampen haben trotz einiger trickreicher Verbesserungen keine besonders guten Farbwiedergabeeigenschaften. Die emittierten Linienspektren haben stets große Bereiche, in denen keine Emissionslinien liegen. Nun läge es nahe, diese Lücken dadurch zu füllen, dass man neben z.B. Quecksilber noch **weitere Metalle** in die Entladung einbringt, die dafür geeignete Linien besitzen. Leider ist es so, dass die meisten Metalle unter den Bedingungen einer Lampenentladung einen **zu geringen Dampfdruck** entwickeln. Außerdem würden sie den Glaskolben angreifen.

Die Lösung dieses Problems führt wiederum über einen dem Halogenkreisprozess bei den Glühlampen ähnlichen Zyklus. Der Dampfdruck vieler **Metallhalogenide** ist deutlich niedriger als der der zugehörigen Metalle. Nach dem Einschalten der Lampe wird das Metallhalogenid flüssig, verdampft und gerät schließlich in den Bereich des Lichtbogens. Dort dissoziiert es infolge der hohen Temperaturen. Im freigesetzten Metall werden **Resonanzlinien** angeregt, d.h. es erfolgt Emission aus dem niedrigstmöglichen Energieniveau. Dieses ist leicht anzuregen. Entscheidend ist, dass der Dampfdruck des Halogenids hoch genug ist, bevor die kritische Wandtemperatur des Quarzkolbens erreicht ist. Andererseits darf die Dissoziation der Verbindung erst bei einer deutlich höheren als der Wandtemperatur erfolgen; ist das nicht der Fall, greift das elementare Metall möglicherweise den Kolben an.

Bei den üblicherweise verwendeten Metalljodiden beträgt die Anregungsenergie der Metalle etwa 4 eV, während die des Quecksilbers bei 7,8 eV liegt. Daher übertrifft in den Halogenmetalldampflampen die Leistung der Metallübergänge diejenige des Quecksilbers bei weitem. Dem Quecksilber kommt hier vielmehr die Funktion des **Puffergases** zu. Die Einführung von Metallhalogeniden in die Entladung hat gleichzeitig auch noch die Lichtausbeute erhöht.

Von den möglichen **Halogenen** kommt fast ausschließlich **Jod** zur Anwendung. Chlor und Brom haben wegen ihrer Aggressivität wenig Bedeutung und Fluor kommt gar nicht in Frage, da es sowohl Elektroden als auch Lampenkolben angreift. Die Möglichkeiten der Gestaltung von „Wunschspektren" sind vielfältig, da es eine hinreichende Zahl von **Metalljodiden** mit geeigneten Übergängen gibt. Es haben sich bei den Lampenherstellern bestimmte Metallkombinationen, sogenannte **Dosierungsfamilien**, mit brauchbarer Farbwiedergabe herausgebildet. Ein einfacher **Dreifarbenstrahler** mit Linienspektrum wird mit **Natrium**, **Thallium** und **Indium** realisiert. Er liefert starke Linien bei 589 nm (Na), 535 nm (Tl) und 451 nm bzw. 410 nm (In) [Ishler 1966, Waymouth 1971, Meyer 1988]. Farbwiedergabe und Lichtausbeute sind weniger gut. Eine wesentlich bessere Lichtausbeute kann mit der Kombination **Scandium**, **Natrium** und **Thorium** erzielt werden [Keeffe 1980].

Ein Linienspektrum mit kontinuierlichem Untergrund liefert die Dosierungsfamilie mit **Dysprosium** und weiteren seltenen Erden. Die Dosierungsgruppen Na–Tl–In und Na–Sc–Th liefern ein Linienspektrum weitgehend ohne kontinuierlichem Strahlungsanteil. Die Gruppen Dy–Na–Tl und Sn–Na haben neben Spektrallinien einen hohen Anteil eines kontinuierlichen Spektrums. In der letzten Gruppe [Chalmers 1975] wird die Strahlung nicht von metallischem **Zinn** geliefert, sondern von einem **Zinnhalogenid**, das so stabil ist, dass es selbst bei den hohen Bogentemperaturen nicht zerfällt. Es kommen bei dieser Gruppe auch Clor und Brom zum Einsatz.

Die Vielzahl von Gestaltungsmöglichkeiten lässt mit der Metallhalogenidlampe eine beinahe ideale Lichtquelle erwarten. Durch die hohen Temperaturen im Plasma bei den Phasen hohen Stromflusses werden höhere Energieniveaus besetzt. Dies führt neben intensiven Linien zu einer größeren Anzahl von Übergängen. Abb. 3.58 zeigt das Spektrum einer typischen Halogenmetalldampflampe.

Die Mischung von mehreren Metallen ist allerdings auch nicht ohne Probleme. So kommt es im Bogen mitunter zu einer **Entmischung** der Dampfbestandteile, was zu einer Ortsabhängigkeit der spektralen Zusammensetzung des Lichtes im Bogen führt. Farberscheinungen im Bild von Projektionsgeräten können die Folge sein. Da die Dampfzusammensetzung empfindlich von der Temperatur der kältesten Stelle der Lampe abhängt, ist auch die spektrale Zusammensetzung des emittierten Lichtes stark von dieser Temperatur abhängig. Das bedeutet, dass sich

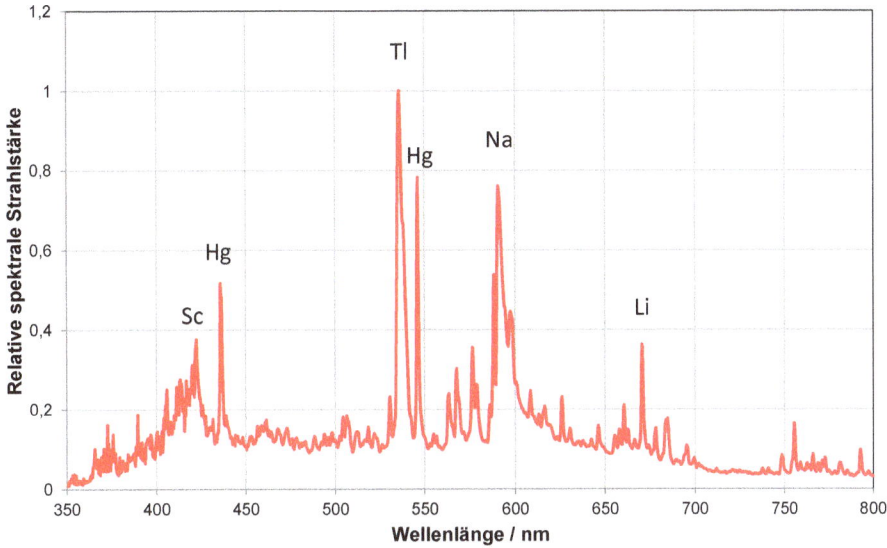

Abb. 3.58: Typisches Spektrum einer Halogenmetalldampflampe (Auflösung: 1,4 nm).

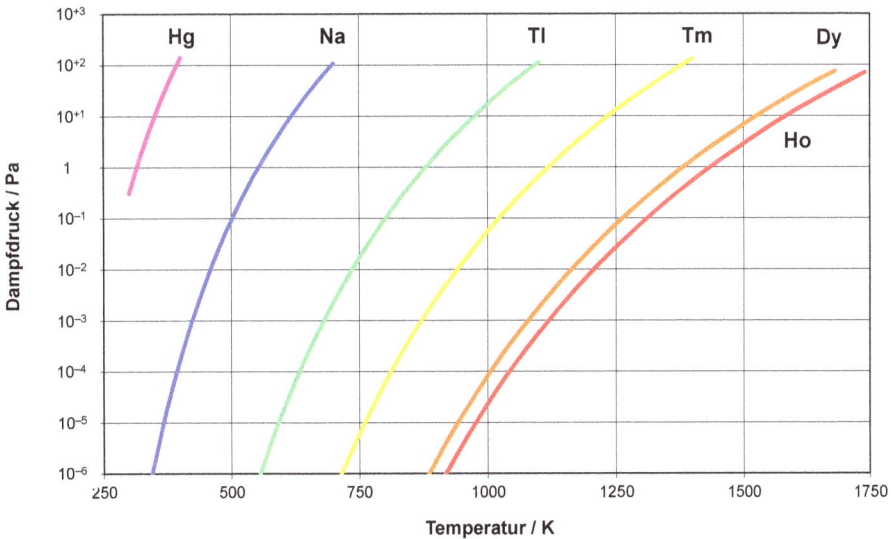

Abb. 3.59: Dampfdrücke einiger Metalle nach [Alcock 1984].

fertigungsbedingte Exemplarstreuungen bei der Geometrie der Lampe empfindlich auf das emittierte Spektrum auswirken. Abb. 3.59 zeigt den Dampfdruck als Funktion der Temperatur für einige verwendete Metalle. Die Dampfdruckkurven liegen deutlich unter der des Quecksilbers. Das Diagramm zeigt, in welchen Mengenverhältnissen – bei Abwesenheit von Halogenen – die Substanzen vorliegen: die Reihenfolge lautet: Hg–Na–Tl–Tm–Dy–Ho. In Lampen werden stets einige der Metalle ungesättigt in der Lampe betrieben, einige aber auch in Sättigung. Die **Dampfdruckkurven** der Jodide liegen zwischen denen von Hg und Tm.

Ein weiterer, bei Halogenmetalldampflampen auftretender Effekt ist die **Einengung** bzw. **Aufweitung** des **Bogens** bei Vorhandensein bestimmter Elemente. So führen seltene Erden zu einer Verengung des Entladekanals, während die Alkalimetalle aufweitend wirken. Letztere haben geringe Ionisierungsenergien und können daher schon in kälteren Randbereichen des Bogens ionisiert werden.

Der grundsätzliche Aufbau einer Halogenmetalldampflampe ist ähnlich der einer Quecksilberhochdrucklampe. Um höhere Wandtemperaturen erreichen zu können, kommen für das Entladerohr zunehmend die für die Natriumhochdrucklampen entwickelten **Keramikbrenner** zum Einsatz. Bei der Quarztechnologie ist die Wandtemperatur an der kältesten Stelle etwa 750°C, nach oben ist sie auf etwa 950°C begrenzt. Wird diese Temperatur überschritten, kann es zur **Erweichung** und **Verformung** infolge des hohen Innendrucks kommen. Außerdem kann **Rekristallisation** des Quarzes einsetzen, gefördert durch die Jodide. Der Quarzbrenner hat als bewährte Technologie den Vorteil der besseren optischen Eigenschaften infolge seines transparenten Entladungsgefäßes. Abb. 3.60 zeigt eine Lampe in Quarztechnologie mit einer Nennleistung von 70 W.

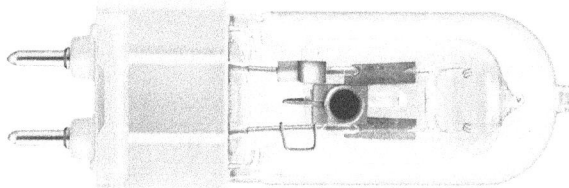

Abb. 3.60: Halogen-Metalldampflampe OSRAM POWERSTAR HQI-T G12 mit Quarzbrenner. Foto: OSRAM.

Die Elektroden der Halogenmetalldampflampen sind durch die hohen Temperaturen stark belastet und das Abdampfen des Wolframs von der Elektrode und das Kondensieren auf der Brennerwand bestimmen das Altern der Lampe maßgeblich. Der Transport des Wolframs wird stark beeinflusst von der Konvektion im Brenner. Diese wiederum wird begünstigt, wenn hohe Temperaturgradienten auftreten. Dies ist insbesondere bei zylindrischen Brennerformen der Fall, wie sie anfänglich bei der Keramiktechnologie Verwendung fanden. Durch eine ellipsoide Form des Brenners kann der Temperaturgradient und damit der Abtransport des Wolframs von der Wendel minimiert werden. Damit wird auch ein weiterer Transportvorgang unterbunden: im flüssigen Metallhalogenid löst sich die Aluminiumoxidkeramik und wird an anderen Stellen wieder abgelagert. Undichtigkeiten im Brenner können die Folge sein.

Fast alle Hersteller von Halogenmetalldampflampen haben inzwischen Keramikbrenner in runder Bauform im Sortiment. Er erlaubt höhere Betriebstemperaturen und damit wird eine höhere Lichtausbeute bei gleichzeitig **verbesserter Farbwiedergabe** erzielt. Ein Beispiel einer Halogen-Metalldampflampe in Keramiktechnologie zeigt Abb. 3.61. Die Lampe erreicht bei 73 W Lampen-Nennleistung (EL 25°C) eine Lichtausbeute von 82 lm/W bei einer mittleren Lebensdauer (50% Ausfallrate) von 15.000 Stunden.

Das Zünden einer Halogenmetalldampflampe ist viel schwieriger als das Zünden einer Quecksilberhochdrucklampe. Das liegt am Jod, das dazu neigt, negative Ionen zu bilden und damit freie Elektronen einfängt, die in der Startphase fehlen. Störend für das Zünden wirkt sich auch Wasserstoff aus. Dieser wird über die vielfach **hygroskopischen Jodide** beim Lampenbau eingeschleppt. Beim Betrieb dissoziiert das Wasser zu Sauerstoff und Wasserstoff. Der Sauerstoff oxidiert vorhandene Metalle und der Wasserstoff bleibt zunächst im Entladerohr, bis er schließlich bei Betriebstemperatur durch den Quarzkolben in den Außenkolben diffundiert. Dort wird er durch einen **Getter** – zumeist aus einer **Aluminium-Zirkon-Legierung** bestehend – gebunden.

Zum Zünden einer Halogenmetalldampflampe sind Spannungen von einigen Kilovolt nötig. Ein Heißzünden ist nicht bei allen Lampen möglich. Ist die Lampe heißzündfähig, müssen alle spannungsführenden Komponenten der Lampe, besonders auch der Sockel, gut isoliert sein, denn es können je nach Lampenfüllung Spannungen bis zu 60 kV nötig sein.

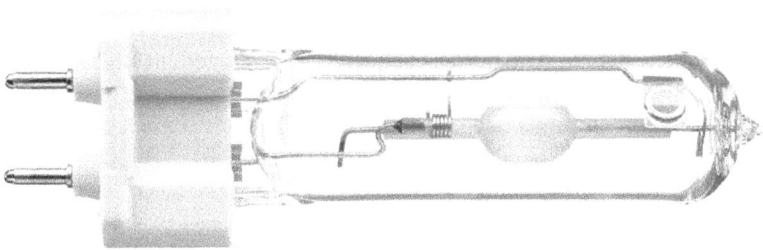

Abb. 3.61: Halogen-Metalldampflampe PHILIPS MASTERColour CDM-T Fresh 70W/740 G12 1CT mit Keramikbrenner. Foto: Philips Lighting

Wegen der hohen auftretenden Betriebsdrücke von ca. 10 bis 15 bar sind Halogenmetalldampflampen in der Regel nur in geschlossenen Gehäusen zu betreiben, die einen Schutz vor **Explosionssplittern** bieten. Beim Betrieb der Gasentladung entsteht auch ein gewisser Anteil an **UV-Strahlung**, der nicht nach außen gelangen soll. Das Quarz- oder Keramikmaterial des Brenners absorbiert das UV-Licht nur unzureichend, in der Regel bietet aber der Außenkolben einen gewissen UV-Schutz. Allerdings gibt es bei Halogenmetalldampflampen auch Typen aus Quarzglas **ohne Außenkolben**. Hier muss ein Schutzglas oder eine Linse aus entsprechendem Material in der Leuchte verwendet werden, um die UV-Strahlung zu eliminieren.

Die im Handel befindlichen elektrischen Leistungen von Halogen-Metalldampflampen reichen von 35 W für die Schaufensterbeleuchtung bis 18.000 W für **tageslichtähnliche Beleuchtung** bei Filmaufnahmen. Entsprechend ist die Typenvielfalt. Am oberen Ende der Leistungsskala erreicht man eine Farbwiedergabe von $R_a > 90$ bei einer Lichtausbeute von ca. 95 lm/W. Zu niederen Leistungen hin verringert sich die Lichtausbeute. Bei schlechter Farbwiedergabe (R_a zwischen 60 und 70) lassen sich auch 115 lm/W erzielen.

3.3.6 Xenonlicht für den Pkw

Die Halogenmetalldampflampen haben fürs Zünden eine zusätzliche Edelgasfüllung, z.B. Argon oder Xenon. Man kann den Xenonanteil erhöhen und schließlich – wie im nächsten Kapitel gezeigt wird – ausschließlich Xenon zur Lichterzeugung verwenden. Im Übergangsbereich sind die Xenonentladungslampen für Pkws anzusiedeln. Diese Lampen sind grundsätzlich Halogen-Metalldampflampen, die allerdings auch mit **Xenon** allein ein brauchbares

Licht liefern würden. Das ist bei Autos in der Phase nach dem Einschalten der Lampe wichtig, um sofort einen gewissen Lichtstrom zur Verfügung zu haben. Die **Endhelligkeit wird erst nach einiger Zeit erreicht**, wenn die Lampe auf Betriebstemperatur ist und die Metalle bzw. Metalljodide hinreichend verdampft sind. Die Betriebspartialdrücke einer D2-Lampe sind in Tab. 3.5 angegeben. Es handelt sich dabei um eine gesockelte Lampe ohne integriertem Zündgerät.

Tab. 3.5: Partialdrücke [Flesch 2006] einer D2-Xenonentladungslampe für Pkw im Betrieb.

Xenon	5.000.000 Pa
Hg	2.000.000 Pa
NaI	3.000 Pa
ScI$_3$	5.000 Pa

Xenonlampen wurden bereits Anfang der Neunzigerjahre eingeführt und stellten einen gewaltigen Fortschritt in der Lichtausbeute dar. Der Lichtstrom konnte gegenüber Halogenlampen von ca. 1500 lm auf etwa 3200 lm mehr als verdoppelt werden. Abb. 3.62 zeigt ein komplettes System einschließlich elektronischem Vorschaltgerät.

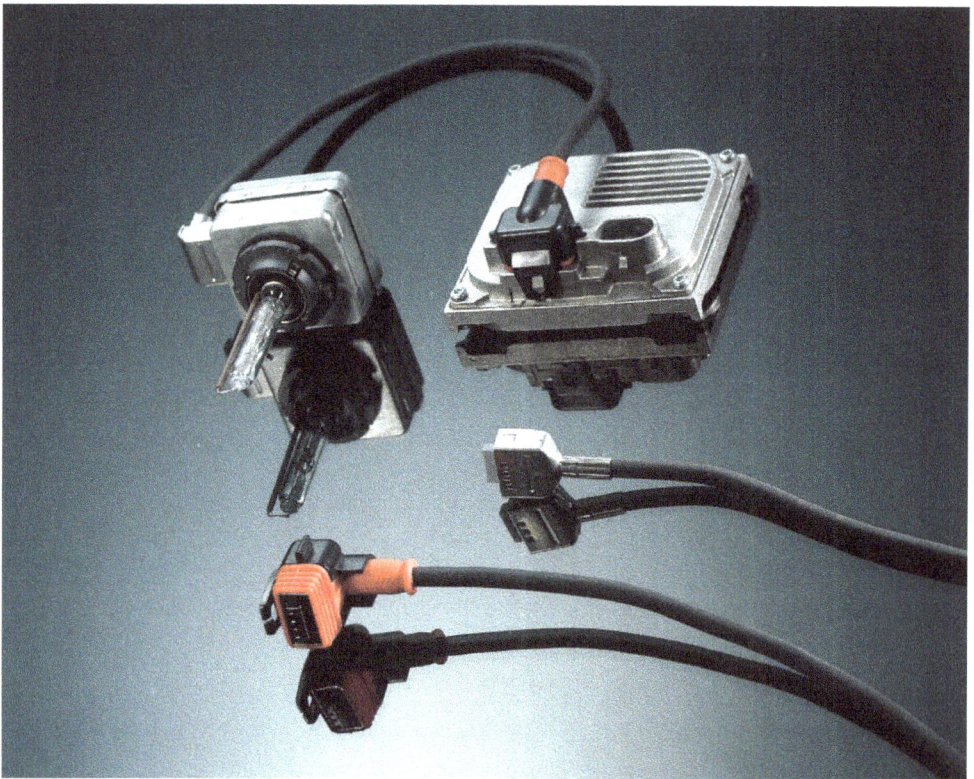

Abb. 3.62: Entladungslampe für Pkw einschließlich elektronischem Vorschaltgerät. Foto: OSRAM

3.3.7 Xenon-Kurzbogenlampen

Bei hohen und höchsten Drücken erhält man ein beträchtliches kontinuierliches Spektrum. Das nutzt man bei den **Xenon-Kurzbogenlampen** aus. Von allen Edelgasen kommt hier lediglich Xenon als Füllgas in Frage [Elenbaas 1972], da es die höchste Lichtausbeute bei bester Farbwiedergabe liefert. Die Energie verteilt sich im Bereich des sichtbaren Spektrums ziemlich homogen, allerdings erstreckt sich die Verteilung auch auf UV- und IR-Bereiche, so dass die Lichtausbeute im Vergleich zu Halogen-Metalldampflampen gering ausfällt.

Trotzdem sprechen einige Gründe für diesen Lampentyp: es lassen sich hohe Leuchtdichten realisieren, so dass man eine **Punktlichtquelle** gut simulieren kann. Bei einer Farbtemperatur von ca. 5000–6000 K wird Tageslicht gut angenähert, der Farbort liegt in der Normfarbtafel praktisch auf der Linie des schwarzen Strahlers. Eine **hohe Bogenstabilität** und eine wegen des kontinuierlichen Spektrums **gute Farbwiedergabe** haben dazu geführt, dass die Xenon-Kurzbogenlampe zur Lichtquelle der Wahl bei der professionellen Filmprojektion wurde. Da kein Metall verdampft werden muss, liefern die Lampen unmittelbar nach dem Einschalten die volle Lichtausbeute.

Wegen des ausschließlich verwendeten Quarzkolbens emittieren die Lampen UV-Licht und erzeugen **Ozon** in ihrer Umgebung. Sie haben bereits im kalten Zustand einen Überdruck und dürfen daher nur mit Schutzausrüstung (geeignete Handschuhe, Splitterschutz, Schutzbrille etc.) gehandhabt werden. Wegen des hohen Betriebsdrucks und einer möglichen Explosion der Lampe darf dieser Typ nur in speziellen Gehäusen betrieben werden.

Xenon-Kurzbogenlampen werden inzwischen im Leistungsbereich von 50 W bis 12.000 W angeboten. Neben der Filmprojektion hat sich dieser Typ noch weitere Anwendungsfelder erschlossen: in der Mikroprojektion, als Suchscheinwerfer oder in Leuchttürmen. Betrieben werden die Lampen mit Gleichstrom, Anode und Kathode unterscheiden sich erheblich: während die Kathode spitz zuläuft, um eine hohe Temperatur und Feldstärke für die Elektronenemission zu erzielen, ist die Anode groß, um eine hohe Wärmekapazität bzw. Wärmeabstrahlung zu gewährleisten.

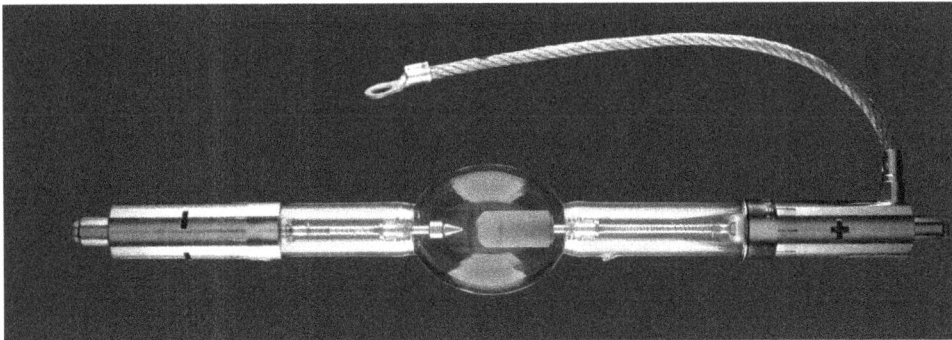

Abb. 3.63: Xenon-Kurzbogenlampe OSRAM XBO® 3000W. Der Farbwiedergabeindex dieser Lampen liegt bei ca. 98. Foto: OSRAM

Abb. 3.63 zeigt eine Kurzbogenlampe mit der Leistung 3000 W, die einen Lichtstrom von 130.000 lm liefert. Die Lichtausbeute ist mit 43 lm/W vergleichsweise gering, dafür ist der Farbwiedergabeindex mit >95 sehr gut und die Farbtemperatur von 6000 K macht sie zur idealen Lichtquelle für die Filmprojektion.

3.3.8   Langbogenlampen

Ein spezieller Lampentyp, nämlich die Langbogenlampe, sei hier noch behandelt; sie spielt beim **Pumpen von Festkörperlasern** eine Rolle spielt. Zwar werden Lasersysteme heute zumeist mit Laserdioden gepumpt, doch bei stärkeren Systemen und Systemen im Bestand ist das Pumpen mit **Langbogenlampen** noch durchaus weitverbreitet. Die Qualität der Pumplampe ist bei Festkörperlasern bei einem Preis von einigen hundert Euro und einer Lebensdauer von weniger als tausend Stunden ein wichtiger Kostenfaktor beim Betrieb eines Lasers. Zudem können bei Lampenbruch kostspielige Schäden an der Pumpkammer oder am Laserstab entstehen.

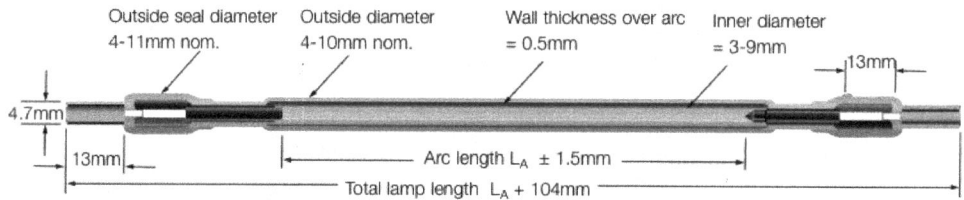

Abb. 3.64: Typische Krypton-Langbogenlampe. Aus: „The Lamp Book" von Heraeus Noblelight

Abb. 3.64 zeigt eine **Pumplampe** für den Gleichstrom(dauer)betrieb. Dieser spezielle Lampentyp für die Anwendung im Nd–YAG-Laser wird mit reinem **Krypton** befüllt, denn die emittierten Linien des Krypton liegen bezüglich der Pumpbanden des Nd–YAG-Kristalls sehr günstig. Lediglich bei Blitzlampen erweisen sich bei sehr hohen Stromdichten Xenonfüllungen als günstiger. Hier überwiegt eine Kontinuumsstrahlung gegenüber der Linienstrahlung. Die wirksamsten Pumpwellenlängen liegen beim Nd–YAG-Laser bei 0,75 μm und bei 0,81 μm [Koechner 1976]. Dazu passt die Emission einer Kryptonlampe (Abb. 3.65) sehr gut, sie besitzt nämlich bei 810 nm eine Liniengruppe, mit der wirksames Pumpen möglich ist. Die meisten Krypton-Langbogenlampen haben – bezogen auf den Spektralbereich von 0,3 bis 1,2 μm – einen Wirkungsgrad von etwa 40%, das heißt, 40% der zugeführten elektrischen Leistung wird in Strahlung dieses Spektralbereichs umgewandelt. Der Kaltfülldruck liegt gewöhnlich bei ca. 4 bis 8 bar. Bei der Handhabung der Lampen ist also Schutzausrüstung erforderlich. Während des Betriebs kann die Lampe einen Druck von 40 bar und mehr entwickeln.

Die Lampe wird an Gleichspannung betrieben, Anode und Kathode sind unterschiedlich ausgebildet. Die **Kathode** ist im vorderen Bereich schlanker und läuft spitz zu. Beim Betrieb der Lampe erhöht das die Kathodentemperatur und führt damit zu einem leichteren Austritt der Elektronen aus der Kathode. Die Kathode ist außerdem mit Stoffen dotiert, die die Austrittsarbeit erniedrigen. Die **Anode** dagegen ist halbrund ausgebildet. Einerseits soll sie nämlich eine große Fläche besitzen, da sie wegen des Ionenbeschusses eine hohe Leistung aufnehmen muss.

Andererseits muss sie den Bogen zentrieren, damit der Ansatzpunkt nicht in Richtung Quarzkolben wandert und diesen überhitzt. Wegen des asymmetrischen Elektrodenaufbaus führt ein Verpolen der Lampe zu schneller Zerstörung.

Die Lampen sind im Elektrodenbereich so gebaut, dass bei Betriebstemperatur die **Elektrode praktisch an der Glasinnenwand anliegt**. Das sichert eine gute Ableitung der Wärme von den Elektroden. Zur Einleitung der Gasentladung in den Lampen ist eine Zündspannung von 20 bis

30 kV nötig, die einige Mikrosekunden an der Lampe liegen muss. Bei Lampen höherer Leistung werden häufig **Boosterschaltungen** verwendet (Abb. 3.66). Sie sorgen durch erhöhte Leerlaufspannung dafür, dass die Lampe nach dem Zündfunken richtig durchzündet und sich ein **Plasmakanal** geringer Leitfähigkeit in der Lampe aufbaut. Mitunter werden auch Boosterkondensatoren verwendet, die nach dem Zünden den Innenwiderstand der Stromversorgung kurzzeitig erniedrigen.

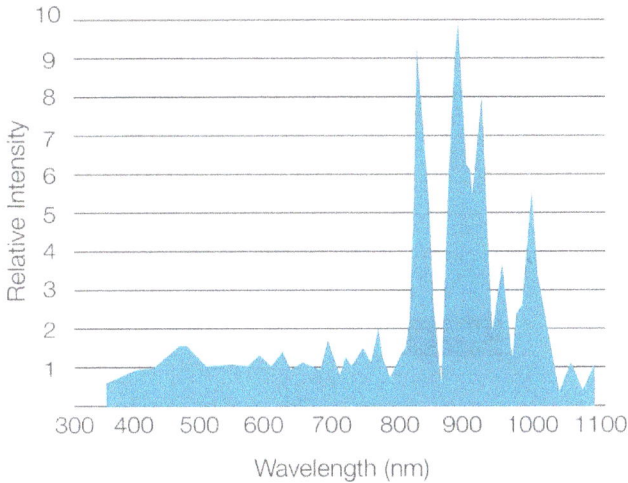

Abb. 3.65: Emissionsspektrum einer typischen Krypton-Langbogenlampe. Aus: „The Lamp Book" von Heraeus Noblelight

Bei der in Abb. 3.66 angewandten Zündmethode wird ein **Zündtrafo** in Reihe mit der Lampe geschaltet. Ein primärseitig auf den Trafo gegebener Stromimpuls wird hochtransformiert und zündet die Lampe. Nachteil der Methode ist, dass die Sekundärseite des Trafos für den Lampendauerstrom ausgelegt sein muss. Bei der Parallelzündung (Abb. 3.67) wird der Zündimpuls durch einen Transformator erzeugt, dessen Sekundärseite parallel zur Spannungsquelle liegt.

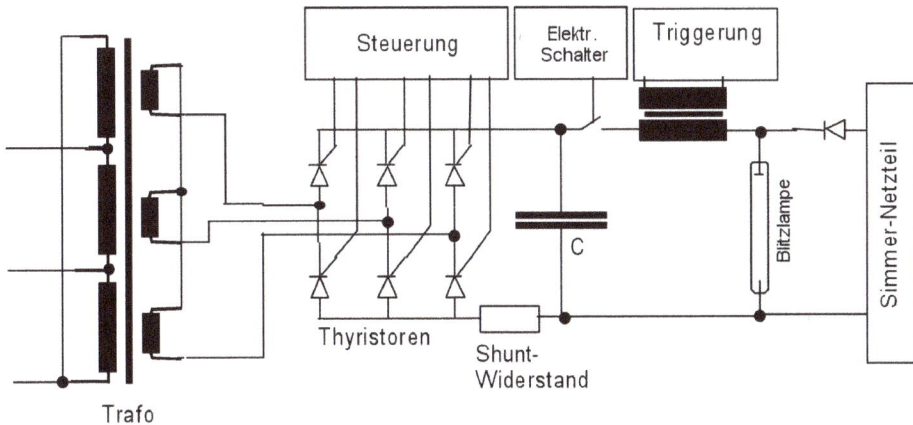

Abb. 3.66: Schematische Darstellung einer typischen Spannungsversorgung für Laserpumplampen.

Der Nachteil dieses Verfahrens ist, dass die Spannungsquelle durch eine aufwändige Schaltung vor dem Zündimpuls geschützt werden muss. Die dritte Möglichkeit, die externe Zündung, bedient sich einer zusätzlichen Elektrode: mittels eines um die Lampe gewickelten Nickeldrahts bewirkt ein Hochspannungsimpuls die Vorionisierung der Lampenfüllung (Abb. 3.68).

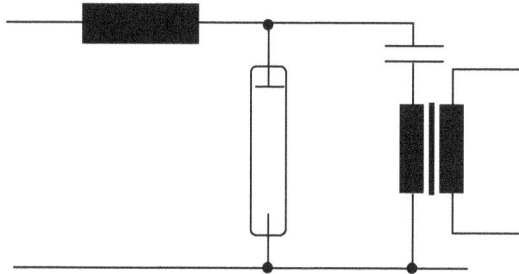

Abb. 3.67: Zündung der Lampe durch einen von einem Zündtrafo erzeugten Hochspannungsimpuls.

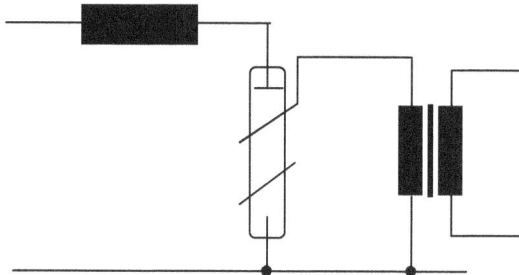

Abb. 3.68: Zündung durch einen Zündtrafo und einen um die Lampe gewickelten Draht.

Ist die Zündung erfolgt, füllt das Plasma den gesamten Lampenquerschnitt aus. Der Bogen kann somit nicht seitlich ausweichen und ist damit räumlich stabil. Man bezeichnet solche Lampen als **wandstabilisiert**. Im Laufe der Lebensdauer nimmt die Strahlungsintensität ab. Um diesen Rückgang zu kompensieren und die Nutzungslebensdauer zu erhöhen, kann man neue Lampen am Anfang mit etwa 70% des Nennstroms betreiben und diesen nach und nach steigern. Am Ende der Lebensdauer einer Lampe kommt es zur **Schwärzung des Kolbens**. Die Lichtausbeute nimmt daher stark ab. Bei weiterem Betrieb der Lampe kommt es meist zur **Kristallisation** des Quarzglases des Lampenkolbens in Elektrodennähe. Das führt häufig zum Bruch der Lampe. Es ist daher sehr schwierig zu beurteilen, wann eine Lampe gewechselt werden soll. Wenn man sich den durch Lampenschwärzung verursachten Leistungsverlust des Lasers erlauben kann, ist eine längere Nutzung der Lampe möglich. Jedoch können die Schäden, die eine explodierende Lampe in der Pumpkammer anrichtet, je nach Konstruktion erheblich sein. Beim Einbau der Lampen sollte auf Sauberkeit geachtet werden. **Fingerabdrücke** und **Schmutzrückstände** brennen ein und führen zur vorzeitigen Zerstörung.

Die Quarzwandungen der Lampen haben eine Stärke von lediglich 0,5 bis 1 mm. Die Lampen sind grundsätzlich **wassergekühlt** und werden in **Strömungsrohren** gebrannt. Es ist jeweils ein gewisser Mindestdurchfluss an Wasser nötig, damit sich keine Dampfblasen bilden können. Um Kalkniederschläge auf dem Brenner zu vermeiden, sollten die Lampen mit entionsisiertem Wasser in einem geschlossenen Kreislauf (mit Wärmetauscher) gekühlt werden. Abb. 3.69 zeigt eine typische Krypton-Langbogenlampe.

Abb. 3.69. Krypton-Langbogenlampe. Foto: Heraeus-Noblelight.

3.4 Halbleiterlichtquellen (LEDs)

3.4.1 Weißlicht-LEDs

LEDs sind seit den Sechziger Jahren des vorigen Jahrhunderts kommerziell erhältlich und begannen ihren Siegeszug als reine Anzeigenlampe. Die ersten Dioden leuchteten rot und es dauerte etwa 30 Jahre, bis man sich im Spektrum in den blauen Spektralbereich vorgearbeitet hatte. Sie waren wegen ihrer **Einfarbigkeit** und **Langlebigkeit** bestens geeignet, die Kleinstglühlampen oder Glimmlampen als Signallampen zu ersetzen. Hierbei kam es nicht auf den Wirkungsgrad an, denn der war miserabel. Aber das war der von Kleinstglühlampen auch, denn von dem emittierten Spektrum wurde ja über ein Filterglas auch nur das rote oder grüne Licht ausgefiltert. Unübertroffen waren und sind LEDs in Bereichen, in denen ein Ausfall der Lampe hohe Kosten oder eine hohe Gefährdung bedeuten würde. So haben sich LEDs in den letzten Jahren im Bereich der **Signaltechnik** am Pkw und bei **Lichtzeichenanlagen** etabliert. Auch im Bereich der **Reklamebeleuchtungen** fanden LEDs ein weites Anwendungsfeld.

Heute hat sich der Wirkungsgrad so verbessert, dass LEDs fester Bestandteil der **Allgemeinbeleuchtung** geworden sind. Auch bei der Pkw-Beleuchtung können alle Lichtfunktionen inzwischen mit LEDs dargestellt werden, einschließlich Fern- und Abblendlicht. Dabei ist jedoch die Erzeugung von weißem Licht mit gewissen Schwierigkeiten verbunden, denn die LEDs besitzen in der Regel nur eine geringe Bandbreite (siehe Gl. (1.81)). Um daraus Licht zu erzeugen, dass den ganzen sichtbaren Spektralbereich abdeckt, stehen drei Methoden zur Verfügung:

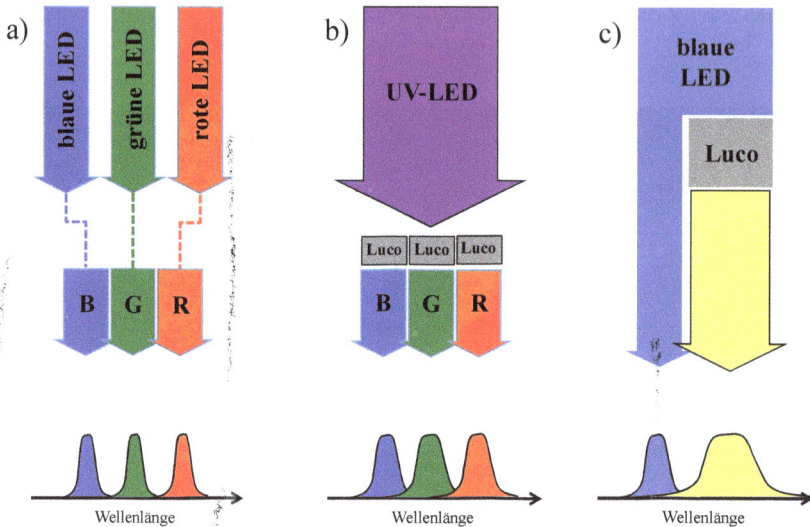

Abb. 3.70: Drei Möglichkeiten der Erzeugung von weißem Licht mit LEDs: a) Die RGB-LED erzeugt die Farben Rot, Grün und Blau durch Einzelemitter und addiert deren Emission. b) Verwendet man eine UV-LED, kann man über drei verschiedene Lumineszenzkonverter (Luco) jeweils rotes, grünes und blaues Licht erzeugen und zu Weiß mischen. c) Die verbreitetste Art der Weißlichterzeugung besteht in der Verwendung einer blau strahlenden LED und der anschließenden Umwandlung eines Teils des blauen Lichtes in gelbes mittels eines einzigen Lumineszenzkonverters.

1. Es ist naheliegend, **weißes Licht durch Mischen von Licht einer roten, grünen und blauen LED** zu erzeugen (Abb. 3.70a). Diese **RGB-LED**s sind technisch realisiert und auch erhältlich, allerdings werden sie nur für Effektbeleuchtung mit sich ändernden Lichtfarben eingesetzt. Abb. 3.71 zeigt das Spektrum einer solchen RGB-LED mit Farbkoordinaten $x = 0,33$ und $y = 0,31$. Eine Mischung von weißem Licht ist damit also zwar möglich, die Farbwiedergabe erreicht aber kaum befriedigende Werte. Der Weißpunkt kann aufgrund von Temperaturschwankungen und Alterung weder kurz- noch langfristig stabil eingehalten werden. Dies gilt auch, wenn man eine vierte oder fünfte LED zum Auffüllen des Spektrums hinzufügt.
2. Das Licht einer **UV-LED wird mit geeigneten Lumineszenzkonvertern in sichtbares Licht umgewandelt** und damit eine möglichst gute Farbwiedergabe erreicht (Abb. 3.70b). Die Verwendung mehrerer Leuchtstoffe macht dieses Verfahren allerdings teuer. Außerdem ist die Lichtausbeute der UV-LEDs geringer als die von LEDs im Sichtbaren.
3. Man verwendet eine **LED, die blaues Licht abstrahlt und wandelt einen Teil des blauen Lichtes in gelb-rote Lichtanteile um**, so dass zusammen der Farbeindruck weiß entsteht (Abb. 3.70c). Die blauen LEDs sind sehr lichtstark und man benötigt im einfachsten Fall nur einen einzigen Lumineszenzkonverter. Dies ist die wirtschaftlichste und damit gebräuchlichste Art der Weißlichterzeugung mit LEDs. Abb. 3.72 zeigt das Spektrum einer solchen LED-Lampe mit den Farbkoordinaten $x = 0,45$ und $y = 0,41$.

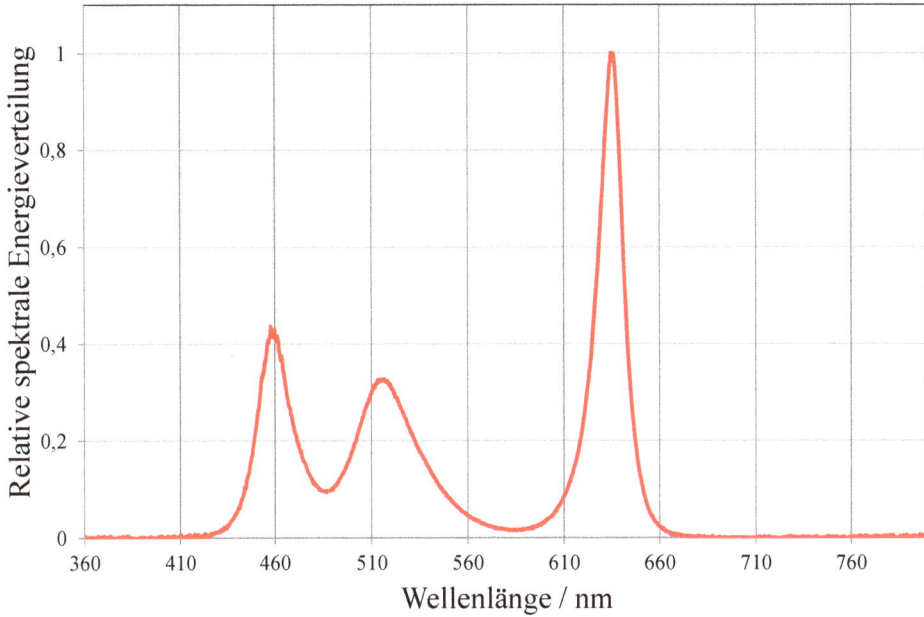

Abb. 3.71: Spektrale Energieverteilung einer RGB-LED. Die ähnlichste Farbtemperatur liegt hier bei 5391 K, der Farbwiedergabeindex beträgt lediglich $R_a = 7,15$.

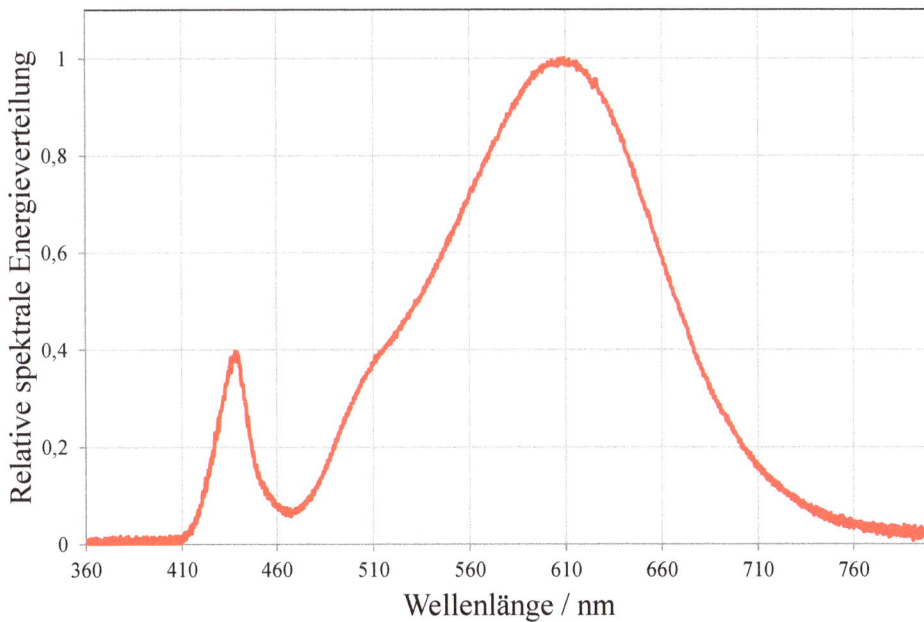

Abb. 3.72: Spektrale Energieverteilung einer LUCOLED. Die ähnlichste Farbtemperatur liegt bei 2920 K, der Farbwiedergabeindex beträgt $R_a = 78,4$. Die hohe Spitze links stellt die Emission der Diode dar, die breitere spektrale Verteilung rechts stammt vom Konverter.

3.4.2   Verwendete Materialien

Für LEDs in der Lichttechnik werden vor allem **zwei Halbleiter-Materialsysteme** benutzt: **AlInGaP** und **InGaN** (auch als **GaInN** bezeichnet). Mit dem InGaN-Materialsystem ließe sich durch Wahl des Verhältnisses von Ga:In theoretisch das gesamte sichtbare Spektrum abdecken [Schubert 2013]. Allerdings wird es mit wachsendem In-Anteil immer schwieriger, GaInN in brauchbarer Qualität herzustellen. Daher beschränkt sich seine Anwendung auf grüne und blaue LED sowie UV-LED. Für LEDs im gelb-roten Spektralbereich findet in der Regel das AlInGaP-Materialsystem (auch als **AlGaInP** bezeichnet) Anwendung.

Die Bildung eines pn-Übergangs muss durch „**Aufwachsen**" des einen Materials auf das andere erfolgen. Bei dem **Epitaxie** genannten Verfahren wird ein kristallines Trägermaterial verwendet, auf das ein anderer Kristall in der vorgegebenen kristallographischen Orientierung aufwächst. Entspricht das aufwachsende Material dem Trägermaterial, spricht man von **Homoepitaxie**, sind die Materialien unterschiedlich, von **Heteroepitaxie**. Das Aufwachsen des Materials kann dabei aus der flüssigen Phase oder der Gasphase erfolgen. Auch ein Auftrag mittels **Molekularstrahl** ist möglich.

Wie es sich in Kap. 1.4.3 bereits abgezeichnet hat, haben LEDs in der tatsächlichen Ausführung einen komplizierten Schichtaufbau und bestehen aus mehr als nur einer p- und einer n-leitenden Schicht. Es werden **Pufferschichten**, also Schichten, die als **Potentialbarrieren** wirken und **Kontaktierungsschichten** aufgebracht [Höfling 2002]. Abb. 3.73 zeigt grundsätzliche Möglichkeiten des Schichtaufbaus am Beispiel einer InGaN-LED. Ein typischer LED-Chip hat etwa eine Fläche von 500 µm x 500 µm sowie eine Dicke von 250 µm. Es gibt grundsätzlich zwei Möglichkeiten des Aufbaus: auf eine Montageunterlage oder Basis wird ein Substratmaterial aufgebracht, das seinerseits wieder die Ausgangsbasis für die Epitaxie darstellt (Abb. 3.73a und 3.73b). Die Schichten wachsen also nach oben der Reihe nach. Die andere Möglichkeit besteht darin, die Substratseite mitsamt der Schichtenfolge umzudrehen und „kopfüber" auf eine Basis zu montieren (Abb. 3.73c und 3.73d).

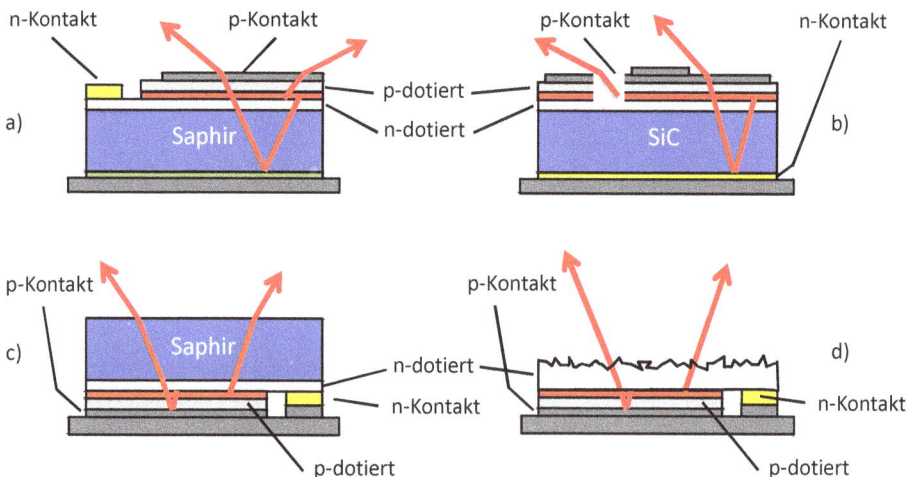

Abb. 3.73: Schichtaufbau einer LED bei InGaN-Leuchtdioden auf Saphir- und SiC-Substrat. Bei d) wird der Anteil des ausgekoppelten Lichtes durch eine angeraute Oberfläche der n-dotierten Schicht erhöht.

Neben den physikalischen und elektrischen Erfordernissen des pn-Übergangs spielen natürlich auch die optischen Eigenschaften eine Rolle, schließlich soll das entstandene Licht den
Übergang auch nach außen verlassen können. Beim **Saphirsubstrat** (Abb. 3.73a) müssten
also die elektrischen Kontakte der p- und der n-dotierten Schicht transparent sein. Realisierbar ist dies durch metallische Kontakte (z.B. NiAu), die so dünn aufgedampft werden, dass
sie nur wenig Licht absorbieren, oder durch eine Schicht von **Indium-Zinn-Oxid** mit einem
geringen Absorptionskoeffizienten. In Abb. 3.73b wird das nach unten emittierte Licht am n-
Kontakt reflektiert. Anders liegen die Verhältnisse bei der nach oben liegenden Substratseite.
Hier muss das Licht in jedem Fall das Substrat durchqueren. Beim Saphir (Abb. 3.73c) bedeutet das, dass sowohl p- als auch n-Kontakte reflektierend ausgeführt werden müssen.

Der Aufbau mit der Substratseite nach oben bietet insbesondere bei leistungsstarken LEDs
für Beleuchtungszwecke thermische Vorteile, da die im Übergang entstandene Verlustwärme
leicht über die als Wärmesenke wirkende Basis abgeführt werden kann. Ist das Saphirsubstrat zwischen dem Übergang und der Basis, verhindert dieses wegen seiner geringen Wärmeleitfähigkeit eine wirksame Wärmeableitung.

Bei Abb. 3.73d ist das Saphir-Substrat entfernt und die Oberfläche der n-leitenden Schicht
angerauht worden, um den Anteil des ausgekoppelten Lichtes zu erhöhen. Ein anderes Kon-
zept [Zukauskas 2002] sieht einen **halbkugelförmigen Chip** vor, der aus Abb. 3.73c hervorgeht, indem man das Substrat halbkugelförmig ausbildet, mit dem lichtemittierenden Übergang im Mittelpunkt. Alle emittierten Strahlen würden dann senkrecht auf die Grenzfläche
treffen, was die Reflexion minimiert und die Totalreflexion ganz verhindert. Bildet man die
untere Fläche des Saphirsubstrates in Abb. 3.73a in Form eines **Rotationsparaboloiden** aus
und bringt eine **Goldschicht** auf, werden nach unten emittierte Strahlen bei geeignet gewählten Parametern nach der Reflexion zu einem Parallelbündel, das wiederum senkrecht auf die
obere Grenzfläche trifft und somit beim Durchtritt geringstmögliche Verluste erleidet.

Eine andere Möglichkeit, die Auskoppeleffizienz zu erhöhen, besteht darin, von rechtwinkligen auf schiefwinklige Geometrien überzugehen. Abb. 3.74 zeigt eine Schichtfolge in Form
eines **umgedrehten Pyramidenstumpfs**. Im Übergang erzeugte Strahlung verlässt den Chip
in der Regel nach höchstens einer Totalreflexion.

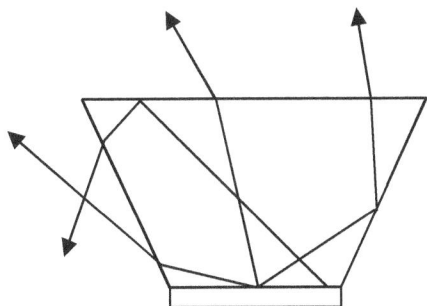

Abb. 3.74: Umgedrehter Pyramidenstumpf zur Verbesserung
der Auskoppeleffizienz.

Mit **GaInN** ist es möglich geworden, leistungsstarke LEDs für den blauen Spektralbereich zu
realisieren. Damit ist auch der Weg offen gewesen, **Weißlicht-LEDs** durch Lumineszenz-
konversion herzustellen. Die verwendeten Leuchtstoffe funktionieren dabei wie diejenigen
bei den Leuchtstofflampen. Aus Photonen hoher Frequenz werden solche niederer Frequenz.

Damit lässt sich das blaue Licht der Diode teilweise z.B. in gelbes Licht umwandeln. Liegen die beiden Farborte in der Normfarbtafel (Abb. 2.14) so, dass der Weißpunkt auf ihrer Verbindungslinie liegt, lässt sich damit weiß erscheinendes Licht erzeugen. Solche LEDs werden **LUCOLEDs** genannt. Als Leuchtstoff hat sich cerdotiertes **Yttrium-Aluminium-Granat** ($Y_3Al_5O_{12}:Ce^{3+}$) bewährt, dessen Entwicklung im Zusammenhang mit Leuchtstofflampen vorangetrieben wurde. Er hat eine Quantenausbeute von fast 100% und ist thermisch und chemisch stabil. Die Emission im gelben Spektralbereich ist dabei wesentlich breitbandiger als die blaue Linie (Abb. 3.72).

Die Wellenlänge der effizientesten Anregung und die Lage des Emissionsmaximums lässt sich beim Yttrium-Aluminium-Granat durch Ersetzen von Al^{3+}- und Y^{3+}-Ionen z.B. durch Gd und Ga beeinflussen (($Y_{1-x}Gd_x)_3(Al_{1-y}Ga_y)_5O_{12}:Ce^{3+}$) [Zukauskas 2002], [Holloway 1969], [Tien 1973], [Nakamura 1997]. Auch die Konzentration der Ce^{3+}-Ionen beeinflusst die spektralen Eigenschaften des Leuchtstoffs [Zukauskas 2002], [Tien 1973], [Batentschuk 1999].

3.4.3   Ausführungsformen von LED-Lichtquellen

Bei den LEDs wird die klassische Trennung von Lampe und Leuchte weitgehend gegenstandslos. Das hat drei Gründe:

- LEDs kann man infolge ihrer physikalisch bedingt niedrigen Betriebsspannung nicht einfach ans Stromnetz anschließen. Man benötigt ein elektronisches Vorschaltgerät, das man zweckmäßigerweise in die Leuchte integriert.
- Die geringen Abmessungen der LED und ihre im Vergleich zu Glühlampen geringere Wärmeentwicklung ermöglichen neue Leuchtenkonzepte; insbesondere wird die Integration der Leuchte in Möbel und Deckenverkleidungen erleichtert. Um die Miniaturisierung voll ausnutzen zu können, ist in vielen Fällen die Auslieferung von LED und Vorschaltgerät in einer untrennbaren Einheit zweckmäßig.
- Das Vorschaltgerät beinhaltet Halbleiterbauelemente, die eine ähnlich hohe Lebensdauer haben wie die LED selbst. Bei einem Defekt einer Komponente ist also der Austausch der ganzen Einheit wirtschaftlich sinnvoll.

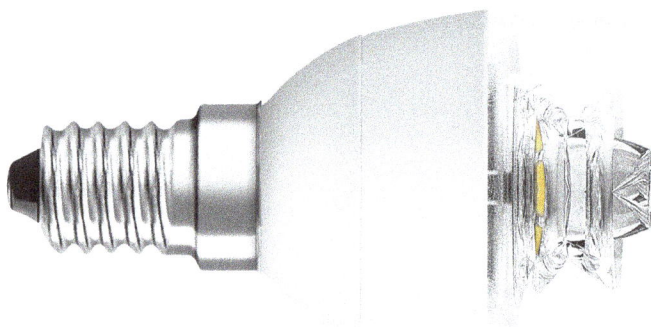

Abb. 3.75: LED-Lampe PARATHOM CL B 40 ADV 6W/827 E14 CS mit einer Nennleistung von 6 W. Bei einem Lichtstrom von 470 lm wird eine Lichtausbeute von ca. 78 lm/W erreicht. Der prismatische Glaskörper sorgt für eine gute Lichtverteilung in alle Richtungen. Foto: OSRAM

Natürlich wird die klassische Lampe-Leuchte-Schnittstelle neben den Komplettlösungen weiterhin von der Lampenindustrie bedient (**LED Retrofit Lampen**). Dies ist sinnvoll, da man oft aus wirtschaftlichen oder stilistischen Gründen auf die vorhandene Leuchte nicht verzichten will. Die Auswahl an Lampen mit E14- und E27-Sockeln ist inzwischen groß und die haushaltsüblichen 40 W- und 60 W-Typen sind durch LEDs leicht ersetzbar. Abb. 3.75 zeigt als Beispiel eine LED-Lampe mit E14-Sockel, die bei einer Nennleistung von 6 W den Lichtstrom einer 40 W-Standardglühlampe übertrifft.

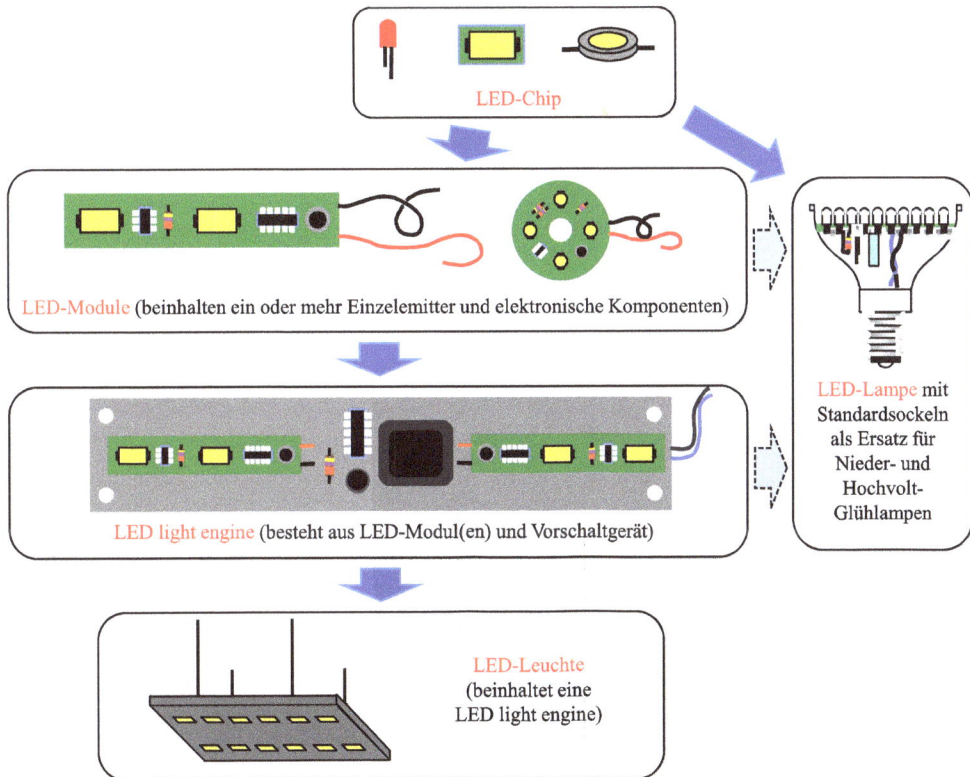

Abb. 3.76: Zur Erläuterung der Begriffe LED-Chip, LED-Modul, LED light engine und LED-Leuchte. Ein Sonderfall ist die LED-Lampe. Sie beinhaltet natürlich von der Funktion her ein oder mehrere LED-Module bzw. eine LED light engine.

Das Kernstück einer jeden LED-Leuchte ist natürlich der **Halbleiter-Chip** (Abb. 3.76). Er besteht aus den Halbleiterschichten, den elektrischen Anschlüssen, dem Fluoreszenzkonverter und den entsprechenden Vorkehrungen für die Wärmeabfuhr. Dieses Halbleiterelement kann bereits Licht emittieren. Werden ein oder mehr LED-Chips, eventuell zusammen mit elektronischen Komponenten, auf eine Platine montiert, spricht man von einem **LED-Modul**. Abb. 3.77 zeigt ein Beispiel mit neun Einzelemittern auf einer Platine.

In Abb. 3.78 ist ein Ministrahler (Durchmesser 23 mm) abgebildet, der mit einer Highflux-LED ausgestattet ist. Module dieses Typs erreichen (mit einer Weißlicht-LED) bei einer Leistung von nur 1,1 W und einem Abstrahlwinkel von 15° (Nennhalbwertswinkel) eine Lichtstärke von

1300 cd. Der **Abstrahlwinkel** ist der Winkel, innerhalb dessen die Lichtstärke mindestens 50% ihres Maximalwertes annimmt. Genutzt wird der Strahler als Orientierungs- und Akzentlicht bzw. zur Objektbeleuchtung in Museen oder als Möbelinnenbeleuchtung.

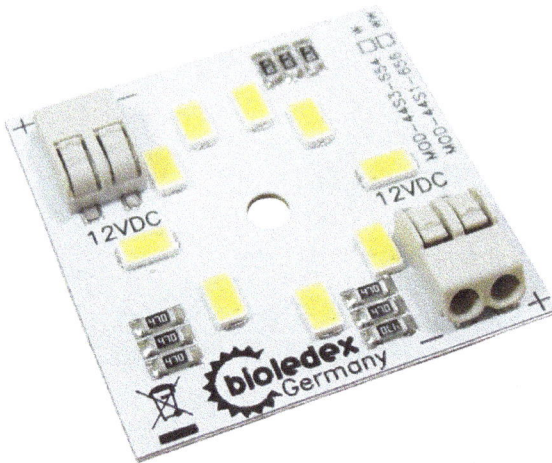

Abb. 3.77: BIOLEDEX® LED Modul in der Größe 40 mm x 40 mm. Das Modul liefert bei einer Leistungsaufnahme von 4,5 W einen Lichtstrom von 400 lm. Foto: DEL-KO

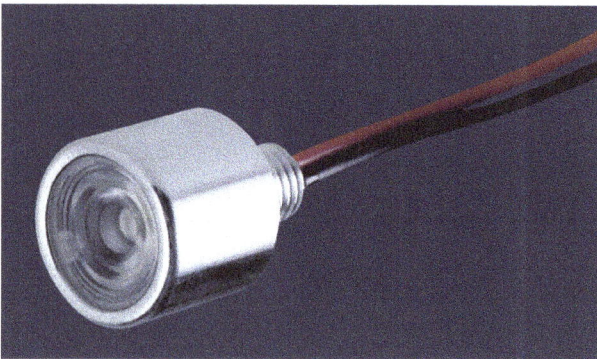

Abb. 3.78: DRAGONeye® (1,1 W, 0,35A) Ministrahler mit Highflux LED. Foto: OSRAM

Da LEDs in Durchlassrichtung betrieben werden und die Strom-Spannungskennlinie im Arbeitspunkt sehr steil verläuft, ist ein konstanter Strom Voraussetzung für einen zuverlässigen und langlebigen Betrieb der LED. Außerdem sind die Betriebsspannungen von LEDs viel niedriger als die meisten in der Beleuchtungstechnik üblichen Hoch- oder Niedervoltspannungen (230 V und 12 V), so dass ein **Vorschaltgerät unverzichtbar** ist. Die einfachste, aber bei Hochleistungs-LEDs nicht mehr praktikable Lösung ist ein **Vorwiderstand**. Er stabilisiert die Spannung nicht. Außerdem wäre die Verlustleistung am Widerstand zu hoch und würde den Wirkungsgrad des Gesamtsystems schmälern. Üblich ist daher die **elektronische Regelung**, u.U. in Kombination mit einem Netzteil.

Eine LED-Lichtquelle, die aus einem oder mehreren LED-Modulen und dem elektronischen Vorschaltgerät (Konstantstromquelle und Transformator) sowie allen mechanischen und kühlenden Komponenten besteht, wird im englischen Sprachraum **LED light engine** genannt. Baut man diese LED-Lichtquelle in ein Gehäuse ein und sieht den Betrieb z.B. an Netzspannung vor, erhält man eine **LED-Leuchte**.

Abb. 3.79: Scheinwerfer wie das 90 mm Premium LED Modul werden sowohl als reines Abblendlichtmodul als auch als Modul mit Abblend- und Fernlicht angeboten. Das abgebildete Modul hat ein kreisförmiges Blinklicht integriert. Foto: HELLA

Bei der Kraftfahrzeugbeleuchtung hat sich die LED beginnend mit den in der Heckscheibe **hochgesetzten Zusatzbremsleuchten** anfangs der 1990er Jahre mittlerweile alle Lichtfunktionen an Fahrzeugen erschlossen. So werden Fahrzeuge der Ober- und Mittelklasse zunehmend schon mit **LED-Hauptscheinwerfern** ausgestattet (Abb. 3.79). Wegen ihrer vergleichsweise geringen Größe eröffnen sie für die Frontpartie des Autos neue Designspielräume. Aber auch in Ihrer Funktionalität eröffnen LED-Scheinwerfer neue Möglichkeiten. So können durch Verwendung einer LED-Matrix beim Fernlicht einzelne LEDs angesteuert werden. Dadurch wird es ermöglicht, bestimmte Fahrbahnbereiche, in denen sich ein entgegenkommendes Fahrzeug befindet, abzudunkeln und damit Blendung zu vermeiden. Auch kann die Ausleuchtung der Geschwindigkeit des Fahrzeugs und der Straßenführung angepasst werden.

In vielen Ländern ist bereits ein Tagfahrlicht vorgeschrieben. Hier bieten LED-Lichter neue Möglichkeiten. Die Abb. 3.80 zeigt eine **modulare LED Tagfahrleuchte**. Sie kann dem Design der jeweiligen Frontpartie des Fahrzeugs angepasst werden.

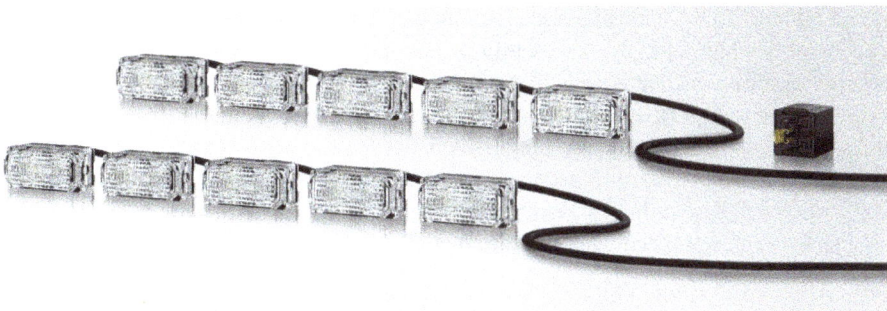

Abb. 3.80: Modulares LED Tagfahrleuchten-Set LEDayFlex II. Foto: HELLA

3.4.4   Leistungsgrenzen

LED-Lampen erreichen heute etwa eine **Lichtausbeute von 50–80 lm/W**, es gibt aber einige spezielle Typen mit einer Lichtausbeute **bis zu 110 lm/W**. Sie fallen damit in die Energieeffizienzklassen A bis A+ (siehe Abb. 3.2). Die Lichtemission einer Diode steigt etwa linear mit dem Strom, da (bei einer internen Quanteneffizienz von 100%) jedes Elektron ein Photon liefert. In der Entwicklung befinden sich bereits LED mit einer Lichtausbeute von 250 lm/W.

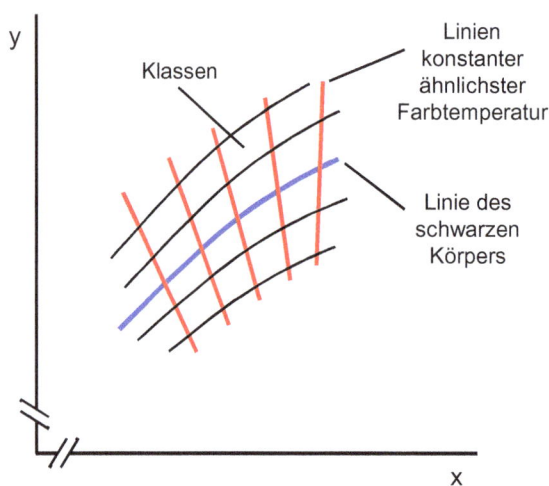

Abb. **3.81:** Schematische Darstellung der Klasseneinteilung beim Binning der LEDs: die Klassen sind durch Linien begrenzt, die zu den Linien konstanter ähnlichster Farbtemperatur und zu den Linien des schwarzen Körpers in etwa parallel verlaufen.

Leider ist der Farbwiedergabeindex derzeit noch schlechter als bei den Kompaktleuchtstofflampen. Er liegt **in der Regel bei 80–82**, so dass gerade eben die Farbwiedergabestufe 1B erreicht wird.

Das menschliche Auge besitzt keine absolute Genauigkeit bei der Weißwahrnehmung. Allerdings reagiert es bei der Wahrnehmung von Farbunterschieden sehr empfindlich, selbst wenn zwei zu vergleichende Lichtquellen hinsichtlich ihres Farbortes nahe dem Weißpunkt liegen und sich in Ihrem Farbort nur geringfügig unterscheiden. Das macht die Herstellung von Beleuchtungsketten mit mehreren LEDs schwierig, denn benachbarte LEDs würden sich in ihrer Lichtfarbe unterscheiden.

Da bei der Herstellung von LEDs Exemplarstreuungen nicht zu vermeiden sind, werden die hergestellten LEDs genauen Messungen unterzogen und je nach Ergebnis **in unterschiedliche Klassen eingeteilt**. Zwei wesentliche Parameter sind hierbei der **Abstand des Farbortes der Lampe von der Kurve des schwarzen Körpers** in der Normfarbtafel und die **korrelierte Farbtemperatur**. Man grenzt darauf aufbauend Felder in der Normfarbtafel ab, innerhalb derer LEDs mit einer gewissen Toleranz dieselbe Lichtfarbe haben (Abb. 3.81). Das Verfahren wird **Binning** genannt, also die Einteilung der produzierten LEDs in Klassen. LEDs gleicher Klasse haben kaum unterscheidbare Lichtfarben und können in Lichtketten aneinandergereiht werden. Das Verfahren erleichtert auch den Ersatz ausgefallener Lampen.

Bei Glühlampen ist die Angabe einer **Lebensdauer** vergleichsweise einfach, denn das Lebensdauerende ist erreicht, wenn die Glühwendel bricht. Das ist im Einzelfall zwar nicht vorhersehbar, aber man kann eine statistische Aussage darüber machen, nach welcher Zeit z.B. noch 50% aller Lampen intakt sind. Bei den LEDs liegen die Dinge komplizierter, denn der Totalausfall ist hier – jedenfalls über einen im Vergleich mit der Glühlampe sehr langen Zeitraum – vergleichsweise selten. Dafür kommt es aber über die Lebensdauer zu einem nachlassenden Lichtstrom. Der entscheidende Faktor hierfür ist die Temperatur: mit steigender Temperatur sinkt die Lebensdauer und auch die Lichtausbeute.

In Abb. 3.82 ist die verfügbare relative sichtbare Strahlung als Funktion der Betriebsstunden für eine rote LED für drei verschiedene Temperaturen angegeben. Das Nachlassen der Strahlung ist durch Diffusionsvorgänge in den dünnen Halbleiterschichten bedingt, wobei sich im Bereich des pn-Übergangs die Schichten bei höheren Temperaturen schneller „mischen". Bei einigen LED-Typen kommt es auch zu einer Alterung der Reflektorschichten bereits am Anfang der Betriebsdauer.

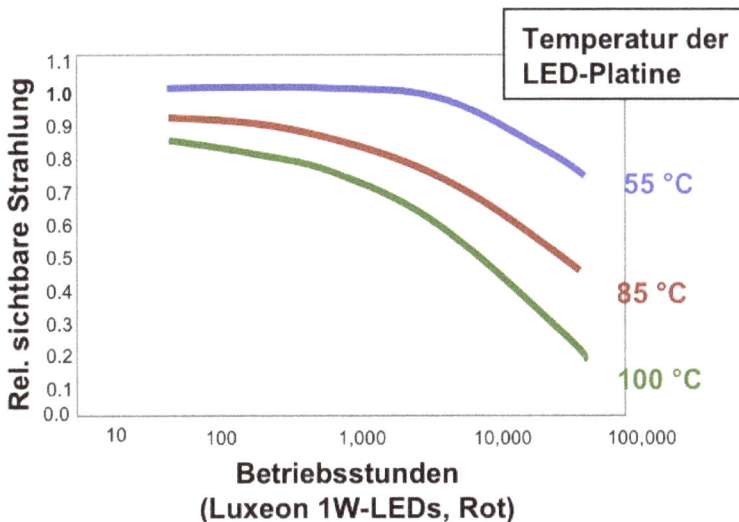

Abb. 3.82: Relative sichtbare Strahlung als Funktion der Betriebsstunden für verschiedene Platinentemperaturen für eine rote Philips Luxeon 1W-LED. Aus: Philips Licht – eLearning, Roland Heinz, Schulung über LED&OLED, 2009

Wegen dieser Temperaturempfindlichkeit muss also auf gute Wärmeabfuhr geachtet werden. Die LED ist somit die ideale Lichtquelle für die Innenbeleuchtung von Kühltruhen. Voraussetzung für eine lange Lebensdauer sind ansonsten hinreichend große Kühlkörper und bei Decken- bzw. Schrankeinbauten eine gute Hinterlüftung. Das ist schon deshalb wichtig, weil der Lichtstrom exponentiell mit der Temperatur abfällt. Abb. 3.83 zeigt den Lichtstrom als Funktion der Temperatur für verschiedenfarbige LEDs. Wegen der unterschiedlichen Temperaturabhängigkeit bei den einzelnen Halbleitermaterialien ist auch der Weißpunkt bei RGB-LEDs nicht stabil einstellbar, denn das Verhältnis der Emissionen der Einzelemitter verschiebt sich bei Temperaturänderungen.

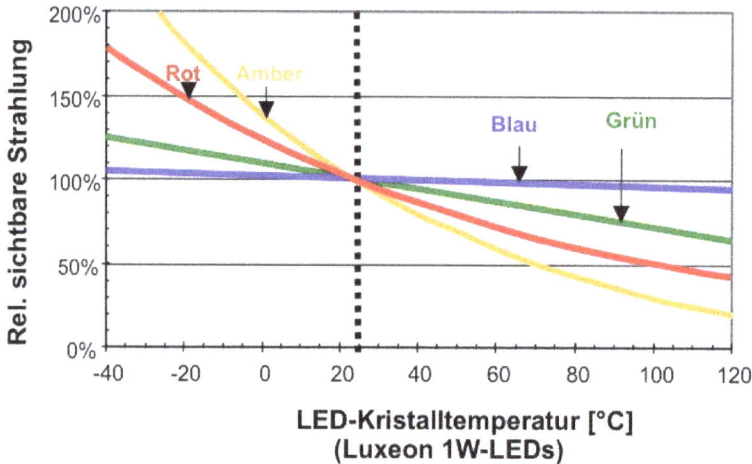

Abb. 3.83. Relative sichtbare Strahlung als Funktion der Kristalltemperatur für verschieden farbige LEDs Philips Luxeon 1W. Aus: Philips Licht – eLearning, Roland Heinz, Schulung über LED&OLED, 2009

Um eine brauchbare Aussage über die **Nutzungsdauer** von LED-Modulen [DIN IEC/PAS 62717] machen zu können, benötigt man zwei Größen. Die eine Größe (L) bezeichnet den jeweils verfügbaren Restlichtstrom in Prozent des Anfangswertes am Ende der **Bemessungslebensdauer** und die andere Größe (B) bezeichnet die Anzahl der LEDs, die den angegebenen **Restlichtstrom** (%-Wert) nicht mehr erreichen bzw. vollständig ausgefallen sind. So bedeutet etwa die Angabe **L70B10**, dass am Ende der Bemessungslebensdauer 10% der LEDs ausgefallen sind und dass für die verbliebenen ein Restlichtstrom von 70% des Anfangswertes garantiert wird. Ein Absinken des Lichtstroms um 30% wird in der Regel vom Nutzer nicht wahrgenommen; der Wert wird daher häufig verwendet. Insgesamt liefert das Modul am Ende der Bemessungslebensdauer also 63% seines Anfangslichtstroms. Bei der Angabe **L70B50** wären nach der Bemessungslebendauer 50% der LEDs ausgefallen, der Rest würde 70% Restlichtstrom liefern. Insgesamt würde das Modul noch 35% des Anfangslichtstroms liefern.

Die neuerlich oft verwendete Angabe **L80F10** bedeutet, dass 10% aller LEDs ausgefallen sind und dass das Modul noch 80% seines Anfangslichtstroms liefert. „F" bedeutet also, dass die ausgefallenen LEDs **mitgezählt werden**. Bei LED-Lampen wird heute in der Regel die Bemessungslebensdauer bei **L70** angegeben, d.h. die Lebensdauer, bei der der Anfangswert des Lichtstroms auf 70% gesunken ist. Die Bemessungslebensdauer liegt je nach Typ zwischen 20.000 und 50.000 Stunden.

LED-Chips werden in der Regel mittels Kurzzeitmessung nach der Fertigung vermessen. Bei diesem gepulsten Betrieb ist die Chiptemperatur kaum höher als 25°. Nimmt man diesen Wert als Referenz, dann liegt der Lichtstrom bei Dauerbetrieb innerhalb einer Lampen- oder Leuchtenkonstruktion um ca. 30–40% niedriger. Bei den Lampen ist dieser Einbruch bei der Spezifikation schon berücksichtigt.

3.5   Organische LEDs

Bereits im Jahr 1963 gelang es im Labor, eine LED zu fertigen, die auf organischen Halbleitern basierte. Lange Jahre der Forschung [Shinar 2004] haben dazu geführt, dass heute bereits **Halbleiterdisplays auf organischer Basis** weit verbreitet sind, z.B. in Pkws oder in
Mobiltelefonen und als großflächige TV-Bildschirme. Die Tatsache, dass **OLEDs** selbst-
leuchtend sind, wirkt sich positiv auf den Kontrast aus. Bei LCD-Bildschirmen wird eine
Hintergrundbeleuchtung benötigt, die LCDs selbst dienen nur als farbige Filter. OLEDs
bieten noch weitere Vorteile: großer nutzbarer Blickwinkel, geringer Energiebedarf und im
Vergleich zu den LCDs eine etwa tausendmal höhere Schaltgeschwindigkeit. Hinter diesen
Fortschritten hinkt die Nutzung von OLEDs als großflächige Lichtquelle weit hinterher.
OLEDs konnten mit den klassischen Lichtquellen bei der Lichtausbeute und der Farbwiedergabe lange nicht konkurrieren. Mittlerweile sind aber deutliche Fortschritte erkennbar und
Paneele mit einer Größe von 10 × 10 cm sind von einigen Herstellern am Markt, wenn auch
noch zu einem hohen Preis. Dies lässt derzeit nur eine Verwendung in hochpreisigen Designerleuchten zu. Es wird aber erwartet, dass sich die Preise in wenigen Jahren so entwickeln,
dass OLEDs zum Massenartikel werden.

Organische Moleküle emittieren meist breitbandiger als die anorganischen Halbeiter. Daher
ist eine Weißlichterzeugung nach dem **RGB-Prinzip** mit brauchbarem Farbwiedergabeindex
möglich. Dabei werden die rot, grün und blau emittierenden Schichten der Reihe nach auf
dasselbe Substrat aufgebracht. Der klassische Aufbau einer OLED wurde bereits in Abb.
1.47 gezeigt. Die metallische Kathode führt hier zu einer **reflektierenden OLED**, verwendet
wird häufig **Aluminium**. In Zukunft soll es jedoch möglich sein, die Kathodenschicht ebenfalls transparent auszuführen. Dann lassen sich Module realisieren, die im nichtemittierenden
Zustand weitgehend durchsichtig sind und die im leuchtenden Zustand nach beiden Seiten
hin abstrahlen. Damit sind Fenstergläser realisierbar, die tagsüber transparent sind und nachts
als Lichtquelle flächig Licht abstrahlen.

Die Effizienz bei der Umwandlung von Elektronen und Löchern in Photonen liegt heute
bereits bei fast 100%, lediglich im blauen Spektralbereich wird deutlich weniger erreicht.
Wie bei der LED treten bei der Auskopplung des emittierten Lichtes hohe Verluste auf, so
dass die **Auskoppeleffizienz bei 20 bis 30%** liegt. In diesem Fall treten die Verluste aber
nicht durch hohe Brechzahlen auf, sondern vielmehr durch **Absorption in den Materialien**.
Trotzdem wurden unter Laborbedingungen bereits Lichtausbeuten von ca. 90 lm/W realisiert. Grundsätzlich sind mit OLEDs alle Wellenlängen darstellbar. Da der Weißpunkt durch
das Zusammenwirken dreier Emitter zustande kommt, ist der Farbwiedergabeindex mit ca.
80 nicht allzu gut. Dafür warten die OLEDs mit sehr guten Lebensdauern auf: für eine rote
OLED wird eine solche von über 1 Million Stunden geschätzt. Blaue OLEDs haben noch
deutlich schlechtere Werte.

Während OLEDs auf Glassubstraten Standard sind, lässt das **biegsame Kunststoffsubstrat**
noch auf sich warten. Es gibt auch noch eine ganze Reihe von Problemen: so geht eine erhöhte Effizienz in der Regel zu Lasten der Lebensdauer. Außerdem bereiten **Alterungsphä-
nomene** Sorgen, denn die organischen Schichten werden durch Wasser oder Sauerstoff zer-
stört. Probleme bereitet auch die Ausbildung von dunklen, nichtleuchtenden Bereichen im
Innenbereich der OLED. Schließlich führt die stärkere Alterung der blauen Übergänge im

Vergleich zu den roten zu einer **Farbverschiebung** bei den Weißlicht-OLEDs, die durch eine aufwändige Nachregelung ausgeglichen werden muss.

Serien-OLEDs haben derzeit etwa eine Lichtausbeute von ca. 50 lm/W bei einem Farbwiedergabeindex von ca. 80. Ihre Abstrahlcharakteristik entspricht in guter Näherung der des Lambertschen Strahlers (siehe hierzu Abb. 2.4). Die Leuchtdichte ist proportional zum Betriebsstrom. Die Lebensdauern sinken mit wachsendem Betriebsstrom und betragen bei niedrigen Strömen bis 50.000 Stunden. Bei hohen Strömen werden Werte von ca. 5000 Stunden angegeben. Beachtlich ist die geringe Dicke der Paneele von 2–3 mm.

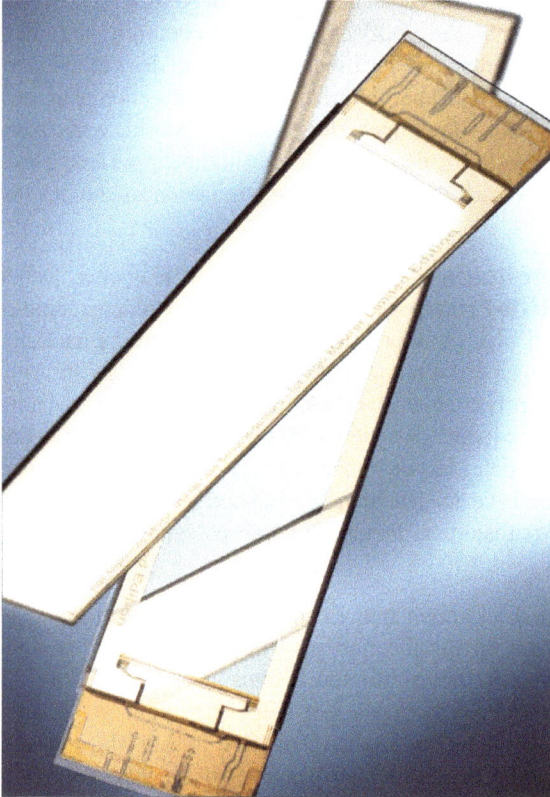

Abb. 3.84: Erste OLEDs für die Beleuchtung werden bereits gefertigt, eine erste Leuchte wurde vorgestellt. Quelle: Ingo Maurer/ OS-RAM

Trotz der Probleme werden OLEDs ganz sicher einen beachtlichen Stellenwert in der Lichttechnik des 21. Jahrhunderts bekommen. Sie ermöglichen Lichtführungen und Beleuchtungskonzepte, wie sie mit den klassischen Lichtquellen nicht darstellbar sind. Abb. 3.84 zeigt ein bereits kommerziell erhältliches Beispiel einer OLED, mit der auch schon Leuchten gestaltet wurden.

Geplant ist bei Automobilherstellern schon heute die Verwendung von OLEDs als Pkw-Rücklicht um den Designspielraum zu vergrößern. Auch Anwendungen im Bereich der Innenbeleuchtung von Pkws sind geplant.

Lösungen zu den Aufgaben

Aufgabe 1

Nötige Strahlungsflussdichte am Ort des Beobachters: $\psi = \dfrac{5hf}{tr_p^2 \pi}$; Strahlungsflussdichte der

Kerze im Abstand r (Punktquelle): $\psi_{\text{Kerze}} = \dfrac{1}{683}\dfrac{W}{sr}4\pi\dfrac{1}{4\pi r^2}$;

Aus $\dfrac{5hf}{tr_p^2 \pi} = \dfrac{1}{683}\dfrac{W}{sr}\dfrac{1}{r^2}$ folgt mit $\lambda = 555$ nm ($f = 5,40\cdot 10^{14}$ Hz) und Puplillenradius

$r_p = 4$ mm:

$$\boxed{r = \sqrt{\frac{1}{683}\frac{W}{sr}\frac{tr_p^2 \pi}{5hf}} \approx 6,4\ \text{km}}$$

Aufgabe 2

a) Aus $\Phi_v = I_v\Omega = I_v 4\pi[sr]$ und $\Phi_v = E_v A$ folgt $4\pi I_v = E_v A$ mit $A = 4\pi r^2$.

$$I_v = \frac{E_v r^2}{[sr]} = 250\frac{\text{lx}}{sr}\cdot(2,5\,\text{m})^2 = 250\frac{\text{cd}\cdot sr}{sr\cdot\text{m}^2}\cdot(2,5\,\text{m})^2 \qquad \boxed{I_v = 1563\,\text{cd}}$$

b) $I_v = \dfrac{E_v r^2}{[sr]} = 250\dfrac{\text{lx}}{sr}\cdot(0,4\,\text{m})^2$ $\boxed{I_v = 40\,\text{cd}}$

Aufgabe 3

a) Mit der Lichtausbeute $\eta = \dfrac{\Phi_v}{P_{el}} = 40\ \text{lm/W}$ und mit $\eta_{\text{refl}}\Phi_v = I_v\Omega$ folgt:

$I_v = \dfrac{\eta_{\text{refl}}\Phi_v}{\Omega} = \dfrac{\eta_{\text{refl}}\eta P_{el}}{\Omega}$ Also: $I_v = \dfrac{0,68\cdot 40\ \text{lm/W}\cdot 125\ \text{W}}{2\pi\cdot sr}$ $\boxed{I_v = 541\ \text{lm/sr} = 541\ \text{cd}}$

b) $\Phi_v = E_v A = E_v 2\pi h^2$ bzw. $h = \sqrt{\dfrac{\Phi_v}{2\pi E_v}}$ $\quad h = \sqrt{\dfrac{40\ \text{lm/W}\cdot 125\ \text{W}\cdot 0,68}{2\pi\cdot 30\ \text{lm/m}^2}}$ $\boxed{h = 4,25\ \text{m}}$

c) Der Abstand des Auftreffpunktes von der Lampe ist nach untenstehender Skizze $\sqrt{r^2 + h^2}$.

Die Beleuchtungsstärke am Auftreffpunkt ist $E_v = \dfrac{\Phi_v}{2\pi\left(\sqrt{r^2 + h^2}\right)^2} \cos\vartheta_e$.

Mit $\cos\vartheta_e = \dfrac{h}{\sqrt{r^2 + h^2}}$ folgt $E_v = \dfrac{\Phi_v h}{2\pi\left(\sqrt{r^2 + h^2}\right)^3}$

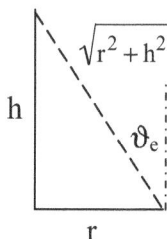

Nach r aufgelöst, erhält man: $r = \sqrt{\left(\dfrac{\Phi_v h}{2\pi E_v}\right)^{2/3} - h^2}$ bzw.

$$r = \sqrt{\left(\dfrac{40\,\mathrm{lm/W} \cdot 125\,\mathrm{W} \cdot 0{,}68 \cdot 4{,}25\,\mathrm{m}}{2\pi \cdot 3\,\mathrm{lx}}\right)^{2/3} - \left(4{,}25\,\mathrm{m}\right)^2} \qquad \boxed{r = 8{,}11\,\mathrm{m}}$$

Aufgabe 4

a) Genähert ergibt sich der Raumwinkel aus dem Verhältnis der Oberfläche einer Kugel um die Lampe mit Radius h und der Kreisfläche auf dem Boden mit Radius r, multipliziert mit

4π: $\Omega = 4\pi \dfrac{\pi r^2}{4\pi h^2} = \dfrac{\pi r^2}{h^2}$ $\boxed{\Omega = 0{,}5\,\mathrm{sr}}$

b) Die Lampe strahlt in den Raumwinkel Ω. Am Rande des auszuleuchtenden Kreises beträgt der Abstand von der Lampe $\sqrt{r^2 + h^2}$ (siehe Skizze zu Aufgabe 3). Der ausgeleuchtete Kugelausschnitt hat also die Oberfläche $\dfrac{\Omega}{4\pi[\mathrm{sr}]} 4\pi \left(\sqrt{r^2 + h^2}\right)^2 = \Omega \dfrac{\Omega}{[\mathrm{sr}]}\left(r^2 + h^2\right)$. Damit

gilt $E_v = \dfrac{\Phi_v}{\Omega\left(r^2 + h^2\right)}\cos\vartheta_e = \dfrac{\Phi_v}{\Omega\left(r^2 + h^2\right)}\dfrac{h}{\sqrt{r^2 + h^2}}$ bzw. $\Phi_v = \dfrac{E_v \Omega}{h}\left(r^2 + h^2\right)^{3/2}$

$\boxed{\Phi_v = 50\,\mathrm{lm}}$

c) $\Phi_v = I_v \Omega$ $I_v = \dfrac{\Phi_v}{\Omega}$ $\boxed{I_v = 100\,\mathrm{cd}}$

Aufgabe 5

a) Es gilt der Zusammenhang zwischen dem Raumwinkel Ω und dem zugehörigen Flächenstück A auf einer Kugel mit Radius r:

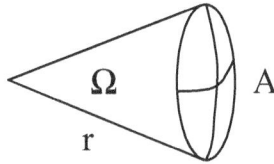

$$A = \frac{\Omega}{4\pi[\text{sr}]} 4\pi r^2 = \frac{\Omega r^2}{[\text{sr}]} \quad \text{bzw.} \quad \frac{\Omega}{A} = \frac{[\text{sr}]}{r^2}.$$ $E_{v,u}$ sei die Beleuchtungsstärke im Bereich der

unteren Ecken. Dafür gilt: $E_{v,u} = I_v \dfrac{\Omega}{A} \cos \vartheta_{e,u} = I_v \dfrac{[\text{sr}]}{r_u^2} \cos \vartheta_{e,u}$. Für den Abstand r_u der

Leuchte bis zur unteren Ecke gilt: $r_u = \sqrt{(b/2)^2 + h^2 + d^2}$ Für den Einfallswinkel $\vartheta_{e,u}$ dort:

$$\cos \vartheta_{e,u} = \frac{d}{\sqrt{(b/2)^2 + h^2 + d^2}}$$

Also: $E_{v,u} = \dfrac{I_v d[\text{sr}]}{\left(b^2/4 + h^2 + d^2\right)^{3/2}}$ $\quad I_v = \dfrac{E_{v,u}}{d[\text{sr}]}\left(b^2/4 + h^2 + d^2\right)^{3/2}$ $\quad \boxed{I_v = 50\,\text{cd}}$

b) Für die oberen Bildecken gilt analog: $E_{v,o} = \dfrac{I_v[\text{sr}]\cos\vartheta_{e,o}}{r_o^2}$ mit $\cos\vartheta_{e,o} = \dfrac{d}{\sqrt{(b/2)^2 + d^2}}$

und $r_o = \sqrt{(b/2)^2 + d^2}$ $\quad$ Also folglich: $E_{v,o} = \dfrac{I_v[\text{sr}]d}{\left((b/2)^2 + d^2\right)^{3/2}}$ $\quad \boxed{E_{v,o} = 17,678\,\text{lx}}$

c) $\Omega = 4\pi[\text{sr}]\dfrac{\pi r^2}{4\pi a^2} = \pi[\text{sr}]\left(\dfrac{r}{a}\right)^2$ $\quad \Phi_v = I_v\Omega = I_v\pi[\text{sr}]\left(\dfrac{r}{a}\right)^2 = 50\,\text{cd}\cdot\pi\left(\dfrac{1,5}{2,43}\right)^2$

$\boxed{\Phi_v = 60\,\text{lm}}$

Aufgabe 6

a) Es gilt: $E_v = \dfrac{\Phi_v}{A}$ bzw. $\Phi_v = E_v A = E_v 4\pi r_L$ $\quad \boxed{\Phi_v = 6283\,\text{lm}}$

b) Nach Aufgabe 5c: $E_v = I_v\dfrac{\Omega}{A}\cos\vartheta_e = I_v\dfrac{[\text{sr}]}{r_t^2}\cos\vartheta_e$ $\quad r_t = \sqrt{I_v\dfrac{[\text{sr}]}{E_v}\cos\vartheta_e}$ $\quad \boxed{r_t = 4,25\,\text{m}}$

c) Erfaßter Raumwinkel: $\Omega = 4\pi[\text{sr}]\dfrac{\pi R^2}{4\pi r_t^2} = \pi[\text{sr}]\dfrac{R^2}{r_t^2}$; $\Phi_v = I_v\Omega = I_v\pi[\text{sr}]\dfrac{R^2}{r_t^2}$

$\boxed{\Phi_v = 15,0\,\text{lm}}$

Aufgabe 7

a) Mit $\eta_L = 0{,}57$ gilt: $E_v = \dfrac{\Phi_v}{A}\,\eta_L \cos\vartheta_e$, dabei ist ϑ_e der Einfallwinkel in der Schildmitte.

Hierfür gilt: $\cos\vartheta_e = \dfrac{d}{\sqrt{h^2 + d^2}}$.

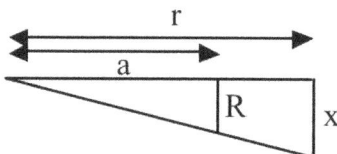

Aus obenstehender Skizze folgt: $\dfrac{x}{r} = \dfrac{R}{a}$ bzw. $x = \dfrac{Rr}{a}$

Damit gilt: $E_v = \dfrac{\Phi_v \eta_L}{\pi(Rr/a)^2}\cdot\dfrac{d}{\sqrt{h^2+d^2}}$. Mit $r = \sqrt{h^2+d^2}$ erhält man:

$$E_v = \frac{\Phi_v \eta_L a^2}{\pi R^2}\cdot\frac{d}{\left(\sqrt{h^2+d^2}\right)^3}$$

Aufgelöst nach Φ_v: $\Phi_v = \dfrac{E_v \pi R^2}{\eta_L a^2 d}\left(\sqrt{h^2+d^2}\right)^3$ $\boxed{\Phi_v = 250\,\text{lm}}$

b) Es gilt gemäß untenstehender Skizze:

$$r_u = \sqrt{d^2 + (h - H/2)^2} \quad \text{und} \quad r_o = \sqrt{d^2 + (h + H/2)^2}$$

$$\cos\varphi_u = \frac{d}{\sqrt{d^2 + (h - H/2)^2}} \quad \text{und} \quad \cos\varphi_o = \frac{d}{\sqrt{d^2 + (h + H/2)^2}}$$

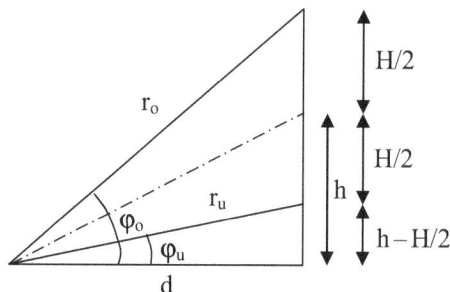

Analog zu Teil a) gewinnt man daraus: $E_{v,u} = \dfrac{\Phi_v \eta_L a^2}{\pi R^2} \cdot \dfrac{d}{\left(\sqrt{d^2 + (h - H/2)^2}\right)^3}$ und

$E_{v,o} = \dfrac{\Phi_v \eta_L a^2}{\pi R^2} \cdot \dfrac{d}{\left(\sqrt{d^2 + (h + H/2)^2}\right)^3}$ $\boxed{E_{v,u} = 33,7\,\text{lx}}$ $\boxed{E_{v,o} = 24,5\,\text{lx}}$

Lexikon

deutsch – englisch

A

additive Farbmischung	additive coloration
ähnlichste Farbtemperatur	correlated colour temperature
Aktivatorion	activator ion
aktive Schicht	active layer
Akzeptor	acceptor
Allgebrauchsglühlampe	general lighting service lamp
altrosa (als R_a Testfarbe)	light grayish red
Amalgam	amalgam
Ammoniumparawolframat	ammonium paratungstate
Amplitude	amplitude
Anodenfall	anode fall
anomale Glimmentladung	anomalous glow discharge
asterviolett (als R_a Testfarbe)	light violet
Astonscher Dunkelraum	Aston dark space
Auge	eye
Austrittsarbeit	work function
Auswahlregel	selection rule
Autoscheinwerfer	automotive headlight

B

Bandlücke	energy gap
Bariumsulfate	barium sulfate
bedingt gleiche Farben	metameric colours
Beersches Gesetz	Lambert-Beer law
Beleuchtungsstärke	illuminance
Bestrahlungsstärke	irradiance
Bezugslichtart	reference illuminant
Bleiglas	lead glass
Blinken (bei Na-Hochdrucklampen)	cycling
Blitzlampe	flash-lamp
Blockerschicht für Elektronen	electron blocking layer
Blockerschicht für Löcher	hole blocking layer
Bogenentladung	arc discharge
Bohrsches Atommodel	Bohr model
Boltzmannverteilung	Boltzmann distribution
Boosterschaltung	booster circuit
Borsilikatglas	borosilicate glass
Brechkraft	refracting power

Brechung	refraction
Brechungsgesetz	law of refraction
Brechungsindex	refractive index
Brechungswinkel	angle of refraction
Brechzahl	refractive index
Brennerrohr	arc tube
Brillenglas	lens
Brom	bromine

C

Chlor	chlorine
Chrom	chromium
CIE Normalbeobachter	CIE standard colourimetric observer
Crookesscher Dunkelraum	Crookes dark space

D

Dampfdruck	vapour pressure
Defekthalbleiter	p-type semiconductor
Diffusionslänge	diffusion length
direkter Halbleiter	direct-gap semiconductor
Dissoziationsenergie	dissociation energy
Dissoziationsgrad	degree of dissociation
Divergenzwinkel	divergence angle
Doppelheterostruktur	double heterostructure
Dosis	dose
Drehimpulsquantenzahl	orbital quantum number
Dreifarbenstrahler	three colour radiator
Drossel	choke
Durchhang des Glühfadens	filament sag

E

Edelgas	rare gas, noble gas
Effizienzklasse	efficiency class
einfacher Quantentopf	single quantum well
Einfarbigkeit	monochromacity
elektrisches Feld	electric field
Elektrodenverlust	electrode loss
elektromagnetische Welle	electromagnetic wave
Elektronenleitungsschicht	electron transport layer
Elektronentransportschicht	electron transport layer
elliptischer Spiegel	elliptical mirror
Emissionsgrad	emissivity
Emissionsschicht	emission layer
Emitter	emitter
Emitterschicht	emission layer
Energiesparlampe	energy saving light bulb
Entladung	discharge
Entladungslampe	discharge lamp
Epithel	epithelial layer
Epoxidharz	epoxy, epoxide resin
Epoxidharzkuppel	epoxy dome

externe Quanteneffizienz	external quantum efficiency
Exziton	exciton

F

Faradayscher Dunkelraum	Faraday dark space
farbenblind	colour-blind
Farbmetrik	colourimetry
Farbreiz	colour stimulus
Farbtafel	chromaticity diagram
Farbtemperatur	colour temperature
Farbvalenz	colour stimulus
Farbwiedergabeindex	colour rendering index
Feldemission	field emission, auto-electronic emission
feldverstärkte Emission	field enhanced emission
feldverstärkte Glühemission	field enhanced thermionic emission
Fermi-Dirac-Verteilung	Fermi-Dirac distribution
Fermienergie	Fermi energy
Ferminiveau	Fermi level
Fleck	blur
fliederviolett (als R_a Testfarbe)	light reddish purple
Fluchtkegel	escape cone
Fluor	fluorine
Fluoreszenzlebensdauer	fluorescent lifetime
Frank-Condon Prinzip	Frank-Condon principle

G

Gasentladungslampe	gas discharge lamp
Gasfüllung	gas filling
Gasgemisch	gas mixture
Gaszusammensetzung	gas composition
gelber Fleck	macula
gelbgrün (als R_a Testfarbe)	strong yellow-green
Germanium	germanium
Glas	glass
Glaskolben	glass bulb
Glaslot	glass solder
Glasröhre	glass tube
Glasversiegelung (bei Lampen)	seal glass
Glimmentladung	glow discharge
Glühbirne	electric bulb, incandescent bulb
Glühemission	thermoionic emission
Glühfaden	filament
Glühlampe	incandescent lamp
Granat	garnet
Graßmannsche Gesetze	Grassmann's laws
grauer Strahler	grey body
Grenzwinkel der Totalreflexion	critical angle
grün (als R_a Testfarbe)	moderate yellowish green

H

Halogen	halogen
Halogenid	halide
Halogenlampe	tungsten halogen lamp
Halophosphat	halophosphate
Hauptquantenzahl	principal quantum number
Helium	helium
hellblau (als R_a Testfarbe)	light blue
Heterostruktur	heterostructure
Hereroübergang	heterojunction
Hilfselektrode	auxiliary electrode
Hittorfscher Dunkelraum	Hittorf dark space
höchste besetzte Zustände des Moleküls	highest occupied molecular orbital
Hochvolt-Halogenlampe	high volt halogen lamp
Hohlraum	cavity
Hohlspiegel	concave mirror
Holmium	holmium
Homoübergang	homojunction
Hüllkolben (bei Lampen)	outer envelope
Hundsche Regel	Hund's rule
Hybridisierung	hybridisation, hybridization

I

indirekter Halbleiter	indirect-gap semiconductor
Indium-Zinn-Oxid	indium tin oxide
Induktionslampe	induction lamp
interne Quanteneffizienz	internal quantum efficiency
Ionisierung	ionization
Ionisierungsenergie	ionization energy

J

Jod	iodine

K

Kalknatronglas	soda-lime glass
Kaltkathodenfluoreszenzlampe	cold cathode fluorescent lamp
Kaltkathodenlampe	cold cathode lamp
Kaltlichtspiegel	cold light mirror
Kathodendunkelraum	cathode dark space
Kathodenfall	cathode fall
Keramikbrenner	ceramic arc tube
Kirchhoffsches Gesetz	Kirchhoff's law
Klasseneinteilung	binning
kleines Molekül (bei OLEDs)	small molecule
Kohlefaden	carbon filament
Kohlendioxid	carbon dioxide
Kolbenschwärzung	bulb blackening
Kompaktleuchtstofflampe	compact fluorescent lamp
Komplementärfarbe	complementary colour
Komplementärwellenlänge	complementary wavelength
konventionelles Vorschaltgerät	conventional ballast

kovalente Bindung	covalent bond
Kronglas	crown glass
Krümmungsradius	radius of curvature
Krypton	krypton

L

Lambertsches Gesetz	Lambert's law
Langmuir-Schicht	Langmuir sheath
Lanthan	lanthanum
Lebensdauer	life (bei Geräten)
LED-Lichtquelle	LED light engine
Leitungsband	conduction band
Leuchtdichte	luminance
Leuchtdiode (LED)	light emitting diode (LED)
Leuchtstoff	phosphor
Leuchtstofflampe	fluorescent lamp
Lichtausbeute	luminous efficacy
lichtdurchlässig	translucent
Licht emittierende Schicht	light emitting layer
Lichtgeschwindigkeit	speed of light, velocity of light
Lichtschleuse	light trap
Lichtstärke	luminous intensity
Lichtstrahl	ray
Lichtstrom	luminous flux
Lichtverschmutzung	light pollution
linear polarisiert	linearly polarized, plane-polarized
Linienbreite	linewidth
Linse	lens
Löcherhalbleiter	p-type semiconductor
Löchertransportschicht,	hole transport layer
Lochleitungsschicht	hole transport layer
lokales thermisches Gleichgewicht (LTG)	local thermodynamic equilibrium

M

Magnesiumwolframat $MgWO_4$	magnesium tungstate
magnetische Quantenzahl	magnetic quantum number
magnetisches Feld	magnetic field
Majoritätsladungsträger	majority carrier
Mangelhalbleiter	p-type semiconductor
Maxwellsche Geschwindigkeitsverteilung	Maxwell velocity distribution
Mehrfach-Quantentopf	multiple quantum well
Metallhalogen-Dampflampe	metal halide (vapour) lamp
Metalljodid	metal iodide
metamere Farben	metameric colours
Minoritätsladungsträger	minority carrier
mittlere freie Weglänge	mean free path
Molybdän-Folie	molybdenum foil

N

Natrium(dampf)-Hochdrucklampe	high pressure sodium (vapour) lamp
Natrium(dampf)-Niederdrucklampe	low pressure sodium (vapour) lamp

Natrium-D-Linien	sodium-D-lines
natürliche Linienbreite	natural linewidth, intrinsic linewidth
negatives Glimmlicht	negative glow
Neodym	neodymium
Neon	neon
Neonröhre	neon tube
Netzhaut	retina
neutralweiß	coolwhite
niedrigste unbesetzte π^*-Zustände d. Moleküls	lowest unoccupied molecular orbital
Niedervolt-Halogenlampe	low volt halogen lamp
Niob	niobium
n-leitend	n-type
normale Glimmentladung	normal glow discharge
Nullpunktsenergie	zero point energy

O

optische Weglänge	optical pathlength
Orbital	orbital
organische Leuchtdiode	organic light-emitting device
Osmium	osmium
Oszillatorenstärke	oscillator strength

P

Pauli-Prinzip	exclusion principle
Penning-Effekt	penning effect
Penning-Gemisch	penning mixture
Phasenverschiebung	phase shift
Photoeffekt	photoelectric effect
photopisches Sehen	photopic vision
Plancksche Konstante	Planck's constant
Plancksches Strahlungsgesetz	Planck radiation law
Plasma	plasma
p-leitend	p-type
pn-Übergang	p-n junction
Polarisation (elektrisch u. optisch)	polarization
Polarisationswinkel	polarization angle
Polarisator	polarizer
Polykarbonat	polycarbonate
Polymere	polymer
polymere organische Leuchtdiode	polymere organic light-emitting device
Polystyrol	polystyrene
porenfrei	pore-free
positive Säule	positive column
Primärfarbe	primary colour
Primärvalenz	primary valence
Prisma	prism
Puffergas	buffer gas
Punktquelle	point source
Pupille	pupil
Purpurlinie	purple line

Q

Quantenausbeute	quantum efficiency
Quantenbedingung	quantum condition
quantenmechanischer Potentialtopf	quantum well
Quantenoptik	quantum optics
Quantentopf	quantum well
Quantenzahl	quantum number
Quarz	quartz
Quecksilber	mercury
Quecksilber(dampf)-Hochdrucklampe	high pressure mercury (vapour) lamp
Quecksilberdampf	mercury vapour
Quecksilbertröpfchen	liquid mercury droplet
Quetschung (beim Glas)	pinch

R

Raumladung	space charge
Reflektorlampe	reflector lamp
Reflexion	reflection
Reflexionsgesetz	law of reflection
Reflexionsgrad	reflectance
Reflexionswinkel	angle of reflection
Rekombinationsstrahlung	recombination radiation
Rekristallisation	recrystallization
Richardson-Dushman'sche Gleichung	Richardson-Dushman equation
Richardson-Schottky Gleichung	Richardson-Schottky equation

S

Saphir	sapphire
Scandium	scandium
Scheelite ($CaWO_4$)	scheelite
Schottky-Effekt	Schottky effect
Schutzbrille	goggles
Schutzschicht	protection layer
schwarzer Strahler	black body
Schwingungsebene	plane of vibration
Schwingungsfreiheitsgrad	vibrational degree of freedom
Schwingungsübergang	vibrational transition
Sehpurpur	visual purple
Sekundärelektronenemission	secondary emission
selbständige Entladung	self-sustaining discharge
selektiver Strahler	selective emitter
seltene Erden	rare earth metals
senfgelb (als R_a Testfarbe)	dark grayish yellow
Sicherung	fuse
Silizium	silicon
skotopisches Sehen	scotopic vision
Snelliussches (Brechungs-)Gesetz	Snell's law
Sockel (bei der Lampe)	cap
spektrale Tageslichtverteilungen	reconstituted daylight (RD)
spektraler Emissionsgrad	spectral emittance
spektraler Hellempfindlichkeitsgrad ($V(\lambda)$)	luminous efficiency

Spektralwertkurve	colour-matching function
spezifische Ausstrahlung	radiant exitance
sphärischer Hohlspiegel	concave spherical mirror
sphärischer Spiegel	spherical mirror
Spiegel	mirror
Spinquantenzahl	spin quantum number
Spirale	coil
spontane Emission	spontaneous emission
Stab	rod
Stäbchenzelle	rod receptor
Starter (Leuchtstofflampe)	starter switch
Stefan-Boltzmann-Gesetz	Stefan-Boltzmann law
Stickstoff	nitrogen
Stoßverbreiterung	collision broadening
Strahl (Licht-)	ray
Strahldichte	radiance
Strahlquerschnitt	beam cross section
Strahlradius	spot size, beam radius
Strahlstärke	radiant intensity
Strahltaille	beam waist
Strahlung	radiation
Strahlungsfluß	radiant flux
Strahlungsleistung	radiant flux
Streifenbildung	striation
Streustrahlung	scattered radiation
Stroma	stroma
Strömungsrohr	flow tube
subtraktive Farbmischung	subtractive coloration
symmetrische Streckschwingung	symmetric stretch mode of vibration

T

Tageslicht	daylight
tageslichtweiß	daylight
Tantal	tantalum
Tetrachromatisch	tetrachromatic
Totalreflexion	total internal reflection
Townsend-Entladung	Townsend-discharge
Transmissionsgrad	transmittance
trichromatisch	trichromatic
türkisblau (als R_a Testfarbe)	light bluish green

U

Überschußhalbleiter	n-type semiconductor
Ulbrichtkugel	integrating sphere

V

Vakuum-Lichtgeschwindigkeit	speed of light in vacuum, velocity of light in vacuum
Valenzband	valence band
Verarmungsgebiet	depletion region
Verbindungshalbleiter	compound semiconductor
Verdampfungsrate	evaporation rate

Vertiefung	dimple (bei Na-Dampflampen)
verwischte Stelle	blur
Vorschaltgerät	ballast

W

wandstabilisierte Entladung	wall-stabilized discharge
Wärmeleitfähigkeit	thermal conductivity
warmweiß	warmwhite
Weglänge	pathlength
Weißpunkt	white point
Wicklung	coil
Wiensches Verschiebungsgesetz	Wien displacement law
Windung	coil
Wirkungsquerschnitt	cross section
Wolfram	tungsten
Wolfram-Halogen-Kreisprozeß	tungsten halogen cycle
Wolframit ((Fe,Mn)WO$_4$)	wolframite

X

Xenon	xenon

Y

Ytterbium	ytterbium
Yttrium	yttrium

Z

Zapfenzelle	cone receptor
Zinn	tin
Zirkon	zirconium
Zündschaltung	starter circuit
Zündspannung	ignition potential
Zündung	ignition

englisch – deutsch

A

acceptor	Akzeptor
accommodation	Akkommodation
activator ion	Aktivatorion
active layer	aktive Schicht
additive coloration	additive Farbmischung
Airy disk	Airysches Beugungsscheibchen
amalgam	Amalgam
ammonium paratungstate	Ammoniumparawolframat
amplitude	Amplitude
angle of incidence	Einfallswinkel
angle of reflection	Reflexionswinkel
angle of refraction	Brechungswinkel
anode fall	Anodenfall
anomalous glow discharge	anomale Glimmentladung
antireflection coating	Antireflexbeschichtung
arc discharge	Bogenentladung
arc tube	Brennerrohr
Aston dark space	Astonscher Dunkelraum
auto-electronic emission	Feldemission
automotive headlight	Autoscheinwerfer
auxiliary electrode	Hilfselektrode

B

ballast	Vorschaltgerät
barium sulfate	Bariumsulfate
binning	Klasseneinteilung
black body	schwarzer Strahler
blur	Fleck, verwischte Stelle
Bohr model	Bohrsches Atommodell
Boltzmann distribution	Boltzmannverteilung
booster circuit	Boosterschaltung
borosilicate glass	Borsilikatglas
bromine	Brom
buffer gas	Puffergas
bulb blackening	Kolbenschwärzung

C

cap (bei der Lampe)	Sockel
carbon dioxide	Kohlendioxid
carbon filament	Kohlefaden
cataract	grauer Star
cathode dark space	Kathodendunkelraum
cathode fall	Kathodenfall
cavity	Hohlraum
ceramic arc tube	Keramikbrenner

chlorine	Chlor
choke	Drossel
chromaticity diagram	Farbtafel
chromium	Chrom
CIE standard colourimetric observer	CIE Normalbeobachter
coil	Spirale, Windung, Wicklung
cold cathode fluorescent lamp	Kaltkathodenfluoreszenzlampe
cold cathode lamp	Kaltkathodenlampe
cold light mirror	Kaltlichtspiegel
collision broadening	Stoßverbreiterung
colour-blind	farbenblind
colour rendering index	Farbwiedergabeindex
colour stimulus	Farbreiz, Farbvalenz
colour temperature	Farbtemperatur
colourimetry	Farbmetrik
colour-matching function	Spektralwertkurve
compact fluorescent lamp	Kompaktleuchtstofflampe
complementary colour	Komplementärfarbe
complementary wavelength	Komplementärwellenlänge
compound semiconductor	Verbindungshalbleiter
concave	konkav
concave mirror	Hohlspiegel
conduction band	Leitungsband
cone receptor	Zapfenzelle
conventional ballast	konventionelles Vorschaltgerät
convex	convex
coolwhite	neutralweiß
cornea	Hornhaut
correlated colour temperature	ähnlichste Farbtemperatur
covalent bond	kovalente Bindung
critical angle	Grenzwinkel der Totalreflexion
Crookes dark space	Crookesscher Dunkelraum
cross section	Wirkungsquerschnitt
cycling	Blinken (bei Na-Hochdrucklampen)

D

dark grayish yellow	senfgelb (als R_a Testfarbe)
daylight	tageslichtweiß, Tageslicht
degree of dissociation	Dissoziationsgrad
depletion region	Verarmungsgebiet
dielectric constant	Dielektrizitätskonstante
diffusion length	Diffusionslänge
dimple (bei Na-Dampflampen)	Vertiefung
dipole moment	Dipolmoment
direct-gap semiconductor	direkter Halbleiter
discharge	Entladung
discharge lamp	Entladungslampe
dissociation energy	Dissoziationsenergie
divergence angle	Divergenzwinkel

donor	Donator
dose	Dosis
double heterostructure	Doppelheterostruktur

E

efficiency class	Effizienzklasse
electric bulb	Glühbirne
electric field	elektrisches Feld
electrode loss	Elektrodenverlust
electromagnetic wave	elektromagnetische Welle
electron blocking layer	Blockerschicht für Elektronen
electron transport layer	Elektronenleitungsschicht, Elektronentransportschicht
emission layer	Emitterschicht, Emissionsschicht
emissivity	Emissionsgrad
emitter	Emitter
energy gap	Bandlücke
energy saving light bulb	Energiesparlampe
epithelial layer	Epithel
epoxide resin	Epoxidharz
epoxy	Epoxidharz
epoxy dome	Epoxidharzkuppel
erbium	Erbium
escape cone	Fluchtkegel
evaporation rate	Verdampfungsrate
excitation	Anregung
exciton	Exziton
exclusion principle	Pauli-Prinzip
exposure time	Einwirkungsdauer
external quantum efficiency	externe Quanteneffizienz
eye	Auge

F

Faraday dark space	Faradayscher Dunkelraum
Fermi energy	Fermienergie
Fermi level	Ferminiveau
Fermi-Dirac distribution	Fermi-Dirac-Verteilung
field enhanced emission	feldverstärkte Emission
field enhanced thermionic emission	feldverstärkte Glühemission
filament	Glühfaden
filament sag	Durchhang des Glühfadens
flash-lamp	Blitzlampe
flow tube	Strömungsrohr
Fluor	Fluorine
fluorescent lamp	Leuchtstofflampe
fluorescent lifetime	Fluoreszenzlebensdauer
focal length	Brennweite
Frank-Condon principle	Frank-Condon Prinzip
full width at half maximum FWHM	volle Halbwertsbreite
fuse	Sicherung

G

garnet	Granat
gas composition	Gaszusammensetzung
gas discharge lamp	Gasentladungslampe
gas filling	Gasfüllung
gas mixture	Gasgemisch
general lighting service lamp	Allgebrauchsglühlampe
germanium	Germanium
glass	Glas
glass bulb	Glaskolben
glass solder	Glaslot
glass tube	Glasröhre
glow discharge	Glimmentladung
goggles	Schutzbrille
Grassmann's laws	Graßmannsche Gesetze
grey body	grauer Strahler

H

half width at half maximum HWHM	halbe Halbwertsbreite
halide	Halogenid
halogen	Halogen
halophosphate	Halophosphat
helium	Helium
helium-neon laser	Helium-Neon-Laser
heterostructure	Heterostruktur
heterojunction	Hereroübergang
highest occupied molecular orbital	energetisch höchste besetzte π-Zustände des Moleküls
high pressure mercury (vapour) lamp	Quecksilber(dampf)-Hochdrucklampe
high pressure sodium (vapour) lamp	Natrium(dampf)-Hochdrucklampe
high volt halogen lamp	Hochvolt-Halogenlampe
Hittorf dark space	Hittorfscher Dunkelraum
hole blocking layer	Blockerschicht für Löcher
hole transport layer	Löchertransportschicht, Lochleitungsschicht
holmium	Holmium
homojunction	Homoübergang
homojunction laser	Homostrukturlaser
Hund's rule	Hundsche Regel
hybridisation	Hybridisierung
hybridization	Hybridisierung

I

ignition	Zündung
ignition potential	Zündspannung
illuminance	Beleuchtungsstärke
incandescent bulb	Glühbirne
incandescent lamp	Glühlampe
indirect-gap semiconductor	indirekter Halbleiter
indium tin oxide	Indium-Zinn-Oxid
induction lamp	Induktionslampe
integrating sphere	Ulbrichtkugel
internal quantum efficiency	interne Quanteneffizienz

intrinsic linewidth	natürliche Linienbreite
iodine	Jod
ion laser	Ionen-Laser
ionization	Ionisierung
ionization energy	Ionisierungsenergie
iris	Iris, Regenbogenhaut
irradiance	Bestrahlungsstärke

K

Kirchhoff's law	Kirchhoffsches Gesetz
krypton	Krypton

L

Lambert-Beer law	(Lambert)-Beersches Gesetz (Absorptionsgesetz)
Lambert's law	Lambertsches Gesetz
Langmuir sheath	Langmuir-Schicht
lanthanum	Lanthan
law of reflection	Reflexionsgesetz
law of refraction	Brechungsgesetz
lead glass	Bleiglas
LED light engine	LED-Lichtquelle
life (bei Geräten)	Lebensdauer
light blue	hellblau (als R_a Testfarbe)
light bluish green	türkisblau (als R_a Testfarbe)
light emitting diode (LED)	Leuchtdiode (LED)
light emitting layer	Licht emittierende Schicht
light grayish red	altrosa (als R_a Testfarbe)
light pollution	Lichtverschmutzung
light reddish purple	fliederviolett (als R_a Testfarbe)
light trap	Lichtschleuse
light violet	asterviolett (als R_a Testfarbe)
linearly polarized	linear polarisiert
linewidth	Linienbreite
liquid mercury droplet	Quecksilbertröpfchen
lithium niobate	Lithiumniobat
local thermodynamic equilibrium (LTE)	lokales thermisches Gleichgewicht
lowest unoccupied molecular orbital	niedrigste unbesetzte π^*-Zustände des Moleküls
low pressure sodium (vapour) lamp	Natrium(dampf)- Niederdrucklampe
low volt halogen lamp	Niedervolt-Halogenlampe
luminance	Leuchtdichte
luminous efficacy	Lichtausbeute
luminous efficiency	spektraler Hellempfindlichkeitsgrad ($V(\lambda)$)
luminous flux	Lichtstrom
luminous intensity	Lichtstärke

M

macula	gelber Fleck
magnesium tungstate	Magnesiumwolframat $MgWO_4$
magnetic field	magnetisches Feld
magnetic quantum number	magnetische Quantenzahl
majority carrier	Majoritätsladungsträger

Maxwell velocity distribution	Maxwellsche Geschwindigkeitsverteilung
mean free path	mittlere freie Weglänge
mercury	Quecksilber
mercury vapour	Quecksilberdampf
metal halide (vapour) lamp	Metallhalogen-Dampflampe
metal iodide	Metalljodid
metameric colours	metamere Farben, bedingt gleiche Farben
mirror	Spiegel
minority carrier	Minoritätsladungsträger
moderate yellowish green	grün (als R_a Testfarbe)
molybdenum foil	Molybdän-Folie
monochromacity	Einfarbigkeit
multiple quantum well	Mehrfach-Quantentopf

N

natural linewidth	natürliche Linienbreite
negative glow	negatives Glimmlicht
neodymium	Neodym
neon	Neon
neon tube	Neonröhre
niobium	Niob
nitrogen	Stickstoff
noble gas	Edelgas
normal glow discharge	normale Glimmentladung
n-type	n-leitend
n-type semiconductor	Überschußhalbleiter

O

optical pathlength	optische Weglänge
orbital	Orbital
orbital quantum number	Drehimpulsquantenzahl
organic light-emitting device	organische Leuchtdiode
oscillator strength	Oszillatorenstärke
osmium	Osmium
outer envelope (bei Lampen)	Hüllkolben

P

parabolic mirror	Parabolspiegel
pathlength	Weglänge
penning effect	Penning-Effekt
penning mixture	Penning-Gemisch
phase shift	Phasenverschiebung
phosphor	Leuchtstoff
photoelectric effect	Photoeffekt
photopic vision	photopisches Sehen
pinch (beim Glas)	Quetschung
Planck radiation law	Plancksches Strahlungsgesetz
Planck's constant	Plancksche Konstante
plane of incidence	Einfallsebene
plane of vibration	Schwingungsebene
plane-polarized	linear polarisiert

plasma	Plasma
p-n junction	pn-Übergang
point source	Punktquelle
polarization (elektrisch u. optisch)	Polarisation
polarizer	Polarisator
polymere	Polymer
polymere organic light-emitting device	polymere organische Leuchtdiode
polycarbonate	Polykarbonat
polystyrene	Polystyrol
polytetrafluorethylene	Polytetrafluorethylen
population inversion	Besetzungsinversion
pore-free	porenfrei
positive column	positive Säule
pressure broadening	Druckverbreiterung
primary colour	Primärfarbe
primary valence	Primärvalenz
principal quantum number	Hauptquantenzahl
p-type	p-leitend
p-type semiconductor	Löcherhalbleiter, Defekthalbleiter, Mangelhalbleiter
pump band	Pumpbande
pump cavity	Pumpkammer
pump source	Pumplichtquelle
pumping rate	Pumprate
pupil	Pupille
purple line	Purpurlinie

Q

quantum condition	Quantenbedingung
quantum efficiency	Quantenausbeute
quantum number	Quantenzahl
quantum well	Quantentopf, quantenmechanischer Potentialtopf
quartz	Quarz

R

radiance	Strahldichte
radiant exitance	spezifische Ausstrahlung
radiant flux	Strahlungsfluß, Strahlungsleistung
radiant intensity	Strahlstärke
radiation	Strahlung
radius of curvature	Krümmungsradius
rare earth metals	seltene Erden
rare gas	Edelgas
ray	Strahl
recombination radiation	Rekombinationsstrahlung
reconstituted daylight (RD)	spektrale Tageslichtverteilungen
recrystallization	Rekristallisation
reference illuminant	Bezugslichtart
reflectance	Reflexionsgrad
reflection	Reflexion
reflector lamp	Reflektorlampe
refracting power	Brechkraft

refraction	Brechung
refractive index	Brechungsindex, Brechzahl
retina	Netzhaut
retroreflection (opt.)	Richtungsumkehr
Richardson-Dushman equation	Richardson-Dushman'sche Gleichung
Richardson-Schottky equation	Richardson-Schottky Gleichung
rod receptor	Stäbchenzelle

S

sapphire	Saphir
saturation	Sättigung
scandium	Scandium
scheelite ($CaWO_4$)	Scheelite
Schottky effect	Schottky-Effekt
Schrödinger equation	Schrödingergleichung
scotopic vision	skotopisches Sehen
seal glass	Glasversiegelung (bei Lampen)
secondary emission	Sekundärelektronenemission
selection rule	Auswahlregel
selective emitter	selektiver Strahler
self-sustaining discharge	selbständige Enladung
silicon	Silizium
single quantum well	einfacher Quantentopf
small molecule	kleines Molekül (bei OLEDs)
Snell's law	Snelliussches (Brechungs-)Gesetz
soda-lime glass	Kalknatronglas
sodium-D-lines	Natrium-D-Linien
space charge	Raumladung
spectral emittance	spektraler Emissionsgrad
speed of light	Lichtgeschwindigkeit
speed of light in vacuum	Vakuum-Lichtgeschwindigkeit
spin quantum number	Spinquantenzahl
spontaneous emission	spontane Emission
starter circuit	Zündschaltung
starter switch (Leuchtstofflampe)	Starter
Stefan-Boltzmann law	Stefan-Boltzmann-Gesetz
striation	Streifenbildung, Riefung
stroma	Stroma
strong yellow-green	gelbgrün (als R_a Testfarbe)
subtractive coloration	subtraktive Farbmischung
superradiant emission	Superstrahlung

T

tantalum	Tantal
tetrachromatic	tetrachromatisch
thermal conductivity	Wärmeleitfähigkeit
thermoionic emission	Glühemission
three colour radiator	Dreifarbenstrahler
three-level system	Drei-Niveau-System
tin	Zinn
total internal reflection	Totalreflexion

Townsend-discharge	Townsend-Entladung
translucent	lichtdurchlässig
transmittance	Transmissionsgrad
trichromatic	trichromatisch
tungsten	Wolfram
tungsten halogen cycle	Wolfram-Halogen-Kreisprozess
tungsten halogen lamp	(Wolfram-)Halogenlampe

V

valence band	Valenzband
vapour pressure	Dampfdruck
velocity of light	Lichtgeschwindigkeit
velocity of light in vacuum	Vakuumlichtgeschwindigkeit
visual purple	Sehpurpur
vitreous humo(u)r	Glaskörper

W

wall-stabilized discharge	wandstabilisierte Entladung
warmwhite	warmweiß
wave vector	Wellenvektor
white point	Weißpunkt
Wien displacement law	Wiensches Verschiebungsgesetz
wolframite ((Fe,Mn)WO$_4$)	Wolframit
work function	Austrittsarbeit

X

xenon	Xenon

Y

ytterbium	Ytterbium
yttrium	Yttrium

Z

zero point energy	Nullpunktsenergie
zirconium	Zirkon

Literatur

Zitierte Buchtitel sind **fett** gedruckt.

Alcock, C.B., Itkin, V.P., and Horrigan, M.K., Canadian Metallurgical Quaterly, 23(3), 309, 1984

Batentschuk, M., Schmitt, B., Schneider, J., Winnacker, A., Color engineering of garnet based phosphors for luminescence conversion light emitting diodes (LUCOLEDs), MRS Symp. Proc., 560, 215–220, 1999

Bocksrocker, T., Technologien für das Lichtmanagement in organischen Leuchtdioden, Diss., Karlsruher Institut für Technologie, KIT Scientific Publishing, Karlsruhe, 2013

Bouma, P.J., Farbe und Wahrnehmung, N.V. Philips' Gloeilampenfabrieken, Eindhoven, 1951

Chalmers, A.G., Wharmby, D.O., Whittaker, F.L., Comparison of high-pressure discharges in mercury and the halides of aluminium, tin and lead, Lighting Research and Technology, 7(1), 11–18, 1975

CIE, Huitième Session Cambridge – Septembre 1931, Cambridge at the University Press, S. 19–24, 1932

CIE, Publication No. 13 (E–1.3.2), Method of Measuring and Specifying Colour Rendering Properties of Light Sources, 1965

CIE Technical Report, Method of Measuring and Specifying Colour Rendering Properties of Light Sources, (CIE 13.3), 1995

Coaton, J.R., The optimum operating gas pressure for incandescent tungsten filament lamps, Lighting Research and Technology 1, 98–103, 1969

Coaton, J.R., Some aspects of the design of incandescent GLS lamps, Lighting Research and Technology, 10(4), 225, 1978

Coaton, J.R., Marsden, A.M., 4. Aufl., Lamps and Lighting, Butterworth Heinemann, Oxford, 2001

Covington, E.J., The Langmuir sheath model in incandescent lamps, Illuminating Engineering 64(1), 134–42, 1968

CRC Handbook of Chemistry and Physics, 87. ed., 2006

Derra, G., et.al., J. Phys. D: Appl. Phys. 38, 2995-3010, 2005

DIN 5031-3, Strahlungsphysik im optischen Bereich und Lichttechnik; Größen, Formelzeichen und Einheiten der Lichttechnik, März 1982

DIN 5031-7, Strahlungsphysik im optischen Bereich und Lichttechnik, Januar 1984

DIN 5033–2, Farbmessung, Teil 2, Normvalenz-Systeme, 1992–5

DIN EN ISO 11664-4, CIE 1976 $L^*a^*b^*$ Farbenraum, Juni 2012

DIN IEC/PAS 62717, LED-Module für die Allgemeinbeleuchtung – Anforderungen an die Arbeitsweise, 2011-12

Elenbaas, W., De Ingenieur, 50, E83, 1935

Elenbaas, W., High pressure mercury vapour lamps and their applications, Philips Technical Library, Eindhoven, 1965

Elenbaas, W., et.al., Leuchtstofflampen und ihre Anwendung, Philips Technische Bibliothek, 1962

Elenbaas, W., Light Sources, Macmillan, Eindhoven, 1972

EU-Verordnung Nr. 874/2012 vom 12. Juli 2012 (zur Ergänzung der Richtlinie 2010/30/EU des Europäischen Parlaments und des Rates im Hinblick auf die Energieverbrauchskennzeichnung von elektrischen Lampen und Leuchten)

Flesch, P., Light and Light Sources – High-Intensity Discharge Lamps, Springer-Verlag, Berlin, 2006

Gärditz, C., Organische Leuchtdioden für Beleuchtungszwecke, Diss., Universität Erlangen-Nürnberg, perspektivenverlag, Kösching, 2007

Grassmann, H.G., Zur Theorie der Farbenmischung, Poggendorf's Annalen der Physik und Chemie, 89 (1), 69–84, 1853

Groot, J.J. de, van Vliet, J.A.J.M., The high-pressure sodium lamp, Kluwer Technische boeken B.V., Deventer, 1986

Heinz, R., Grundlagen der Lichterzeugung, 2. Aufl., Highlight Verlagsges. mbH Rüthen, 2006

Höfling, S., Bestimmung der Abstrahlcharakteristik und Studie üer die Möglichkeiten deren Simulation bei InGaN-Leuchtdioden, Diplomarbeit, Fraunhofer Institut für Angewandte Festkörperphysik, Freiburg, 2002

Holloway, W.W., Jr., Kestigian, M., Optical properties of cerium-activated garnet crystals, J. Opt. Soc. Am., 59(1), 60–63, 1969

Horn, D.D. van, Mathematical and Physical Bases for Incandescent Lamp Exponents, Illuminating Engineering, 60(4), 196–202, 1965

Ishler, W.E., Smialek, L.J., Metallic mercury vapour: Design parameters and improved lamp performance. North American Illuminating Engineering Society: National Technical Conference Paper No. 10., 1966

Keeffe, W.M., Recent progress in metal halide discharge-lamp research, IEE Proceedings 127A(3), 181–9, 1980

Koechner, W., Solid-State-Laser Engineering, Springer Verlag, New York, 1976

Krefft, H., Z. Tech. Phys. 11, 345, 1938

Langmuir, I., Phys. Rev. 34, 40, 1912

Langmuir, I., The Vapor Pressure of Metallic Tungsten, Physical Review, 2(5), 329, 1913

McCamy, C.S., Colur research and application, 17(2), 142–144, 1992 und Erratum in Color research and application, 18, 150, 1993

Meyer, C., Nienhuis, H., Discharge Lamps, Philips Technical Library, Deventer-Antwerpen, 1988

Nakamura, S., Fasol, G., The Blue Laser Diode: GaN Based Light Emitters and Lasers, Springer Verlag, 1997

Penning, F.M., Naturw. 15, 818, 1927

Penning, F.M., Z. Phys. 46, 335, 1928

Pirani, M., Rüttenauer, A., Lichterzeugung durch Strahlungsumwandlung, Licht 5, 93–98, 1935

Posch, T., Hölker, F., Uhlmann, T., Freyhoff, A., Das Ende der Nacht: Gefahren, Perspektiven, Lösungen, 2. Auflage, Wiley-VCH Verlag, Weinheim, 2013

Reif, F., Physikalische Statistik und Physik der Wärme, Walter de Gruyter, Berlin, 1976

Richter, M., Einführung in die Farbmetrik, Walter de Gruyter, Berlin, 1976

Riedel, B., Effizienzsteigerung in organischen Leuchtdioden, Diss., Karlsruher Institut für Technologie, KIT Scientific Publishing, Karlsruhe, 2011

Saha, M.N., Phil. Mag. 40, 472, 1920

Saha, M.N., Z. Phys. 4, 40, 1921

Schanda, J. (Hrsg.), Colorimetry – Understanding the CIE System, Wiley, Hoboken, New Jersey 2007

Scheffel, M., Charakterisierung und Optimierung der Emissionseigenschaften organischer Leuchtdioden (OLEDs), Diss., Universität Erlangen-Nürnberg, Shaker Verlag, Aachen, 2004

Schubert, E. F., Light-Emitting Diodes, Cambridge University Press, Cambridge, 2013

Schwoerer, M., Wolf, H.C., Organic Molecular Solids, WILEY-VCH Verlag, Weinheim, 2007

Shinar, J., Organic Light-Emitting Devices – A survey, Springer Verlag, New York, 2004

Tien, T.Y., Gibbons, E.F., DeLosh, R.G., Zacmanidis, P.J., Smith, D.E., Stadler, H.L., Ce^{3+} activated $Y_3Al_5O_{12}$ and some of its solid solutions (Cathodoluminescence), J. Electrochem. Soc., 120(2), 278–281, 1973

Vos, J.C. de, The Emissivity of Tungsten Ribbon, Doktorarbeit, Amsterdam, 1953

Waymouth, J.F., Analysis of cathode-spot behaviour in high-pressure discharge lamps, J. Light & Vis. Env., 6(2), 5–16, 1982

Waymouth, J.F., Electric discharge lamps, The M.I.T. Press, Cambridge, Massachusetts, 1971

Wiese, W.L., Smith, M.W., Miles, B.M., Atomic transition probabilities. National Stand. Ref. Data Ser., Nat. Bur. Stand. (USA), 22, vol. 2, 2–8, 1969

Winkler, T., Weißlicht mit einstellbarer Farbtemperatur auf Basis gestapelter und separat ansteuerbarer OLEDs, Diss., TU Braunschweig, Cuvillier Verlag, Göttingen, 2012

Zukauskas, A., Shur, M.S., Caska, R., Introduction to solid-state Lighting, John Wiley & Sons Inc., New York, 2002

Index